国家社科基金青年项目"学术虚拟社区知识交流效率测度研究"（编号：17CTQ030）

河南省高等学校青年骨干教师培养计划"学术虚拟社区知识交流机制的系统动力学仿真研究"（编号：2020GGJS012）

杨瑞仙 著

学术虚拟社区知识交流效率测度研究

中国社会科学出版社

图书在版编目（CIP）数据

学术虚拟社区知识交流效率测度研究 / 杨瑞仙著 . —北京：中国社会科学出版社，2021.12
ISBN 978 – 7 – 5203 – 9385 – 0

Ⅰ.①学… Ⅱ.①杨… Ⅲ.①互联网络—应用—学术交流—研究 Ⅳ.①G321.5

中国版本图书馆 CIP 数据核字（2021）第 255972 号

出 版 人	赵剑英
责任编辑	程春雨　田　文
责任校对	李　剑
责任印制	王　超

出　　版	中国社会科学出版社
社　　址	北京鼓楼西大街甲 158 号
邮　　编	100720
网　　址	http://www.csspw.cn
发 行 部	010 – 84083685
门 市 部	010 – 84029450
经　　销	新华书店及其他书店
印　　刷	北京明恒达印务有限公司
装　　订	廊坊市广阳区广增装订厂
版　　次	2021 年 12 月第 1 版
印　　次	2021 年 12 月第 1 次印刷
开　　本	710×1000　1/16
印　　张	17
插　　页	2
字　　数	237 千字
定　　价	89.00 元

凡购买中国社会科学出版社图书，如有质量问题请与本社营销中心联系调换
电话：010 – 84083683
版权所有　侵权必究

前　言

20世纪80年代，苏联著名情报学家米哈伊诺夫在其著作《科学交流与情报学》中提出广义的科学交流系统包括正式交流过程和非正式交流过程。正式的科学交流主要是借助科学技术文献进行科学情报交流的过程，即通过引用他人研究成果并出版和发表个人研究成果的过程，而非正式交流主要是由科学家亲自参与的活动，如科学家的直接对话、科学家对某些听众的口头演讲、交换书信等。在过去相当长的时间内，学者对该领域的研究主要专注于对正式交流过程的研究，如科学家的引用行为、合作模式等。然而近些年来，计算机网络快速发展，尤其是2000年后Web2.0平台兴起，其交互性和即时性受到广大科研人员的青睐，科研人员可以在网络平台上充分、及时地交流，并获得自己想要的知识，科学研究的开展有了很大便利。此外，随着知识社会的到来，业界的"知识化"趋势愈加明显，从"文献服务""信息服务"到"知识服务"，从"文献计量""信息计量"到"知识计量"，从"文献检索""信息检索"到"知识检索"，从"文献管理""信息管理"到"知识管理"，从"文献交流""科学交流"到"知识交流"（杨思洛，2012）……20世纪80年代至今，学者们对知识和知识交流的理论、方法和应用研究逐渐蔓延，研究网络环境下的知识交流也成为一个全新的前沿领域，具有重要的研究意义和广阔的应用前景。

学术虚拟社区是一种新兴的Web2.0平台，是有一定数量科研人员参与的专业型、学术型虚拟网络社区平台，如科学网博客、小木虫学术科研互动社区（以下简称"小木虫社区"）、CSDN 专业 IT 社区（以下简称"CSDN"）、经管之家等。在学术虚拟社区，科研人员通过发文、评论、点赞、提问、回答等形式来发布、分享和讨论与科学研究相关的科研成果、科研经验、科研心得、科学问题或科学疑问；学术虚拟社区作为非正式知识交流形式，具有即时性和交互性的显著特点，是传统环境下正式知识交流的有益补充。因此，本书旨在在现有研究的基础上，借鉴经济学、管理学、心理学、计算机科学、统计学等理论和方法，将用户对社区知识交流效率的感性认识和感知程度进行量化，并融入学术虚拟社区的网络模型中，通过仿真实验，构建学术虚拟社区知识交流效率测度模型，进而分析影响社区知识交流效率的显著因素以及这些因素对知识交流效率的影响方式和影响程度，为真正提升学术虚拟社区知识交流效率和改善学术交流氛围提供定量依据。本书共分为八章，主要内容如下。

第一章是引言，介绍本书研究的目的与意义、国内外相关研究、研究思路、研究框架、研究方法、研究工具、数据来源与创新之处等。

第二章是学术虚拟社区知识交流相关理论，界定学术虚拟社区、知识交流及相关概念，研究学术虚拟社区知识交流的内涵、特点、过程、内在机理、表现形式和特征；借鉴经济学中效率的概念和计算方法，提出学术虚拟社区知识交流效率测度方法。

第三章是学术虚拟社区知识交流效率研究的理论基础与测度方法，梳理和研究相关学科领域的理论和方法，为本课题提供理论和方法支撑。相关理论有社会交换理论、计算组织理论、行为规划理论、复杂网络理论；相关方法有学术虚拟社区知识交流效率测度方法（DEA 法）、学术虚拟社区知识交流效率测度模型构建方法（社会网络分析法）、学术虚拟社区知识交流效率测度模型验证方法（多 A-gent 模拟仿真法）。

第四章是学术虚拟社区知识交流效率感知调查，从用户视角出发，采用问卷调查方法，借鉴社会交换理论和技术接受模型，考察非正式交流主体——科研人员对学术虚拟社区知识交流效率的感知情况，并分析其影响因素。

第五章是学术虚拟社区知识交流效率评价，构建指标体系，从社区实际交流数据出发，分别选取具有代表性的学术虚拟社区——小木虫社区、丁香园论坛、经管之家，爬取相关指标的数据，计算目前学术虚拟社区知识交流效率的值，并进行分析。

第六章是学术虚拟社区知识交流仿真模型构建，从用户属性出发，构建学术虚拟社区知识交流仿真模型，并开展仿真实证研究，分析学术虚拟社区知识交流效率的显著影响因素。

第七章是学术虚拟社区知识交流存在的问题及提升策略，在上述研究的基础上，分析目前学术虚拟社区知识交流现状、存在的问题及改进策略。

第八章是总结与展望，对整个研究进行全面总结，说明研究中存在的不足，提出未来研究的方向和重点内容。

本书内容涉及理论、方法、工具、建模、实证等多个方面，既有定性研究又有定量研究，从多个层次和角度对知识交流，尤其是网络环境下的非正式知识交流效率问题进行较为系统全面的阐释和分析。本书面向情报学、计量学、知识管理学等相关专业的师生，广大从事科学交流和科研管理的工作人员，以及对学术交流和科学交流领域感兴趣的社会大众，读者群体较为广泛。

本书是对作者近些年来主要研究成果的总结与提炼，在撰写过程中参考和借鉴了大量的中外文资料，由于篇幅所限个别参考文献及作者未能一一列出，在此一并表示感谢。在本书的写作和修改过程中得到了同行专家学者的指导和帮助，在此向大家表示诚挚的谢意。感谢参与课题研究的每一位研究生和本科生同学的辛勤付出。同时，该书的顺利出版离不开中国社会科学出版社各位领导和编辑老师的支持和帮助。

　　后疫情时代，受学术环境的影响，知识交流模式正在发生悄然变化，知识交流效率测度的方法和技术也处于快速的变化之中。由于作者的学识和水平所限，对于部分问题的研究还不够深入，书中也难免存在错漏和不妥之处，恳请广大读者批评指正，以便在后续研究中予以完善。

杨瑞仙

辛丑年元月于河南郑州

目 录

第一章 引言 ……………………………………………… (1)
  第一节 研究背景 ………………………………………… (1)
  第二节 研究目的与意义 ………………………………… (2)
  第三节 国内外研究现状 ………………………………… (3)
    一 相关学术史梳理 …………………………………… (3)
    二 国内研究现状 ……………………………………… (4)
    三 国外研究现状 ……………………………………… (8)
    四 相关研究述评 ……………………………………… (12)
  第四节 研究目标与框架 ………………………………… (12)
    一 研究目标 …………………………………………… (12)
    二 研究框架 …………………………………………… (13)
  第五节 研究思路与方法 ………………………………… (15)
    一 研究思路 …………………………………………… (15)
    二 研究方法 …………………………………………… (16)
  第六节 数据来源 ………………………………………… (17)
  第七节 研究工具 ………………………………………… (18)
    一 Python 语言 ………………………………………… (18)
    二 SPSS ………………………………………………… (18)
    三 Frontier 4.1 ………………………………………… (19)

四　Gephi ……………………………………………………（19）
　第八节　创新之处 ……………………………………………………（19）

第二章　学术虚拟社区知识交流相关理论 ……………………（21）
　第一节　学术虚拟社区 ………………………………………………（21）
　　　一　学术虚拟社区的界定 …………………………………………（21）
　　　二　学术虚拟社区的类型 …………………………………………（24）
　第二节　知识交流 ……………………………………………………（24）
　　　一　知识交流概述 …………………………………………………（24）
　　　二　知识交流的研究视角 …………………………………………（26）
　　　三　知识交流系统 …………………………………………………（28）
　　　四　相关概念辨析 …………………………………………………（30）
　第三节　学术虚拟社区知识交流 ……………………………………（32）
　　　一　学术虚拟社区知识交流内涵 …………………………………（33）
　　　二　学术虚拟社区知识交流特点 …………………………………（34）
　　　三　学术虚拟社区知识交流过程 …………………………………（35）
　　　四　学术虚拟社区知识交流内在机理 ……………………………（36）
　　　五　学术虚拟社区知识交流表现形式和特征 ……………………（47）
　第四节　学术虚拟社区知识交流效率 ………………………………（51）
　　　一　效率计算相关理论 ……………………………………………（51）
　　　二　学术虚拟社区知识交流效率测度方法 ………………………（55）
　第五节　本章小结 ……………………………………………………（57）

第三章　学术虚拟社区知识交流效率研究的理论基础与
　　　　　测度方法 ……………………………………………………（58）
　第一节　学术虚拟社区知识交流效率研究的理论基础 ……………（58）
　　　一　基于社会交换理论的分析 ……………………………………（58）
　　　二　基于计算组织理论的分析 ……………………………………（63）

三　基于行为规划理论的分析 ……………………………（67）
　　　四　基于复杂网络理论的分析 ……………………………（68）
　第二节　学术虚拟社区知识交流效率测度方法：
　　　　　DEA法 ……………………………………………（72）
　　　一　DEA方法概述 ………………………………………（72）
　　　二　DEA方法在学术虚拟社区知识交流效率测度中的
　　　　　应用 ………………………………………………（73）
　第三节　学术虚拟社区知识交流效率测度模型构建方法：
　　　　　社会网络分析法 ……………………………………（78）
　　　一　社会网络分析方法的基本内容和形成历程 …………（79）
　　　二　社会网络分析法的特征及工具 ………………………（80）
　　　三　社会网络分析法在学术虚拟社区知识交流效率
　　　　　测度中的应用 ………………………………………（83）
　第四节　学术虚拟社区知识交流效率测度模型验证方法：
　　　　　多Agent模拟仿真法 ………………………………（84）
　　　一　Agent技术的相关介绍 ………………………………（84）
　　　二　多Agent模拟仿真法的结构框架 ……………………（85）
　　　三　多Agent模拟仿真法在学术虚拟社区知识交流效率
　　　　　测度中的应用 ………………………………………（89）
　第五节　本章小结 ……………………………………………（90）

第四章　学术虚拟社区知识交流效率感知调查 ……………（92）
　第一节　理论部分：建立感知效率评价指标体系及影响
　　　　　因素集成模型 ………………………………………（92）
　　　一　理论依据 ………………………………………………（92）
　　　二　学术虚拟社区知识交流效率测度模型 ………………（94）
　　　三　学术虚拟社区知识交流效率影响因素集成
　　　　　模型 …………………………………………………（97）

— 3 —

第二节　问卷设计、预调研与信效度分析……………（101）
　　一　研究变量操作化与问卷设计………………（101）
　　二　预调研及检验分析…………………………（102）
第三节　结果分析与讨论……………………………（104）
　　一　数据回收与基本统计分析…………………（104）
　　二　学术虚拟社区科研人员知识交流效率测度……（106）
　　三　学术虚拟社区知识交流效率影响因素集成
　　　　模型验证……………………………………（113）
第四节　本章小结……………………………………（119）

第五章　学术虚拟社区知识交流效率评价……………（121）
第一节　学术虚拟社区知识交流效率评价指标体系
　　　　　构建……………………………………………（122）
第二节　小木虫社区知识交流效率实证研究………（123）
　　一　数据来源……………………………………（123）
　　二　环境因素……………………………………（123）
　　三　结果分析与讨论……………………………（124）
　　四　结论与建议…………………………………（136）
第三节　丁香园论坛知识交流效率实证研究………（138）
　　一　数据来源……………………………………（138）
　　二　环境因素……………………………………（139）
　　三　结果分析与讨论……………………………（141）
　　四　结论与建议…………………………………（151）
第四节　经管之家知识交流效率实证研究…………（152）
　　一　数据来源……………………………………（152）
　　二　环境因素……………………………………（153）
　　三　结果分析与讨论……………………………（153）
　　四　结论与建议…………………………………（160）

目　录

第五节　三个学术虚拟社区知识交流效率对比……………（161）
　　一　三个学术虚拟社区知识交流效率的相同点………（161）
　　二　小木虫社区、丁香园论坛、经管之家知识交流
　　　　效率的不同点 ………………………………………（162）
第六节　本章小结 ………………………………………………（162）

第六章　学术虚拟社区知识交流仿真模型构建……………（164）

第一节　数据来源与处理 ………………………………………（164）
第二节　数据的统计与分析 ……………………………………（167）
　　一　数据总体分析 ……………………………………（167）
　　二　数据描述性统计与分布情况 ……………………（170）
第三节　学术虚拟社区社会网络分析 …………………………（176）
　　一　学术虚拟社区知识交流网络的基本要素………（176）
　　二　知识交流网络矩阵构造 …………………………（177）
　　三　整体网络结构分析 ………………………………（178）
　　四　个体网络结构分析 ………………………………（182）
第四节　多智能体仿真模型构建 ………………………………（187）
　　一　Agent 的抽象与分类 ……………………………（187）
　　二　Agent 的属性描述 ………………………………（188）
　　三　多 Agent 模型的演变 ……………………………（190）
　　四　模型验证 …………………………………………（193）
第五节　模拟结果的指标量分析 ………………………………（196）
　　一　模拟结果 …………………………………………（196）
　　二　现状与趋势 ………………………………………（203）
第六节　知识交流效率分析 ……………………………………（204）
　　一　知识交流效率模型 ………………………………（204）
　　二　知识交流效率模型结果分析 ……………………（206）
　　三　最优属性值的选择 ………………………………（220）

— 5 —

第七节　本章小结 ………………………………………（222）

第七章　学术虚拟社区知识交流存在的问题及提升策略 ………（224）
　　第一节　学术虚拟社区知识交流中存在的问题 …………（224）
　　　　一　知识交流主体存在的问题 ……………………（224）
　　　　二　学术虚拟社区存在的问题 ……………………（226）
　　第二节　学术虚拟社区知识交流效率提升策略 …………（230）
　　　　一　用户层面的改进策略 …………………………（230）
　　　　二　学术虚拟社区的改进策略 ……………………（231）
　　第三节　本章小结 …………………………………………（235）

第八章　总结与展望 …………………………………………（236）
　　第一节　研究总结 …………………………………………（236）
　　第二节　研究不足与展望 …………………………………（240）

参考文献 ………………………………………………………（242）

第一章 引言

第一节 研究背景

据英国《卫报》（*The Guardian*）报道，2017年2月9日，维基百科的编辑们经过投票一致同意，除特殊情况外，全面禁止采用英国《每日邮报》（*Daily Mail*）的资源，因为其消息被认为"不可靠"。该消息一经报道，引起了各大媒体和学者们的广泛关注和讨论。《每日邮报》作为英国最早且知识性很强的纸媒之一，现如今却遭受网媒的质疑。2019年，中国传媒行业持续动荡，一众媒体延续往年的态势，停刊、休刊的消息不断传来。2020年年初，国内又有多家报刊相继宣布停刊或选择与新媒体平台相融合，纸媒作为传统的知识交流方式，日渐式微。报纸在传统正式学术交流中，因其权威性、真实性等，曾被学者们广泛引用，现如今纸媒的知识交流的作用正在逐步减弱。随着计算机技术的迅速发展，在新时代学术交流体系中，非正式交流的学术虚拟社区知识交流正开展得如火如荼，且因其规范性、原创性和快捷性而受到学者们的青睐和信任。随着学术虚拟社区知识交流热度的不断提升，如何对学术虚拟社区知识交流效率进行测度、从定量角度提出社区知识交流效率提升办法、进一步改善社区知识交流氛围、充分发挥非正式交流的作用，是当前亟待解决的重要问题。

第二节　研究目的与意义

　　学术虚拟社区中的知识交流活动是学术虚拟社区最基本也是最重要的活动之一，但是已有的相关研究表明，学术虚拟社区内部知识交流效率较低，不仅影响着学者们使用学术虚拟社区进行交流的意愿，也影响着学术虚拟社区的成功建设。如何科学地测度学术虚拟社区内部知识交流效率，以及如何提升学术虚拟社区知识交流效率，对于未来学术虚拟社区的建设与发展具有长远的意义。因此本研究将在现有研究的基础上，将用户对社区知识交流效率的感性认识和感知程度进行量化，并将其融入学术虚拟社区的网络模型中，通过仿真实验，构建学术虚拟社区知识交流效率测度模型，进而分析影响社区知识交流效率的显著因素以及这些因素对知识交流效率的影响方式和影响程度，为真正提升学术虚拟社区知识交流效率和改善学术交流氛围提供定量依据，以期为社区管理者提供管理运营建议。因此，本研究具有重要的学术价值和应用价值。

　　学术价值体现在两个方面：一方面，学术虚拟社区的知识交流问题属于学术交流体系中非正式交流研究范畴，因此本课题的研究有利于丰富和发展网络环境下的学术交流体系研究；另一方面，知识交流是知识管理的重要环节，提高知识交流效率，有利于促进知识共享和知识创新。

　　应用价值体现在两个方面：一方面，本课题以小木虫社区为例，对其知识交流效率进行测度和仿真实验，有利于提出小木虫社区的知识交流效率解决方案，推动深度学术交流，改善学术交流氛围；另一方面，对丁香园论坛等其他学术虚拟社区知识交流效率进行测度，有利于进一步推广本课题的模型研究成果。

第三节　国内外研究现状

　　知识交流有着悠久的历史，人类知识的无限性、丰富性和个人认识的局限性，以及人与人之间知识的差异性，决定了人们之间进行知识交流的必要性[①]。从古至今，人类社会的进步与发展，在悄然改变着知识交流的方式。文字的出现，改变了以往面对面的知识交流方式；纸张以及印刷术的出现，突破了知识交流的时空限制；近代以来，随着计算机网络技术的迅猛发展，借助网络媒介，知识交流的方式更加多样化。其中，学术虚拟社区这一年轻的概念，更是因为其规范性、原创性和快捷性，受到越来越多的学者的青睐。笔者在前人学者对知识交流以及虚拟学术社区的理论与实践研究的基础上，首先从学术史的角度对知识交流的演变过程进行梳理，了解知识交流相关研究的演变过程，然后在学术虚拟社区知识交流相关研究中梳理国内外研究现状，从整体上把握国内外相关研究，从而为下一步研究学术虚拟社区知识交流效率奠定理论基础。

一　相关学术史梳理

　　20世纪中叶，美国社会学家Menzel从载体的角度对信息交流过程进行了系统的研究，提出了著名的"正式过程"与"非正式过程"交流理论。这一理论经苏联著名情报专家米哈伊诺夫整理，形成了体系严密的广义的科学交流系统模式[②]，至此正式交流与非正式交流互相补充构成了有机的科学交流整体。长久以来，正式交流过程是随着科技发展的过程而逐步产生、形成和发展起来的。在文献出现之前，

[①] 宓浩：《知识、知识材料和知识交流——图书馆情报学引论（纲要）之一》，《图书馆学研究》1983年第6期。

[②] ［苏］А. И. 米哈伊诺夫等：《科学交流与情报学》，徐新民等译，科学技术文献出版社1980年版，第49—61页。

科技人员之间的交流通过直接渠道进行,随着科学文献的进步与发展,逐渐形成了以科学文献为核心的正式交流过程,由此可知信息交流的正式过程与非正式过程是相伴而生的。自 17 世纪期刊出现以来,在相当长的一段时间内,以科技期刊为载体的正式交流过程是科学交流的主要手段。从全世界的范围来看,20 世纪 90 年代以前的直接关于科学交流的研究相对沉寂,以科技文献为载体的正式交流过程中引文分析相关研究近乎一枝独秀,其中最引人注目的成就便是 Garfield(1963)发明与创建了《科学引文索引》。20 世纪 70 年代,"期刊爆炸"的爆发为科学交流带来了新的问题,科学出版物的迅速膨胀,使得科学研究人员无法全面地了解本研究领域内的研究前沿,针对当时科学交流的困境,经由一次文献浓缩产生的二次文献、三次文献大量出现。此外,随着 20 世纪 70 年代联机数据库的科学信息及其交流的数字化为缓解科学交流的危机提供了技术上的可能性。20 世纪 70 年代以来,随着信息技术的发展,网络载体的出现使得传统的正式交流与正式科学交流在网络环境下的界限开始模糊,网络载体的迅速发展打破了原有的科学知识交流载体结构的平衡,传统的以个体间的面谈、书信为主要形式的非正式交流过程发生了悄无声息的变化,传统的学术论坛和沙龙也正被在线会议所替代。

二 国内研究现状

为了解决本研究所提到的问题以及开展相关方向的研究,我们对国内相关领域的文献进行梳理,从学术虚拟社区、学术虚拟社区知识交流两个方面切入,其中学术虚拟社区知识交流相关研究从基础理论、交流模式、交流效率及效果评价三个方面进行梳理。

(一)学术虚拟社区相关研究

国内在学术虚拟社区方面的研究成果较多。王东认为学术虚拟社区是在虚拟环境下组成并具有以进行学术交流为目的的独特性质,其学术交流的内容并非一般意义上的信息、数据、知识,而是具有一定前沿性、创新性的内容，其基于融知发酵模型，从内在推动、外部拉动、学术环境三个维度入手，对应关注信任机制、激励机制、学术质量控制三个关键问题，探讨了学术虚拟社区知识共享实现路径以及现实策略。① 徐美凤和叶继元发现学术虚拟社区中知识共享主体具有身份的相对稳定性、交流内容的专业性、交流态度的严谨性的特点，同时通过引入基尼系数与运用社会网络方法对学术社区中知识共享的主体构成情况进行研究，并对不同学科的情况进行对比，发现人文管理类学科更易形成社区核心。② 毕强等以学术信息运动规律为基础，通过数据挖掘方法并结合社会网络分析方法得出学术虚拟社区信息运动规律，并以此为基础，向学术虚拟社区的管理者提出了促进社区信息交流的建议。③ 张熠等从用户体验的视角出发，以 D-S 证据理论为基础，构建用户体验视角下的学术虚拟社区评价指标体系，通过对学术虚拟社区的评价，一定程度上促进了学术虚拟社区的持续健康发展。④

（二）学术虚拟社区知识交流相关研究

（1）学术虚拟社区知识交流基础理论研究。其研究内容包括虚拟社区知识交流特点、行为动机、影响因素等。例如刘丽群和宋咏梅从社会学的社区及团体动力学的角度考察虚拟社区成员参与知识交流的行为动机及刺激因素。⑤ 王飞绒等从理论角度提出了虚拟社区知识共享水平影响因素的概念模型和理论假设，根据调查数据分析了这些因素对知识共享水平的影响程度及方向，并结合 China ASP 社区的案例进行了说明，最后根据实证结果提出了提高虚拟社区知识共享水平的

---

① 王东：《虚拟学术社区知识共享实现机制研究》，博士学位论文，吉林大学，2010 年。
② 徐美凤、叶继元：《学术虚拟社区知识共享主体特征分析》，《图书情报工作》2010 年第 22 期。
③ 毕强等：《学术虚拟社区信息运动规律研究》，《图书馆学研究》2015 年第 7 期。
④ 张熠等：《用户体验视角下国内学术虚拟社区评价指标体系构建——基于 D-S 证据理论》，《现代情报》2019 年第 8 期。
⑤ 刘丽群、宋咏梅：《虚拟社区中知识交流的行为动机及影响因素研究》，《新闻与传播研究》2007 年第 1 期。

若干思考。①彭红彬和王军以国内著名的技术网络论坛 CSDN 为研究实例,从中抽取出知识交流网络,采用复杂网络的分析方法对其进行分析,试图定量化地揭示虚拟社区中知识交流的特点。②甘春梅和王伟军以 MOA（动机—机会—能力）视角为切入点,分别从动机、机会和能力三个维度阐释影响在线科研社区环境下知识交流与共享行为的主要因素。③黄梦梅从博弈论的视角,构建学术虚拟社区用户行为的博弈模型,从用户行为特征的角度出发,为如何促进学术虚拟社区成员更好地进行知识共享提供了解决方案。④张红兵和张乐基于知识贡献动机与技术接受模型的视角,构建学术虚拟社区知识贡献意愿影响因素模型,探究影响个人知识贡献意愿的影响因素。⑤谭春辉等将质性分析方法与实证研究方法相结合,研究影响学术虚拟社区中科研人员合作行为的因素,发现自我效能、群体认同、社群影响和互惠性等对科研人员合作行为均有正向影响。⑥

（2）学术虚拟社区知识交流模式研究。其模式主要归纳为两大类,即基于合作关系的知识交流模式和基于链接关系的知识交流模式。其研究方法主要归纳为两大类:社会网络分析法与链接分析法。例如谢佳琳和覃鹤以学术博客的知识交流为研究对象,论述了学术博客的知识交流过程以及主要步骤,包括知识转移、知识共享和知识创新,并在此基础上对比传统知识交流的突破与缺陷,为以后的学术博

---

① 王飞绒等：《虚拟社区知识共享影响因素的实证研究》,《浙江工业大学学报》（社会科学版）2008 年第 3 期。

② 彭红彬、王军：《虚拟社区中知识交流的特点分析——基于 CSDN 技术论坛的实证研究》,《现代图书情报技术》2009 年第 4 期。

③ 甘春梅、王伟军：《在线科研社区中知识交流与共享：MOA 视角》,《图书情报工作》2014 年第 2 期。

④ 黄梦梅：《基于演化博弈论的学术社区中用户知识共享行为研究》,硕士学位论文,华中师范大学,2014 年。

⑤ 张红兵、张乐：《学术虚拟社区知识贡献意愿影响因素的实证研究——KCM 和 TAM 视角》,《软科学》2017 年第 8 期。

⑥ 谭春辉等：《虚拟学术社区中科研人员合作行为影响因素研究——基于质性分析法与实证研究法相结合的视角》,《情报科学》2020 年第 2 期。

客发展提出了建议。① 丁敬达等在对学术虚拟社区用户类型和交互关系分析的基础上，提出学术虚拟社区存在基于会话、链接、引证关系3种主要知识交流模式，并进一步归纳出基于会话关系的16种基本知识交流模式、基于链接关系的3种知识交流模式和基于引证关系的两类知识交流模式。② 邹儒楠和于建荣运用社会网络分析方法，以小木虫生命科学论坛为研究对象，对用户非正式知识交流特征进行分析研究。③

（3）学术虚拟社区知识交流效率及效果评价。该方面的研究主要采用经济学领域效率测算的基本方法，构建评价指标体系，对具体的虚拟社区平台进行实证研究。例如宗乾进等在构建学术博客知识交流效果的评价指标体系基础上，基于科学网博客的数据，采用数据包络法对8个学科博客的知识交流效果进行实证研究，认为科学网博客知识交流效率不理想，不同学科之间知识交流效率差异较大，但尚未提出科学网博客知识交流效果的改进意见。④ 之后，万莉在宗乾进等的研究基础上，借鉴其评价指标体系，采用非参数DEA、Malmquist指数方法，对2010—2014年小木虫社区等的知识交流效率及全要素生产率进行测度，认为不同学科知识交流效率差异较大，但没有进一步分析存在这一差异的具体原因和改进方法。⑤ 吴佳玲和庞建刚以小木虫社区为研究对象，运用SBM模型从静态的角度测度学术虚拟社区中的知识交流效率，并结合Kernel密度估计对其进行动态的演化描述。⑥ 庞建刚和吴佳玲运用参数SFA方法，测度经管之家经济学论坛的知识交流效率，并运用核估计方法对知

---

① 谢佳琳、覃鹤：《基于学术博客的知识交流研究》，《情报杂志》2011年第8期。
② 丁敬达等：《论学术虚拟社区知识交流模式》，《情报理论与实践》2013年第1期。
③ 邹儒楠、于建荣：《数字时代非正式学术交流特点的社会网络分析——以小木虫生命科学论坛为例》，《情报科学》2015年第7期。
④ 宗乾进等：《学术博客的知识交流效果评价研究》，《情报科学》2014年第12期。
⑤ 万莉：《学术虚拟社区知识交流效率测度研究》，《情报杂志》2015年第9期。
⑥ 吴佳玲、庞建刚：《基于SBM模型的虚拟学术社区知识交流效率评价》，《情报科学》2017年第9期。

识交流技术效率进行动态演化，最后从管理者的角度提出了改进知识交流现状的意见。[①] 胡德华等运用加速遗传算法对投影寻踪进行最优求解，选取不同类型学术虚拟社区中的 16 个板块进行实证研究，并且将遗传投影寻踪算法与数据包络法进行比较，发现学术虚拟社区知识交流效率总体不高，且遗传投影寻踪算法优于数据包络法。[②] 孙思阳构建虚拟学术社区用户知识交流效果评价指标体系，并以科研公众号为研究对象，采用模糊层次分析法对虚拟学术社区知识交流的效果进行研究，结果表明，用户心理因素对知识交流效果的影响最为重大。[③]

三 国外研究现状

为解决本研究的相关问题，我们对国外相关研究文献进行梳理，发现与国内研究不同，国外对于学术虚拟社区的研究更为丰富和具体，理论研究相对成熟，实例研究更具实践意义。根据与本研究的相关性，主要从学术虚拟社区以及学术虚拟社区知识交流相关研究两个方面切入。

（一）学术虚拟社区相关研究

Chen & Irene 在对专业虚拟社区的研究中提出，该类型的社区成员中应具有相关的专业人员参与，并通过纵向研究分析 360 个社区成员，得出背景因素和技术因素会影响社区成员的持续参与意愿。[④] Toral 等采用传统的社会网络分析法将开源软件社区的成员分为外围

[①] 庞建刚、吴佳玲：《基于 SFA 方法的虚拟学术社区知识交流效率研究》，《情报科学》2018 年第 5 期。

[②] 胡德华等：《基于遗传投影寻踪算法的学术虚拟社区知识交流效率研究》，《图书馆论坛》2019 年第 4 期。

[③] 孙思阳：《基于模糊层次分析法的虚拟学术社区用户知识交流效果评价研究》，《情报科学》2020 年第 2 期。

[④] Chen and Y. L. Irene, "The Factors Influencing Members' Continuance Intentions in Professional Virtual Communities — A Longitudinal Study", *Journal of Information Science*, Vol. 33, No. 4, 2007, pp. 451–467.

用户、正式用户和核心用户。① Nistor 等研究了学术虚拟实践社区，并通过分析 72 位成员对于虚拟社区中知识共享的态度和看法，验证了其提出的在学术虚拟社区框架中教育技术接受度的概念模型。② Nistor 等从虚拟实践社区（vCoP）的社会建构主义概念和基于互联网的开放式学习环境出发，提出并验证了两种自动对话评估工具 ReaderBench 和 Important Moments。通过分析 179 个社区成员在 23 个月内对话形成的语料库，发现了社区中心和外围成员讨论主题具有显著的差异。③ Nistor & Pan 等分别从用户参与和知识共享的角度研究了虚拟学术社区的用户行为。④ Choi & Pruett 研究了用户参与信息交流行为的主要动机是个人需要和学习需要，在没有物质激励和精神激励的情况下仅仅因为个人兴趣和帮助他人而进行信息行为的影响不大。⑤

（二）学术虚拟社区知识交流相关研究

相较于国内的相关研究，国外学术虚拟社区知识交流的相关研究更加注重从实际出发，主要从以下三个方面来进行论述。

（1）学术虚拟社区在知识交流中的作用。学术虚拟社区和社交平

---

① S. L. Toral, M. R. Martinez-Torres and F. A. Barrero, "Analysis of Virtual Communities Supporting OSS Projects Using Social Network Analysis", *Information & Software Technology*, Vol. 52, No. 3, 2010, pp. 296–303.

② N. Nistor, B. Baltes and M. Schustek, "Knowledge Sharing and Educational Technology Acceptance in Online Academic Communities of Practice", *Campus-Wide Information Systems*, Vol. 29, No. 2, 2012, pp. 108–116.

③ N. Nistor, S. Trausan–Matu, M. Dascalu, et al., "Finding Student-centered Open Learning Environments on the Internet: Automated Dialogue Assessment in Academic Virtual Communities of Practice", *Computers in Human Behavior*, Vol. 47, 2015, pp. 119–127.

④ N. Nistor, B. Balters, M. Dascalu, et al., "Participation in Virtual Academic Communities of Practice Under the Influence of Technology Acceptance and Community Factors: A Learning Analytics Application", *Computers in Human Behavior*, Vol. 34, No. 5, 2014, pp. 339–344; Yonggang Pan, Yunjie Xu, Xiaolun Wang, et al., "Integrating Social Networking Support for Dyadic Knowledge Exchange: A Study in a Virtual Community of Practice", *Information & Management*, Vol. 52, No. 1, 2015, pp. 61–70.

⑤ N. Choi and J. A. Pruett, "The Characteristics and Motivations of Library Open Source Software Developers: An Empirical Study", *Library & Information Science Research*, Vol. 37, No. 2, 2015, pp. 109–117.

学术虚拟社区知识交流效率测度研究

台能够加强用户之间的沟通、学习和知识交流,能够挖掘用户的隐性知识并帮助用户在学术虚拟社区中将知识显性化。例如,Zaretsky 以一个网站论坛为例研究了用户的知识生成、交流合作和知识管理过程,发现实验参与者能够利用此平台高效地交流自己领域的知识,虚拟社区为用户的评论、交流和文献交换提供了对等环境,增强了他们向论坛传输文献资料的动力。[1] Wodzicki 等认为社交媒体可以满足用户多角度的知识学习需求,允许学生进行正式和非正式学习,学生不仅能够通过社交网站进行社会交往和生成用户内容,更重要的是可以利用社交网站对社会问题进行更深层次的知识交流。[2] Rolls 等认为社交媒体平台上虚拟社区的创建,可以促进普通医护人员和卫生保健专业人士在网络上进行知识交流。[3] Lori 等在 Protocols. io 平台基础上创建了专门针对病毒学研究的学术虚拟社区 VERVENet,该社区有助于病毒学科研人员进行知识交流,此外,该社区的最新文献个性化推荐功能有助于科研人员对前沿技术的动态追踪。Borges 等分别讨论了 Esanum、Sermo 和 Doctor. net. uk 等学术虚拟社区在对全球医务人员的信息交流、病例讨论等方面起到的积极推进作用。[4]

(2)学术虚拟社区知识交流在决策中的作用。学术虚拟社区在加强知识交流的同时,亦可以挖掘用户隐性知识,提高决策水平。Obeid & Moubaiddin 构建了一个多智能代理系统研究跨学科群体的知识交流过程,智能代理系统可以提供给知识工作者完成他们的任务所

---

[1] E. Zaretsky, "Developing Knowledge Generation, Communication and Management in Teacher Education: A Successful Attempt at Teaching Novice Computer Users", *Journal of Systemics Cybernetics & Informatics*, Vol. 7, No. 1, 2009, pp. 85 – 89.

[2] K. Wodzicki, E. Schwämmlein and J. Moskaliuk, "Actually, I Wanted to Learn: Study-related Knowledge Exchange on Social Networking Sites", *Internet & Higher Education*, Vol. 15, No. 1, 2012, pp. 9 – 14.

[3] K. D. Rolls, M. Hansen, D. Jackson, et al., "Analysis of the Social Network Development of a Virtual Community for Australian Intensive Care Professionals", *Computers Informatics Nursing*, Vol. 32, No. 11, 2014, pp. 536 – 544.

[4] R. Borges, A. M. Peralta, M. N. Rojas, et al., "Las Redes Sociales AcadéMicas: Espacios de Intercambio CientíFico en Las Ciencias de la Salud", *edumecentro*, 2018, pp. 188 – 200.

需要的知识、经验和洞见。其中，每个智能代理体都是知识的经纪人和组织者，它不仅能够及时地访问知识，还能识别用户决策时背后的动机和做出这种决策的知识基础。[①] Huang & Yang 在研究组织知识生成和管理模型的基础上，首先，通过区分个人和组织、隐性与显性，提出知识—生产—导向的知识交流螺旋布局模式；其次，研究了网络虚拟社区的特征，发现超链接在知识交流中发挥重要作用而且可以提高知识交流效率；最后，利用矩阵聚类技术探讨了虚拟社区中成员知识创造过程中的互动演化行为和用户创造价值与功能，确保虚拟社区可以持续做出最佳决策。[②]

（3）学术虚拟社区用户知识交流行为研究。用户信息行为能够在一定程度上影响虚拟社区与用户间的交互效果。Nistor 等认为用户的参与行为受到技术接受和社区因素的影响，讨论了参与和协作对社区内知识共享的影响，并且在研究的基础上开发出自动对话评估工具，以减少通过对话增加知识共享研究耗时。[③] Pan 等研究发现社交网络支持能够在一定程度上促进虚拟社区中朋友间的知识交换行为，并且降低知识交换停止的概率。[④] Nima & John 从多个角度探讨了虚拟社区中影响用户信息交流的诸多因素，发现信息披露会影响社区内成员的信

[①] N. Obeid and A. Moubaiddin, "Dialogue and Argumentation in Knowledge Communication", *World Multi-conference on Systemics, Cybernetics and Informatics*, Orlando, Florida, USA, June 19—July2, 2008.

[②] E. Huang and J. C. Yang, "User Engagement by Using a Knowledge-creation Based Model in the Virtual Community", *International Journal of Organizational Innovation*, Vol. 3, No. 3, 2011, pp. 101 – 119.

[③] N. Nistor, B. Balters, M. Dascalu, et al., "Participation in Virtual Academic Communities of Practice Under the Influence of Technology Acceptance and Community Factors: A Learning Analytics Application", *Computers in Human Behavior*, Vol. 34, No. 5, 2014, pp. 339 – 344.

[④] Yonggang Pan, Yunjie Xu, Xiaolun Wang, et al., "Integrating Social Networking Support for Dyadic Knowledge Exchange: A Study in a Virtual Community of Practice", *Information & Management*, Vol. 52, No. 1, 2015, pp. 61 – 70.

息传播意愿,而情感因素对信息传播行为没有直接明显的作用。[①]

四 相关研究述评

通过对国内外文献的梳理可以看出,目前国内外对于学术虚拟社区研究的侧重点各有不同,国内外相关研究主要集中于学术虚拟社区知识交流的理论、模式和作用方面。而在学术虚拟社区实证方面多采用定量的方法研究学术虚拟社区中的知识交流行为、内容和模式。总体来说,取得了一定数量的研究成果,但就学术虚拟社区知识交流效率方面的研究还不充分,尚未形成系统完整的研究体系。笔者在阅读前人研究的基础上,发现有关学术虚拟社区知识交流效率的研究仅仅停留在知识交流效率的评价和分析上,缺乏实质性的和定量化的学术虚拟社区知识交流效率的提升方法。因此本课题将在现有研究的基础上,将用户对学术虚拟社区知识交流的感性与感知程度进行量化,并融入学术虚拟社区的网络模型中,通过仿真实验,构建学术虚拟社区知识交流效率测度模型,进而分析影响社区知识交流效率的显著因素,以及这些因素对知识交流效率的影响方式和影响程度,从而为真正提升学术虚拟社区知识交流效率和改善学术交流氛围提供定量依据,为相关学术虚拟社区管理层提供改进建议。

第四节 研究目标与框架

一 研究目标

本书的主要目标是在学术虚拟社区知识交流效率的理论方法、特征表现、测度指标的研究基础上,从用户视角提出学术虚拟社区知识交流效率测度模型,通过仿真实验,发现影响社区知识交流效率的因

[①] K. Nima and W. John, "Communicating Personal Health Information in Virtual Health Communities: An Integration of Privacy Calculus Model and Affective Commitment", *Dissertations & Theses Gradworks*, No. 1, 2017, pp. 45 – 81.

素及程度，达到提升社区知识交流效率、改善社区知识交流氛围的目标。

二 研究框架

本书研究学术虚拟社区知识交流效率的测度指标和模型。以学术虚拟社区的典型代表——小木虫社区为例，研究社区知识交流的内在机理和知识交流效率表现特征，提出社区知识交流效率的量化指标。选取小木虫社区样本数据，抽象网络模型，融入用户属性，通过仿真实验，构建社区知识交流效率测度模型，从宏观和微观两个层面考察社区知识交流效率的动态演化，揭示社区知识交流效率的显著影响因素，以及这些因素对知识交流效率的影响方式和影响程度，为提升学术虚拟社区知识交流效率提供数据支撑。其总体框架包含以下五个方面的内容：

（一）学术虚拟社区知识交流效率的理论和方法研究

首先，通过文献调研，对学术虚拟社区知识交流效率的基本概念进行界定，并对国内外相关研究的理论和方法进行归纳和总结，例如观点传播理论、认知理论、计算组织理论、复杂网络、效率测度方法（如数据包络法）等，从理论和方法两个层面为后续研究奠定基础；其次，依据研究范畴，开展网络调研，对国内外学术虚拟社区及其知识交流效率进行调查统计和比较分析，摸清研究对象现状；最后，通过问卷和量表开展调查，从定性角度考察国内学者对学术虚拟社区知识交流效率的感知程度和影响因素，由此提出研究问题。

（二）学术虚拟社区知识交流效率的特征表现

通过研究学术虚拟社区的知识交流特点、过程和内在机理，推断知识交流效率的表现形式和表现特征，达到识别知识交流效率评价指标的目的。学术虚拟社区是学者在开展科研活动的过程中进行学术讨论、学术交流、资源共享的专业平台，具有交互性、开放性等特点。在社区平台，知识提供者将知识外化提供给使用者，知识使用者通过学习将显性知识内容纳入个人知识系统，或进一步将其知识外化，如此反复。社区用户也通过知识相互交流和传递被紧密联系起来，即通过发帖、评论、浏览、再评论（针对评论进行的再次评论）等行为将具有相同兴趣或背景的人连接在一起，这是学术虚拟社区知识交流的主要行为方式和表现，而用户在知识交流过程中产生的发帖、评论、浏览以及再评论等的数量，正是学术虚拟社区知识交流效率量化评价的重要指标。借鉴经济学中对效率概念的定义和描述，构建出学术虚拟社区知识交流效率评价指标体系，一级指标为投入和产出，其中，投入的二级指标包括用户数和用户发帖数（分别考察知识交流中人的投入和知识资源的投入），产出的二级指标包括浏览数、评论数和再评论数（分别考察知识交流中知识传播的辐射范围和影响力）。

（三）基于用户视角的学术虚拟社区知识交流效率模型构建

学术虚拟社区网络是由用户及其关系组成，用户通过互动产生知识，而知识的产生又是一个动态、不断变化的过程，因此，从用户视角构建网络模型能够实现对知识交流效率自下而上、从微观到宏观的动态演化的研究。其模型构建的思路和过程如下：（1）从小木虫社区获取样本数据，对用户关系数据进行定义和归类，进而抽象为小木虫社区的网络模型；（2）采用模糊数学和挖掘文本的方法，对用户交流文本中的程度词进行挖掘，得到用户属性分布（即用户知识交流感知量表，对小木虫社区中用户知识交流效率的感性认识和感知程度进行量化），用来设定用户在网络模型中的参数与交互规则，初步构建出学术虚拟社区知识交流效率的测度模型。

（四）融入仿真实验的学术虚拟社区知识交流效率测度模型的检验和修正

在上述模型构建的基础上，以小木虫社区样本数据为例，通过仿真实验，抽取出影响社区知识交流效率的显著因素和这些因素对知识交流效率的影响方式和影响程度，并对模型进行检验和修正。具体研究思路和过程如下：(1) 将 DEA 嵌入上面 (三) 的第 (1) 中，构建小木虫社区网络模型，然后开展仿真实验，得到小木虫社区知识交流效率的影响因素，并初步实现小木虫社区知识交流效率测度的动态演化；(2) 重复第一步，通过对多次仿真实验和结果分析，从用户视角对社区知识交流效率测度模型进行检验与修正，得到小木虫社区知识交流效率的测度模型。

（五）实证研究

以小木虫社区为例，获取"化学化工"领域自 2001 年建站以来的所有用户知识交流数据，开展实证研究：计算小木虫社区知识交流效率值，绘制小木虫社区知识交流效率动态演化图，提取影响小木虫社区知识交流效率比较显著的因素，以及影响方式和程度。在实证研究的基础上，从定量视角针对性地给出小木虫社区知识交流效率提升方法和对策。此外，获取丁香园论坛等学术虚拟社区某一个学科领域的用户知识交流数据，采用上述实证研究方法，考察模型在学术虚拟社区知识交流测度上的适应性和适用性。

第五节 研究思路与方法

一 研究思路

本书的研究思路如图 1-1 所示，与研究框架对应，按照研究开展的次序包括理论和方法研究、特征表现、模型构建、模型检验与修正、实证研究 5 个方面。首先，通过对相关理论和方法进行归纳，寻求本书的理论、方法支撑，并初步调查研究对象，确定研究问题；其次，针对研究对象，探讨学术虚拟社区知识交流的内在机理及其效率的特征表现，提出学术虚拟社区知识交流效率测度指标，并对效率指标进行量化；再次，选取小木虫社区样本数据，构建社区网络模型，融入用户属性，开展仿真实验，得到社区知识交流效率的模型，并在仿真过程中揭示影响社区知识交流效率的显著因素及程度；最后，以

学术虚拟社区知识交流效率测度研究

小木虫及类似学术虚拟社区为例,开展实证研究,对小木虫社区知识交流效率进行测度和计算,同时考察模型在整个学术虚拟社区的适用性。本课题的研究内容沿着"理论方法研究—模型构建研究—实证研究"这一思路逐层展开,循序推进。

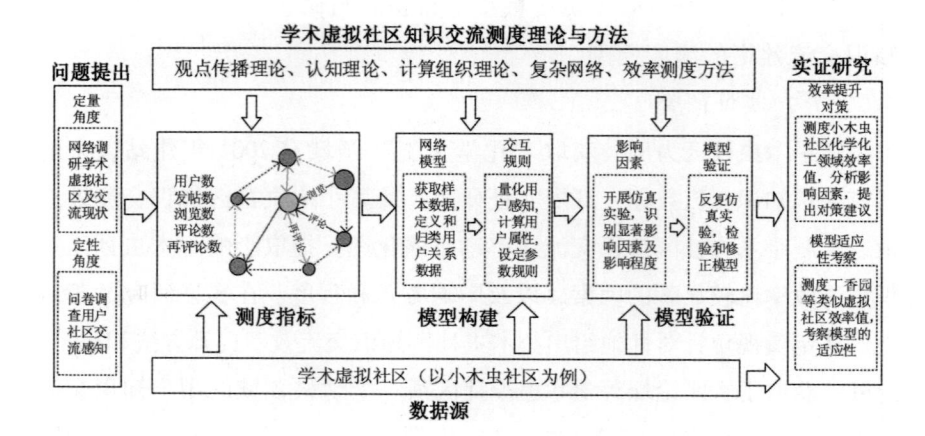

图 1-1 学术虚拟社区知识交流效率测度研究基本思路

二 研究方法

本书主要使用以下方法开展研究。

（一）文献调研法

通过对国内外相关文献的调研,梳理学术虚拟社区知识交流研究的进展,深入了解目前学术虚拟社区知识交流存在的问题,发现国内外研究的差异,把握国内外研究的侧重点。

（二）问卷调查法

问卷调查法是社会科学研究的经典方法,优点在于其可以将对用户的定性研究转化为最直接的定量研究,研究内容能够以较为指标量化的形式直接衡量。运用问卷调查法,以技术接受模型为框架,从定性角度考察国内学者对学术虚拟社区知识交流效率的感知程度和影响因素。

（三）数据包络法（DEA）

采用该方法，获取小木虫社区知识交流效率的指标样本数据，对用户关系数据进行定义和归类，构建小木虫社区的网络模型。

（四）仿真实验法

融入用于交互规则，从宏观整体和微观个体两个层面，构建学术虚拟社区知识交流效率测度模型，并通过反复仿真实验，对模型进行检验和修正，揭示学术虚拟社区知识交流效率影响因素，以及这些因素的影响方式和影响程度。

（五）实证研究法

一方面，对小木虫社区化学化工领域进行实证研究，测度小木虫社区知识交流效率值，并有针对性地提出改进对策；另一方面，对丁香园论坛等学术虚拟社区的某一学科知识交流效率进行测度与计算，考察模型在整个学术虚拟社区的适用性。

第六节 数据来源

根据本研究的设计思路，针对不同研究阶段的研究目的及其所需，将有所差异的实证研究数据分为三个部分。

（1）基于社会交换理论与技术接受模型，构建学术虚拟社区知识交流效率测度模型，确定知识交流效率评价体系指标，通过问卷的方式获取数据，定量的探究影响学术虚拟社区知识交流效率的因素。

（2）基于数据包络法，运用 Python 爬虫程序分别爬取小木虫社区、丁香园论坛、经管之家不同板块的发帖数、回复数等数据，根据学术虚拟社区知识交流效率指标体系，对学术虚拟社区知识交流效率进行评价研究，探究学术虚拟社区知识交流现状，并提出改进意见。

（3）基于社会网络分析与多 Agent 模拟仿真方法，为探究学术虚拟社区知识交流效率变化的动态过程，运用 Python 爬虫程序，以月为周期爬取小木虫社区不同板块主题帖、发帖人等数据，构建学术虚拟社区知识交流模型,对学术虚拟社区知识交流网络进行模拟仿真,探究在动态情况下投入因素和环境因素对学术虚拟社区知识交流效率的影响方式和影响程度,并提出改进意见。

第七节 研究工具

一 Python 语言

Python 语言是 1989 年荷兰人 Guido van Rossum 开发的脚本解释程序,是一种跨平台的计算机程序设计语言,是一种面向对象的动态类型语言。最初被设计用于编写自动化脚本(shell),随着版本的不断更新和语言新功能的添加,被越来越多地用于独立的、大型项目的开发。后来被广泛地应用到如数据科学、网络爬虫、系统维护等多个领域,并取得了良好的效果。

在本研究中,主要使用 Python 语言进行研究数据的获取及其处理,以及学术虚拟社区知识交流模型的构建及仿真研究。

二 SPSS

SPSS(Statistical Product and Service Solutions),"统计产品与服务解决方案"软件,是目前世界上应用较广泛的专业统计软件之一,主要应用于通信、医疗、社会研究、科研教育等多个研究领域与行业,适用于统计分析、数学运算、数据挖掘、预测分析和决策支持等重大任务。1984 年 IBM 首先推出了世界上第一个统计分析软件微机版本 SPSS/PC+,随后开创了 SPSS 微机系列产品的开发方向,极大扩充了其应用范围,使其迅速被自然科学、技术科学、社会科学等各个领域的学者所接纳。

在本研究中,主要应用 SPSS 工具对学术虚拟社区知识交流感知调查数据进行处理与分析。

三 Frontier 4.1

Frontier 是一款专门用于完成随机前沿分析的软件，它可以用最大似然法估计随机前沿成本模型（Stochastic Frontier Cost Model）和随机前沿生产模型（Stochastic Frontier Production Model），主要用来处理一个产出变量和若干个投入变量的生产函数形式测定技术效率系统。

在本研究中，主要使用 Frontier 4.1 工具对学术虚拟社区知识交流效率进行测度。

四 Gephi

Gephi 是一款开源免费跨平台基于 JVM 的复杂网络分析软件，主要用于各种网络与复杂系统，是动态和分层图的交互可视化与探测开源工具，可以用于探索性数据分析、链接分析、社交网络分析、生物网络分析等，是一款应用于信息数据可视化的利器。

在本研究中，主要利用 Gephi 对学术虚拟社区用户间知识交流网络进行可视化以及网络特征值的提取。

第八节 创新之处

本书研究学术虚拟社区知识交流效率测度与模型。首先，通过文献调研，对国内外学术虚拟社区知识交流效率相关研究理论及方法进行梳理、归纳、总结，摸清研究现状，为后续研究奠定基础。其次，通过研究小木虫社区知识交流特点、过程与内在机理，推断学术虚拟社区内知识交流效率的表现形式及表现特征，进而构建学术虚拟社区知识交流效率评价指标体系。再次，获取小木虫社区样本数据，根据用户间互动关系，对用户关系进行定义与归类，对用户间的交互规则进行定义，进而抽象为小木虫社区的网络模型。复次，在模型构建的基础上，通过仿真实验，抽取影响学术虚拟社区知识交流效率的显著因素以及其对知识交流效率的影响程度，并进行检验及修正。最后，计算小木虫社区知识交流效率值，绘制知识交流效率动态演化图，在此基础上有针对性地给出小木虫社区知识交流效率提升方法与对策。

本研究从新的角度与方法来研究学术虚拟社区知识交流效率测度问题，创新之处主要有以下两点：

（1）融入仿真实验构建学术虚拟社区知识交流效率测度模型，对学术虚拟社区知识交流效率进行测度，分析影响学术虚拟社区知识交流效率的显著因素，以及这些因素对知识交流效率的影响方式和程度，为改善学术虚拟社区非正式交流氛围提供定量依据。

（2）从用户视角构建学术虚拟社区知识交流效率测度模型，通过仿真实验法对模型进行检验和修正，获取社区知识交流效率影响因素及影响方式和程度。通过模型，测度和计算学术虚拟社区知识交流，揭示影响学术虚拟社区和知识交流效率的显著因素。

本章是提出问题篇，主要介绍了本书研究问题的背景、目的与意义、国内外研究现状、研究框架内容、研究思路、研究方法，交代本书研究中涉及的数据来源和研究工具，以及本研究的创新之处，为后续研究的开展起到总体规划设计的作用。

第二章 学术虚拟社区知识交流相关理论

本章首先论述了学术虚拟社区的含义和类型，知识交流的概念、研究视角和知识交流系统。其次，总结归纳学术虚拟社区知识交流的含义和特点，通过研究学术虚拟社区知识交流的特点、过程和内在机理，推断知识交流效率的表现形式和表现特征，达到识别知识交流效率评价指标的目的。最后，阐释了学术虚拟社区知识交流效率的含义以及学术虚拟社区知识交流效率测度研究的理论基础。

第一节 学术虚拟社区

一 学术虚拟社区的界定

众所周知，学术社区在互联网诞生之前就已经存在，学术社区的早期形式是"无形学院"，最早可以追溯到17世纪[1]。普莱斯教授认为无形学院是指针对某一特定研究领域的学术群体[2]。随着互联网技术的发展，衍生出"学术博客"和"学术论坛"，即本书所要研究的学术虚拟社区。国外许多学者把学术虚拟社区（Virtual Community）称为"Network Community""Online Community""Electronic Communi-

---

[1] 王东：《虚拟学术社区知识共享实现机制研究》，博士学位论文，吉林大学，2010年。
[2] 徐美凤：《基于CAS的学术虚拟社区知识共享研究》，博士学位论文，南京大学，2011年。

ty"等[1]。美国学者 Rheingold 认为虚拟社区是借助于计算机网络形成的群体，群体内成员相互交流、分享知识，最终形成互联网上的关系网络。[2] 不同学者对于学术虚拟社区的定义不同，Kowch & Schwier 认为虚拟学术社区既具有一般虚拟社区的普遍性特点，又具有学术交流的严肃性和专业性等特点。[3] Chen 和夏立新等认为虚拟学术社区的成员具备一定的专业知识，比如医生、教师和相关研究人员等。[4] 王东在他的博士学位论文中提到，虚拟学术社区是社区的一个组织部分，既有社区的一般性也有在虚拟环境下进行学术交流的特殊性，其特殊性主要表现在交流内容的创新性和前沿性上。[5] 吴佳玲在总结前人研究成果的基础上从用户角度、管理者角度和信息技术角度对虚拟学术社区进行了分类，并从虚拟学术社区的目的、内容和用户三个角度进行了定义，认为虚拟学术社区是在互联网背景下，在特定领域聚集专业用户，专注于学术信息交流并实现知识共享和知识创新的虚拟社区。[6] 学术虚拟社区既有虚拟社区的一般性，也有其独有的特殊性。一般性指的是它和其他专业性虚拟社区一样，都是在网络环境中与其他参与人员进行交流互动。特殊性是指其参与人员一般都是具有一定知识水平的科研人员，讨论的内容具有创新性和研究价值，从而实现知识的转移、共享和创新。近年来出现很多学术信息交流的平台，但

---

[1] 吴佳玲：《虚拟学术社区知识交流效率研究》，硕士学位论文，西南科技大学，2019年。

[2] H. Rheingold, *The Virtual Community: Homesteading on the Electronic Frontier*, MA: MIT Press, 2000.

[3] E. Kowch and R. Schwier, "Considerations in the Construction of Technology-based Virtual Learning Communities", *Canadian Journal of Educational Communication*, Vol. 26, No. 1, 1997, pp. 1 – 12.

[4] Chen and Y. L. Irene, "The Factors Influencing Members' Continuance Intentions in Professional Virtual Communities — A Longitudinal Study", *Journal of Information Science*, Vol. 33, No. 4, 2007, pp. 451 – 467；夏立新、张玉涛：《基于主题图构建知识专家学术社区研究》，《图书情报工作》2009年第22期。

[5] 王东：《虚拟学术社区知识共享实现机制研究》，博士学位论文，吉林大学，2010年。

[6] 吴佳玲：《虚拟学术社区知识交流效率研究》，硕士学位论文，西南科技大学，2019年。

第二章　学术虚拟社区知识交流相关理论

并非所有的学术信息交流平台都是学术虚拟社区。正如布鲁克斯所说，"组织的文献"和"组织的知识"是有本质区别的，前者是指为参与人员下载他们所需要的相关文献提供便利，并无知识层面的交流，后者则融入了参与者本身的想法和思考，从而达到知识层面的交流。

目前国内外学者对于学术虚拟社区的研究内容较为丰富，他们从不同角度、利用不同方法对其进行了全方位的分析，理论研究已经形成了体系，实例研究也有了不少成果，并在一定程度上丰富了理论体系。实例研究的主要内容包括以下两个方面：

（1）知识管理方面的研究。Chang & Chuang 根据知识共享的数量和质量评价了学术虚拟社区的知识共享效果。[①] 许林玉和杨建林以经管之家为研究平台，使用 Python 语言抓取该平台下 4 万条有效用户数据，构建了学术虚拟社区知识共享行为影响因素的研究框架，并采用更为科学合理的分位数回归方法对研究模型进行了验证。[②]

（2）用户信息行为方面的研究。近年来有关知识交流行为的研究主要是关于交流模式、影响因素和交流效果的[③]。由此可见，国内外对学术虚拟社区的研究涉及众多学科，不同背景下的学术虚拟社区含义也有所差别。本书在综合以上学者研究观点的基础上，认为学术虚拟社区是指有一定数量科研人员参与的专业型、学术型虚拟网络社区平台，如科学网博客、小木虫社区、经管之家、CSDN 等。

[①] H. H. Chang and S. S. Chuang, "Social Capital and Individual Motivations on Knowledge Sharing: Participant Involvement As a Moderator", *Information & Management*, Vol. 48, No. 1, 2010, pp. 9 – 18.

[②] 许林玉、杨建林：《基于社会化媒体数据的学术社区知识共享行为影响因素研究——以经管之家平台为例》，《现代情报》2019 年第 7 期。

[③] 孙思阳等：《虚拟学术社区用户知识交流行为研究综述》，《情报科学》2019 年第 1 期。

二 学术虚拟社区的类型

目前国内外出现了各种类型的学术虚拟社区，国外有 Twitter、LinkeIn、ResearchGate 等，国内有知乎、科学网博客、小木虫社区、丁香园论坛等。学术虚拟社区发展迅速，依据不同的分类标准可以将其划分为不同的类型，对于类型的研究可以帮助我们更有针对性地了解其交流过程和内在机理，从而探索出提升学术虚拟社区知识交流效率的方法。在此之前也有很多学者对其进行分类，陈红勤和曹小莉根据虚拟学术社区交流内容的范围将其分为综合性学术网络社区与单一（专题）性学术网络社区；根据学术虚拟社区的独立性将其分为独立学术社区和附属学术社区；依据社区用户的名气和级别，将其划分为名人学术社区和草根学术社区。[①] 付立宏和李帅认为当前比较常用的虚拟学术社区主要有学术 BBS、学术博客、科技论文网络发表这三种。[②] 王东从正式性的视角把目前网络环境下的学术虚拟社区之间的知识交流分为正式性交流和非正式性交流。[③] 正式性学术交流平台的主要代表为开放存取资源平台，这也是将来学术性资源融合发展的趋势，非正式性学术交流平台就是平时科研人员利用较多的学术博客和论坛。

经过调研，本研究认为，学术虚拟社区可以分为以 Quora 和知乎为代表的问答型社区、以 Twitter 和科学网为代表的博客型社区以及以 Meta 和小木虫为代表的网站型社区。

第二节 知识交流

一 知识交流概述

知识是人们在实践中获得的对客观事物及规律的认识，是对已有

[①] 陈红勤、曹小莉：《学术网络社区研究综述》，《科技广场》2010 年第 8 期。

[②] 付立宏、李帅：《虚拟学术社区的类型及特点比较分析》，《创新科技》2015 年第 7 期。

[③] 王东：《虚拟学术社区知识共享实现机制研究》，博士学位论文，吉林大学，2010 年。

第二章 学术虚拟社区知识交流相关理论

经验材料的概括、总结与升华。知识是无形的，必须通过语言、文字、图像、视频等手段记录下来。"知识交流是人们围绕知识所进行的一切交往活动"①，这是知识交流的一般释义。在不同的情境中，学者们对知识交流的理解又不尽相同。中国知网概念知识库将知识交流解释为不同成员或单元间知识与信息的交换。《当代科学学辞典》认为知识交流是指通过各种途径互相学习对方之长、增强各自能力的过程。《图书情报词典》认为情报交流即是知识交流。

20世纪80年代初，网络等新技术的出现冲击着图书馆学的发展。此时，黄纯元提出了"知识交流论"，用于探讨图书馆与图书馆学的本质和发展问题。②随后，宋晓亮、刘洪波对知识交流论进行了解释，并就其特点、影响、缺陷及未来发展展开研究。③"知识交流论"使图书馆融入了整个社会的交流系统中，扩大了图书馆的研究范畴，改变了图书馆的工作方式，明确了图书馆的社会地位。到了21世纪，计算机技术迅速发展，学术界围绕计算机开展了一系列的知识交流研究，经济、金融和商务信息的交流研究也开展得如火如荼。此外，社会学、新闻传播、管理学领域均有相关知识交流的研究。与此同时，图书情报也进行企业和组织的知识交流、隐性知识转化研究。米哈伊诺夫将信息交流分为正式信息交流和非正式信息交流，因此还有从期刊引文视角进行的学科和科研人员间知识交流研究。随着Web2.0的出现，基于链接和虚拟社区的知识交流方式成为主流。

综上所述，知识交流的内涵主要是通过正式或非正式交流平台（或渠道），将学者的隐性知识显性化，从而达到知识传播、知识转移、知识吸收、知识共享和知识创新的目的。知识交流是一个沟通与互动的过程，只是知识不同于商品可以自由传送，并且学者在向他人学习

---

① 宓浩：《知识、知识材料和知识交流——图书馆情报学引论（纲要）之一》，《图书馆学研究》1983年第6期。
② 黄纯元：《知识交流与交流的科学》，北京图书馆出版社2007年版，第1—14页。
③ 宋晓亮：《知识交流论的特点》，《图书与情报》1985年第1期；刘洪波：《论"知识交流论"》，《图书情报工作》1991年第5期。

时，必须有重建的行为，要在自身知识的基础上，进一步学习、共享他人的知识，通过这样的过程实现知识集成与再创造。

二 知识交流的研究视角

（一）图书馆学视角下的知识交流

在国内，宓浩最早提出知识与知识交流是图书馆的本质，指出知识交流就是知识信息的产生、传递和吸收过程，未来图书馆学研究的重点是个人知识与社会知识间的转化问题。之后，社会上一度掀起知识交流研究热潮，侧重于利用"知识交流论"探讨图书馆及其活动的本质、图书馆服务、图书馆知识交流模式和机制等。由此可以看出，国内早期对知识交流的研究主要侧重于审视图书馆与图书馆学，讨论其发展、服务和创新内容，并且这一研讨活动，一直持续至今，在这个过程中，也出现了结合网络环境对数字图书馆社区进行的知识交流研究。李杉论述了网络环境下图书馆面临的问题及知识交流论对图书馆建设的指导意义。[1] 梁灿兴根据实际环境对知识交流论进行了完善与拓展。[2] 在这一阶段，社会科学学者也对知识交流进行了相关研究，姜霁研究了知识交流的必要性，认为现行认识论体系，局限于探讨认识纵向发展的感性、理性阶段，忽视了认识主体之间的知识交流对认识过程的影响和制约作用。[3] 研究知识交流在认识活动中的作用，有助于弄清认识产生和发展的跳跃性、整体性、创造性和动力机制，从而深化对认识发展过程的理解。

（二）企业和组织视角下的知识交流

在上述时间段，除了图书馆学领域探讨知识交流外，科学和管理学领域也有知识交流的研究成果，其研究主要侧重于组织内知识交流

---

[1] 李杉：《网络环境下"知识交流说"再论》，《图书与情报》2003年第6期。
[2] 梁灿兴：《新知识交流论（上）：基于客观知识的交流类型辨识》，《图书馆》2013年第4期。
[3] 姜霁：《知识交流及其在认识活动中的作用》，《学术交流》1993年第4期。

机制、隐性知识转化方面。知识交流大量存在于组织内部，因此明确组织知识交流机制具有重要意义。每个人用于知识交流的精力是有限的，所以很难把所有的隐性知识分享给别人，但隐性知识的转化与共享却会给企业及组织带来巨大收益。林筠等从多个视角对隐性知识透视变换运作机制进行了分析。[①] 余菲菲和林凤从理论层面构建评估模型，对隐性知识交流与共享效果进行评价研究。[②] 刘军则从应用视角出发对企业员工隐性知识交流能力进行了评价研究。[③] 知识交流作为知识管理的重要环节，在科技创新中的作用不言而喻，因此知识交流的开发与管理问题应受到企业重视。

知识传播是促进组织内部和组织间知识转移的重要机制。国外关于组织知识交流的研究主要集中于企业知识交流、组织知识交流的效率研究。为了提高知识传播的效率，在知识交流过程中，组织需要特别注意传达知识的清晰度，以免产生混淆、误解或误用知识。出于上述考虑，组织可以通过构建多维元数据框架，实现企业内部信息的准确传达与理解。

（三）传统环境下基于合作、引证关系的知识交流

科研人员在正式的知识交流过程中会形成合作、引证两种关系。其中，科研合作是一种更为集中和有效的交流，它使得科研人员能够共享信息资源。对于知识交流模式更多的探讨，集中于引证模式。科学研究中，学者们会借鉴参考与自己研究相关的文献，而自己的文献也会被其他学者引用，由此形成引用交流网络。知识交流的过程中必然会产生学科交叉，这一方面会促使学科通过借鉴其他学科的理论，向纵深发展，使学科内容越发成熟，另一方面会萌发学科新的生长点，产生交叉学科。近年来，有不少学者对交叉学科进行了研究。如

---

① 林筠等：《隐性知识交流和转移与企业技术创新关系的实证研究》，《科研管理》2008年第5期。

② 余菲菲、林凤：《基于层次分析法的隐性知识交流与共享效果评估》，《科技进步与对策》2007年第10期。

③ 刘军：《企业员工隐性知识交流能力评价模型》，《图书情报工作》2010年第4期。

王旻霞和赵丙军从知识输入视角对35年来国内跨学科知识交流网络的结构特征进行了分析[①]；马秀峰等学者结合期刊引文和词频统计分析图书情报学与新闻传播学核心期刊文献的互引关系，以了解两个学科间知识交流的发展与变迁情况，促进其交叉融合[②]；杨瑞仙和姜小函则以国内图书情报学科为例，构建知识交流网络，研究其知识输入输出情况[③]。

（四）Web2.0环境下的知识交流

随后，进入21世纪，Web2.0的出现和互联网的快速发展催生了新的学术交流模式，利用信息技术的各种学习平台应运而生。一些学者对知识交流的研究逐渐转移至网络环境下的虚拟社区和论坛，侧重研究非正式知识交流，如学术虚拟社区知识交流的特点、行为、效率、模式与规律等方面。还有部分学者和科学家在同行评审的期刊上发表文章时对金钱奖励（版税）不感兴趣，而更加看重阅读、使用、建立和引用，由此形成知识交流网络，因此，网络链接视角下的知识交流研究也逐渐兴起。此外，还有学者探讨了网络知识交流所面临的问题及障碍。

三 知识交流系统

知识交流系统为我们认识和理解知识交流提供了更加系统和完整的思路，知识交流系统具有自组织性、反馈性、自适应性、自我更新等特点，知识在交流过程中遵循知识配对、知识交互、知识增值等基本规律。对知识进行管理的最佳方式就是发挥知识交流者的主动性和积极性。知识交流系统是一个复杂的交流过程，除了系统内部因素之

---

① 王旻霞、赵丙军：《中国图书情报学跨学科知识交流特征研究——基于CCD数据库的分析》，《情报理论与实践》2015年第5期。

② 马秀峰等：《我国图书情报学与新闻传播学间的学科知识交流与融合分析》，《情报杂志》2017年第2期。

③ 杨瑞仙、姜小函：《从学科和期刊的引证视角看交叉学科的知识结构和演化问题——以图书情报学科为例的实证研究》，《图书情报工作》2018年第5期。

第二章 学术虚拟社区知识交流相关理论

外，其交流效果还受到外界各种因素的影响，如政治、经济、社会、文化等，采用系统论和知识管理学的思想和理论对这个系统现象进行研究并了解其运行原理和规律，具有重要意义。

从研究知识交流主体在知识交流系统中的地位这一角度来看，知识交流系统包括人与人之间的知识交流和人与文本之间的知识交流两个部分。从交流媒介的角度来看，知识交流系统中存在三种媒介：（1）人与人面对面的口头交流形式；（2）编码化的纸质出版物形式；（3）网络电子文档的形式。第一种属于非正式的交流形式；第二种是传统纸质文献的环境，属于正式交流形式；第三种网络电子文档既不属于非正式交流形式，也不属于正式交流形式，而是需要根据具体的媒介具体分析。知识交流系统结构如图 2-1 所示。

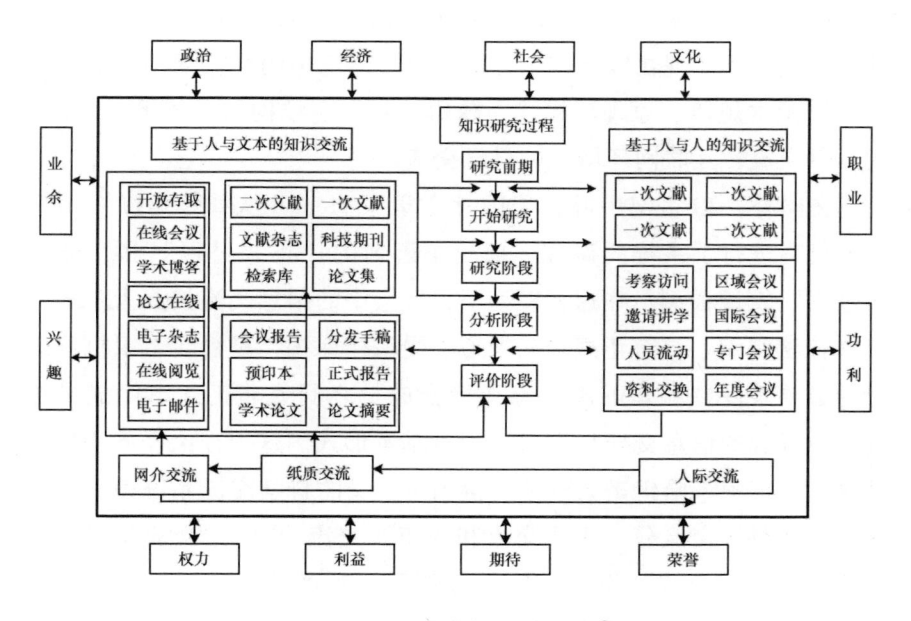

图 2-1 知识交流系统结构①

---

① 杨文志：《现代学术交流运行原理研究》，《学术交流质量与科技研发创新——中国科协第三届学术交流理论研讨会论文集（上）》2008 年第 11 期。

如图2-1所示，现代知识交流系统具有自组织性，它可以自我反馈、自我适应、自我更新，还可以"无为而治"。知识交流遵循一定的基本规律，如知识的配对规律、交互规律、增值规律等。本书在知识交流系统的基础上深入探讨了学术虚拟社区的知识交流特点、过程、机制等问题，拓展了第三种媒介的研究领域。

四 相关概念辨析

（一）科学交流

在国内最早的科学交流活动是以纸质文献为核心，Web2.0出现以后，科学交流不再局限于图书、期刊、会议论文等传统形式，电子期刊、电子图书以及社交媒体等非正式的交流形式逐渐占据主导地位。可以说互联网给科学交流带来巨大变革。国内学者以科学交流为题的研究主要体现在以下三个方面：科学研究中的交流活动，即科学交流（基本规律、原理、模式、障碍、对策、结构与功能等）；非正式科学交流；互联网环境下的科学交流。

在国外，20世纪中叶，美国社会学家Menzel从载体角度对信息交流过程进行了系统的研究，提出了著名的"正式过程"和"非正式过程"交流模型。在这种模型下，社会中的信息交流被分为正式交流（依法组织、具有正规合法渠道、受法律保护，是社会组织机构运行的必要条件）和非正式交流（社会成员之间或非正式组织成员之间自由资源的信息交换与沟通）两种基本形式。这一理论经苏联情报学家、教育家米哈伊诺夫整理，得到了广义的科学交流系统模式，这种模式将科学交流分为正式交流和非正式交流。[①] 正式交流是通过科学文献信息系统或"第三方"的控制而进行的信息交流，这种交流方式的优点是：获得的信息可靠程度高；能够从大量的文献中找到有关某一课题详细、全面的科学信息；不需要与生产者本人见面。这种

[①] [苏] А.И.米哈伊诺夫等：《科学交流与情报学》，徐新民等译，科学技术文献出版社1980年版，第49—61页。

交流方式的缺点是：信息传递不及时；通过文献查找科学信息需要一定的方法和技巧。非正式交流是指科学家、研究人员之间通过个人接触进行的信息交流，如彼此之间关于所做研究的直接对话，参观同行的科学技术展览，对各类听众做口头讲演，交换信件、出版物预印本和单行本，研究成果在发表之前的准备工作等。这种交流方式由于没有中间环节而具有以下优点：信息间隔时间短；信息选择性和针对性强；传递信息时反馈迅速；所得到的信息易于理解，并能给出恰当的评价。非正式交流的局限性表现在：信息的可靠性和准确性难以检验；往往只有少数人有参与直接交流的机会；不可能为以后的加工进行情报积累。

总结相关文献发现国外以科学交流为题的研究主要集中在以下三个方面：科学交流过程研究，即科学交流活动；科学交流网络与结构；网络环境下的科学交流。

（二）学术交流

学术交流是科学研究的重要活动，早在30年前，我国科学学研究学者就开始关注和研究学术交流的过程和管理问题。从管理的角度对学术交流活动进行研究的主要有学会、高校、教育界。不仅对高校、科研管理部门、相关科技协会提出要求，还对交叉学科如何开展学术交流进行探讨，对学术交流机制进行研究。从科学学角度研究学术交流的我国学者张碧辉，20世纪80年代开始关注学术交流问题，但直到2000年之后，图书情报领域才开始研究"学术交流"。根据媒介不同，主要研究分为三个方面：基于期刊开展的学术交流、基于开放存取期刊的学术交流、基于网络社区或论坛的学术交流。

国外学术交流的研究内容主要可归纳为传统环境下的学术交流和互联网环境下的学术交流两大内容。（1）传统环境下的学术交流。学术出版在学术机构的推广、学术认可和研究质量认证方面发挥着关键作用。鉴于学术出版的重要性，一些图书馆已经启动了图书馆出版服务，以支持正式和非正式的学术交流。此外，文献计量研究也是传统学术交流的一项重要内容，学者们基于论文、著者、期刊构建引文网络，以揭示科学结构。(2)互联网环境下的学术交流。随着互联网的出现，科学家开始利用互联网进行非正式的学术交流。同时，大量新的交流媒介开始出现，社区、论坛、微博、博客、Twitter等新的社交平台给学者提供了新的学术交流方式。20世纪90年代末在国际学术界、出版界、信息传播界和图书情报界大规模兴起的开放存取运动也对学术交流、学术出版产生了巨大影响。因此，互联网环境下的学术交流研究内容主要集中于开放存取运动与学术交流、电子期刊学术交流、Web2.0学术交流。

第三节 学术虚拟社区知识交流

知识交流是科学交流进一步发展的新形式，是人类知识共享和知识创新的源泉。苏联情报学专家米哈伊诺夫认为科学交流的方式分为正式交流和非正式交流两类，正式的知识交流主要是通过引文分析来实现，有关引文分析的正式知识交流研究较多，且较为成熟；非正式的知识交流主要是通过书信、邮件、会议、讨论等形式实现，是知识扩散的重要途径，也是正式知识交流的有益补充，在科学交流体系中扮演着举足轻重的角色。

随着Web2.0的出现，学术虚拟社区越发受到科研人员的青睐，如科学网博客、CSDN、小木虫社区等，逐渐成为科研人员进行非正式交流的重要途径。在学术虚拟社区中，社区成员可以随时随地发表自己的创新性观点和见解，能够实时地与社区其他成员进行互动讨论。从社区成员扮演的角色来看，社区成员的身份具有两重性，他们既是知识的提供者，也是知识的接收者。从交流的内容形式来看，交流主题丰富、内容原创，交流形式多样、速度快周期短。新的时代背景下越来越多的科研人员加入学术虚拟社区中，愿意在社区平台上分享学术成果并表达个人学术观点。因此我们有必要对学术虚拟社区的

第二章 学术虚拟社区知识交流相关理论

非正式知识交流进行研究，分析学术虚拟社区知识交流的过程和内在机理，探讨学术虚拟社区知识交流效率的表现形式和表现特征，进而识别学术虚拟社区知识交流效率评价指标，为下一步学术虚拟社区知识交流效率评价指标体系的构建奠定基础。

国内外学者对学术虚拟社区知识交流的研究也在不断深入。在国内，从学术虚拟社区知识交流过程、机理，到学术虚拟社区知识交流行为及影响因素，再到学术虚拟社区知识交流模式和评价，相关研究比较丰富。相对而言，国外学者对该问题的研究较少。然而已有研究从学术虚拟社区知识交流的过程和机理出发，识别知识交流效率的表现形式和表现特征，进而达到学术虚拟社区知识交流效率的测度和评价。因此，本节主要对学术虚拟社区知识交流内涵、特征和类型进行分析，并以小木虫社区为例对其交流过程进行抽象，来探寻学术虚拟社区知识交流的过程和内在机理，进而推断学术虚拟社区知识交流的表现形式和表现特征，达到识别知识交流评价指标的目的。

一 学术虚拟社区知识交流内涵

学术虚拟社区是网络环境下新兴的学术交流平台，在一定程度上提升了科研人员交流的积极性，推动相同兴趣和背景的研究者进行交流，碰撞出思想的火花。学术虚拟社区知识交流的内涵主要是科研人员通过小木虫社区、科学网博客、CSDN等学术交流平台发表学术观点并进行学术交流，进而激发知识共享和知识创新的过程。也有学者对学术虚拟社区知识交流的概念进行阐释，如甘春梅和王伟军将Web2.0之间的知识交流与共享概括为科研人员之间交流和共享与科研相关的知识[①]。Koh & Kim 认为在学术虚拟社区中发帖与浏览是两

[①] 甘春梅、王伟军：《在线科研社区中知识交流与共享：MOA 视角》，《图书情报工作》2014 年第 2 期。

种主要的知识共享活动，也是社区成员进行讨论的主要形式①。孙思阳认为学术虚拟社区用户知识交流行为是科研学术人员为了探索新知识、解决新问题而开展的专业知识信息的传递、交换、共享、吸收、迭代、重构等②。

　　本研究认为，学术虚拟社区是指有一定数量科研人员参与的专业型、学术型虚拟网络社区平台，如科学网博客、小木虫社区、CSDN、经管之家等。学术虚拟社区知识交流是指在学术虚拟社区中科研人员通过发文、评论、点赞、提问、回答等形式来发布、分享和讨论与科学研究相关的科研成果、科研经验、科研心得、科学问题或科学疑问的过程。学术虚拟社区作为非正式知识交流的平台，具有即时性和交互性的显著特点，是传统环境下正式知识交流的有益补充。

二　学术虚拟社区知识交流特点

　　学术虚拟社区知识交流的特点主要表现在以下三个方面：

　　一是即时性。网络环境的发展为学术虚拟社区科研人员开展即时交流提供了可能，例如科研人员在学术虚拟社区提出科研疑问后，其他科研人员能够迅速响应并进行解答，甚至就此问题进行讨论，帮助提问者解决疑问。这种交流方式大大缩短了知识交流的时间，该特点是学术虚拟社区知识交流的显著特征之一。

　　二是交互性。交互性既体现在知识发送者和知识接收者之间的互动，也体现在知识接收者之间的讨论③。从知识交流的角度来看，社区成员既是知识的发送者，又是知识的接收者，当知识发送者发表自己对于某一话题的看法时，其他成员可以根据自己的理解对其进行评

---

①　J. Koh and Y. G. Kim, "Knowledge Sharing in Virtual Communities: An E-business Perspective", *Expert Systems with Applications*, Vol. 26, No. 2, 2004, pp. 155 – 166.
②　孙思阳：《虚拟学术社区用户知识交流行为研究》，博士学位论文，吉林大学，2018年。
③　刘宝瑞、张双双：《虚拟学习社区知识构件的交流机理研究》，《情报科学》2012年第11期。

论，然后博主再回复评论，形成一个良性互动。在这个过程中社区成员可以自由地探讨学术前沿话题，自身的积极性也得到了激发，这一交流形式和过程有利于推动知识转移和知识共享，达到知识创新的目的。

三是跨学科交流的广泛性。根据小世界定律，具有不同学科专业背景的科研人员齐聚学术虚拟社区，就热点问题分别从不同学科视角进行广泛讨论，如科研、基金申报、考研等问题，有利于增加不同学科领域科研人员交流的深度和广度，推动跨学科领域的发展[①]。

三　学术虚拟社区知识交流过程

学术虚拟社区是科研人员开展学术交流的重要平台，与传统学术会议、专家讲座等相比具有明显的优势，知识在学术虚拟社区中不断被发送、传播和共享，就是学术虚拟社区知识交流的过程[②]。学术虚拟社区知识交流是指知识提供者将自己的隐性知识和主观知识外化提供给知识接收者，知识接收者通过理解、消化和吸收将显性知识内化，然后存储到个人知识系统中。科研人员通过发文、评论、点赞、提问、回答等形式将具有共同爱好和经历的人聚集到一起形成互动关系，这是学术虚拟社区科研人员开展知识交流的主要方式和过程[③]。

学术虚拟社区知识交流存在一个相对固定的过程，这个过程与生命周期理论基本吻合，但又存在一定的区别。学术虚拟社区知识交流系统中的知识交流主体、客体、内外部环境等因素相互作用，通过知识的创造、吸收、利用，形成一个自组织、自反馈的运行模式，其过程经历了知识发送、知识获取、知识利用、知识反馈四个阶段，但生

---

① 陆航、谢阳举：《全面实施国家跨学科发展战略》，http://ex.cssn.cn/gd/gd_rwxb/gd_mzgz_1683/201803/t20180308_3869846.shtml，2020年7月。

② 杨楠：《虚拟学术社区用户知识交流模式及效果评价研究》，硕士学位论文，吉林大学，2018年。

③ 万莉：《学术虚拟社区知识交流效率测度研究》，《情报杂志》2015年第9期。

命周期理论中的维护、销毁等过程不属于学术虚拟社区知识交流的过程。另外，知识反馈存在于学术虚拟社区知识交流的整个过程中。学术虚拟社区知识交流过程如图2－2所示。

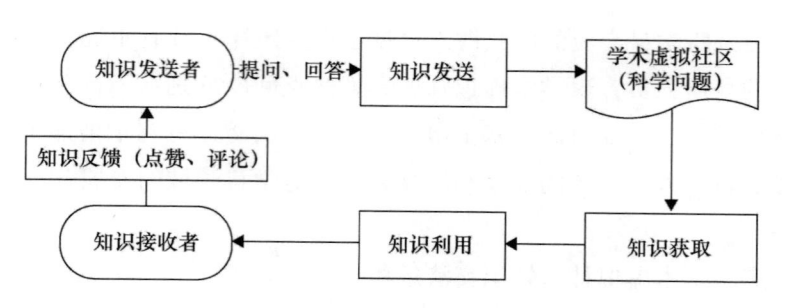

图2－2 学术虚拟社区知识交流过程

知识发送是指知识发送者在学术虚拟社区中通过发帖将自身的隐性知识显性化出来，这是学术虚拟社区中知识交流的第一个阶段。知识获取是指知识接收者对于知识发送者发布的信息进行浏览，从而获得自己所需要的信息。知识利用是在知识接收者获取信息之后，结合自身的认知能力和知识储备对信息进行判断利用。知识反馈是指当某一社区成员发布知识后，其他成员对知识发送者的反馈，比如点赞、评论等行为，接着知识发送者可能会对这一评论进行回复，这是衡量知识交流效率的重要因素，在这个过程中就形成了知识流的循环。

四 学术虚拟社区知识交流内在机理

机理是指为实现某一特定功能，系统中各要素的内在工作方式以及各要素在一定的环境下相互联系、相互作用的运行规则和原理。研究学术虚拟社区知识交流的内在机理，首先应该明确其组成要素，然后分析知识交流动因、机制、效果，并在此基础上构建学术虚拟社区知识交流系统的机理模型。

（一）学术虚拟社区知识交流的参与者组成要素

1. 学术虚拟社区知识交流主体

学术虚拟社区知识交流的主体是科研人员，包括高校、科研院所、企事业单位的专家学者、研究人员、教师、研究生等。知识交流主体在知识交流活动中处于主导地位，知识交流活动的开展需要依靠知识交流主体来实现，从不同主体在知识交流中扮演的角色来看，学术虚拟社区知识交流的参与人员可以分为知识发送者、知识传播者和知识接收者。在虚拟社区中，知识提供者通过发帖或评论提出自己的学术观点、科研问题和科研心得，知识接收者可以在浏览学术虚拟社区的过程中，对感兴趣的信息采取点赞或评论的行为，将自己的观点反馈给知识发送者，知识发送者也可以对评论进行再回复，由此形成一个螺旋式上升的循环过程[①]。在这个过程中，社区成员可以同时扮演着知识发送者和知识接收者的角色。

社区成员的知识储备和知识水平是他们进行学术交流的主要影响因素。相关学者将某社区中的社区成员划分为核心成员、正式成员和外围用户三种类型，其中核心成员在知识交流过程中发挥着中介作用。小木虫社区通过虚拟金币来区分社区成员级别，根据拥有虚拟货币数量的不同，社区成员获得木虫、金虫、银虫、铜虫等不同的称号。知识水平较高的成员更容易获得较高级别，他们更多承担着知识发送者的角色，将自己对某一问题的创新性思考和想法分享给其他社区成员，普通的社区成员更多是以解决问题和寻求答案为目的的浏览、点赞。等级越高的社区成员知识交流的效果越好，可信度越高，在社区中的影响越大。

2. 学术虚拟社区知识交流客体

学术虚拟社区知识交流客体是知识本身，即学术虚拟社区中有关某一学科领域或学术问题的主题内容。从知识内容的角度来看，学术

[①] 张海涛等：《虚拟学术社区用户知识交流行为机理及网络拓扑结构研究》，《情报科学》2018 年第 10 期。

虚拟社区知识交流的内容涉及多个学科领域，讨论的主题更具有创新性和前沿性，为相关专业的发展方向提供思考。从知识交流的形式来看，学术虚拟社区知识交流的形式不再拘泥于传统的文本形式，图像、音频、视频等多媒体形式能够更加形象直观地表达社区成员的想法。小木虫社区包含网络生活区、科研生活区、学术交流区、出国留学区、化学化工区、材料区、计算模拟区、生物医药区等16个不同主题的板块，其交流内容涉及资讯求助（有奖问答）、知识分享、交流探讨、广告信息、就业方向等多种类型的知识信息，其中交流探讨学科范围涵盖化学化工、药学、物理、数学、农林、食品等不同的领域。

3. 学术虚拟社区知识交流环境

学术虚拟社区知识交流的环境是指社区成员在进行知识交流的过程中所涉及的技术支持、规则约束、社区文化和不同主题板块等。学术虚拟社区的成员年龄、地区、身份各异，信息内容繁杂，不同内容形式的知识交织在一起，知识流动性较强，社区环境复杂多样。因此，保证虚拟社区平稳运行离不开技术支持，在知识发送、知识获取、知识转移、知识吸收、知识反馈各个过程之中都会产生不同层次的技术需求。随着计算机技术的不断发展，网络技术、多媒体技术、通信技术为学术虚拟社区的良好运行保驾护航。规则约束对于学术虚拟社区的发展是十分必要的，小木虫社区为营造健康、合法、有序的学术交流氛围，建立了版规约束机制，要求社区成员发布的学术信息必须遵守国家相关法律法规，并对学术交流道德规范和互相尊重等方面进行详细说明。例如在规章事务区的规章制度板块中，发布了"小木虫论坛基本规则""勋章标准和颁发说明""禁止任何学术不端帖"等规章制度。另外，小木虫社区中的热帖排行功能吸引了更多社区成员对热门话题进行讨论和交流，有助于形成积极向上、乐于分享的社区文化，营造互动和谐的学术氛围，见图2-3。

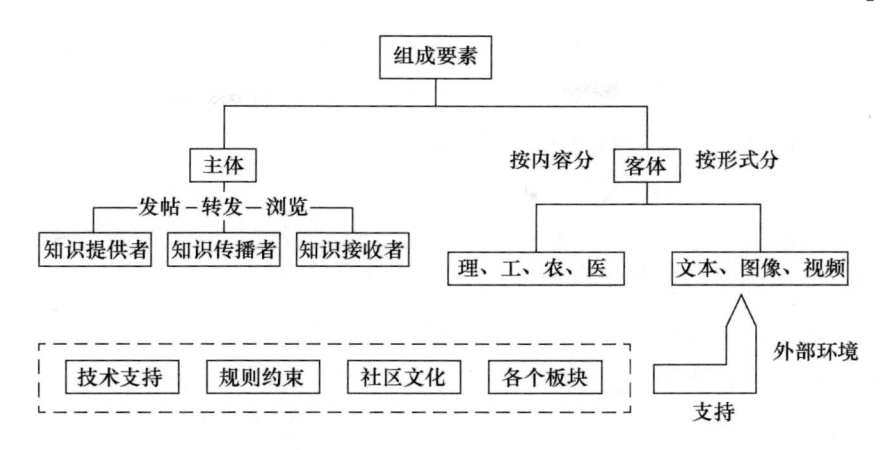

图 2-3 学术虚拟社区知识交流的参与者组成要素及其相互关系

（二）学术虚拟社区知识交流动因

1. 学术虚拟社区知识交流行为主体动机

动机在心理学上被认为会影响行为的发端、强度、方向和可持续性，通过对社区成员动机的研究，能够激发人们的内在驱动力，使他们积极参与到社区的互动之中。国内外学者基于不同的理论基础对学术虚拟社区知识交流动机进行研究，发现学术虚拟社区中影响参与人员发帖、评论、转发的动机包括内部动机和外部动机，内部动机与利他主义和声誉有关，外部动机是由奖励或者社交需求产生。对于学术虚拟社区知识交流主体来说，主要有信息性和心理性两种动机。前者是指社区成员在进行学术交流时希望获得对自己有用的知识或者信息，以解决问题。后者是指社区成员在分享知识时希望被他人认可、需要的一种心理感受，即认同感。此外，利他因素也是社区成员进行知识交流的重要动机①。

2. 知识的特征

在"信息链"中，与信息联系较为密切的是数据和知识，数据是

---

① 李贺等：《内外生视角下虚拟社区用户知识创新行为激励因素研究》，《图书情报工作》2019 年第 8 期。

记录信息的按照一定顺序和规则排列组合的物理符号，是事实的数字化、结构化、编码化①。社区成员对信息的接收开始于对数据的接收，对信息的获取是通过对背景和规则的解读，当接收者了解物理符号排列组合的规律并知道每个符号或符号组合的含义之后，才可获得这一组数据所代表的信息。知识是信息接收者通过对信息的凝练和推理而获得的正确结论，是有价值的信息或者情报②。社区中的科研人员通过发文、评论、点赞、提问、回答等形式来发布、分享和讨论与科学研究相关的科研成果、科研经验、科研心得、科学问题或科学疑问，在这个过程中产生许多社区成员需要的信息，知识接收者在个人认知水平的基础上进行吸收和利用，从而解决自己遇到的问题。另外，由于社区主体的差异性以及主体认知能力的差别，导致知识存在不对称性，也正是由于这种特性，才产生不同社区成员间的知识交流。

3. 学术虚拟社区的交流环境

环境也是影响学术虚拟社区知识交流的重要因素，由于学术虚拟社区具有平等开放包容的特点，并且社区成员参与的成本较低，因此吸引了较多的成员加入③。在小木虫社区中，用户首次使用需要先进行注册，只需输入个人邮箱便可注册社区账号，现在社区大部分成员都需要进行实名认证，这样能够提升社区成员之间的信任度。任何人不管在何时何地都能够通过文字、图片、视频等形式发表自己的见解，不用考虑正式交流中的形式限制，可以通过简短的语言轻松愉快地进行交流④。同时，小木虫社区中制定的社区规章制度为成员之间的交流提供了保障，提升了彼此之间的信任程度，有助于形成合法有序的社区交流氛围，从而为小木虫社区朝着规范性、原创性和便捷性的方向发展奠定基础。

---

① 梁战平：《情报学若干问题辨析》，《情报理论与实践》2003年第3期。
② 马费成、宋恩梅：《信息管理学基础》，武汉大学出版社2011年版。
③ 杜晓曦：《微博知识交流机理研究》，博士学位论文，华中师范大学，2013年。
④ 邹儒楠、于建荣：《数字时代非正式学术交流特点的社会网络分析——以小木虫生命科学论坛为例》，《情报科学》2015年第7期。

（三）学术虚拟社区知识交流机制

随着互联网的快速发展，计算机技术突飞猛进，网络信息资源组织、存储和检索功能日益完备，学术虚拟社区中同一载体的知识具有多种知识交流和沟通的途径。本研究针对小木虫社区，从检索机制、传播机制、短消息即时聊天机制、RSS 订阅机制四种知识交流的途径对其内在机理进行分析。

其一，检索机制。社区成员每时每刻都会在平台上发布新的知识内容，这些知识内容以不同的形式发布，学术虚拟社区中充满大量的非结构化以及半结构化的知识信息，因此我们有必要对其检索方式进行研究。小木虫主页有板块导航，可以直接到达不同的主题模块，如学术交流区、网络生活区、科研生活区、化学化工区等模块，这些模块又细分为不同的主题，如学术交流区分为论文投稿、期刊点评、基金申请等主题，能够让社区成员清晰明确地找到自己需要的内容。除此之外，社区成员还可以在搜索框中输入关键字或用户名对主题帖或者用户进行搜索，检索结果也可以按照板块或者发帖时间进行筛选和显示。另外，社区成员可以通过热帖排行查看热门话题，以满足其对于热门学术主题的需求，见图 2-4。

其二，传播机制。社区成员对知识进行交流和分享是学术虚拟社区存在发展的前提，社区成员进行学术知识交流的基本架构由发帖、浏览、收藏、评论、再评论组成。（1）发帖。社区成员根据自己的需要在对应的模块中表达想法、分享知识、提出问题等，将自己的隐性知识或者是主观知识外化出去，以供其他成员学习交流。（2）浏览。浏览行为可以分为有目的的浏览和无目的的浏览，当社区成员为解决某一问题寻求答案时，需要浏览多个帖子获取自己所需要的内容。当社区成员没有特定目的，只是寻求新的学术话题或者寻找灵感时，也会在热门帖中进行浏览，浏览的最终目的是获取自己需要的知识。（3）收藏。社区成员在浏览的基础上，可以把自己认为有用的知识或消息保存下来，以备将来学习研究的需要。（4）评论。评论

学术虚拟社区知识交流效率测度研究

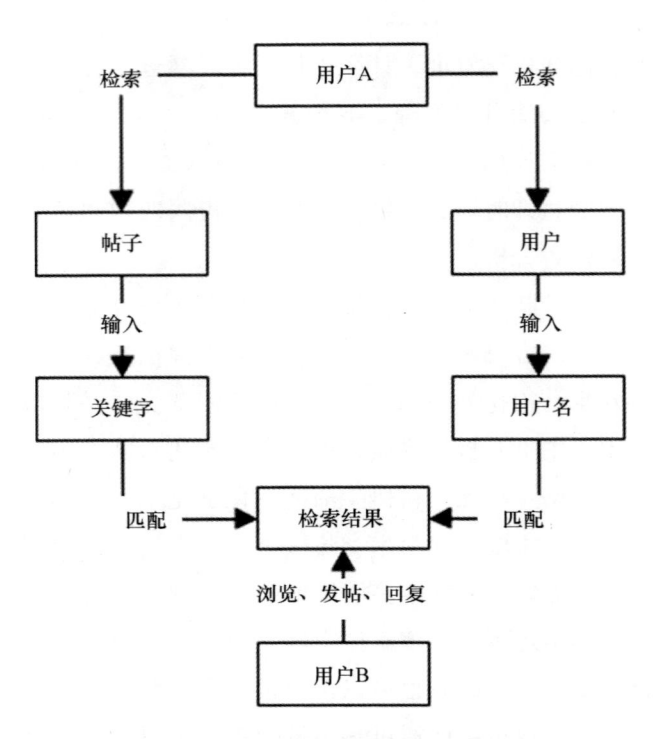

图 2-4 学术虚拟社区中的信息检索机制

是指知识接收方对知识发送方发表的知识内容进行回复，从而产生知识转移，在这个过程中也会激发知识发送方隐性知识的显性化，这也是学术虚拟社区知识交流的主要途径。（5）再评论。这是在评论的基础上，知识发送方对知识接收方评论的回应，学术虚拟社区知识的交流是双向互动的过程，原作者对评论方的知识做出针对性的反馈，正是在这一来一回的循环往复螺旋上升的过程中，提升了知识交流的效率，达到了学术知识共享的目的，见图 2-5。

其三，短消息即时聊天机制。学术社区支持成员间互相发送短消息，在社区成员浏览学术知识的同时，能够及时直接地与社区中其他成员进行互动交流。在真实的环境中，普通人员很少有机会与专家学者进行直接交流，但在学术虚拟社区中，他们可以单独与任何人就某

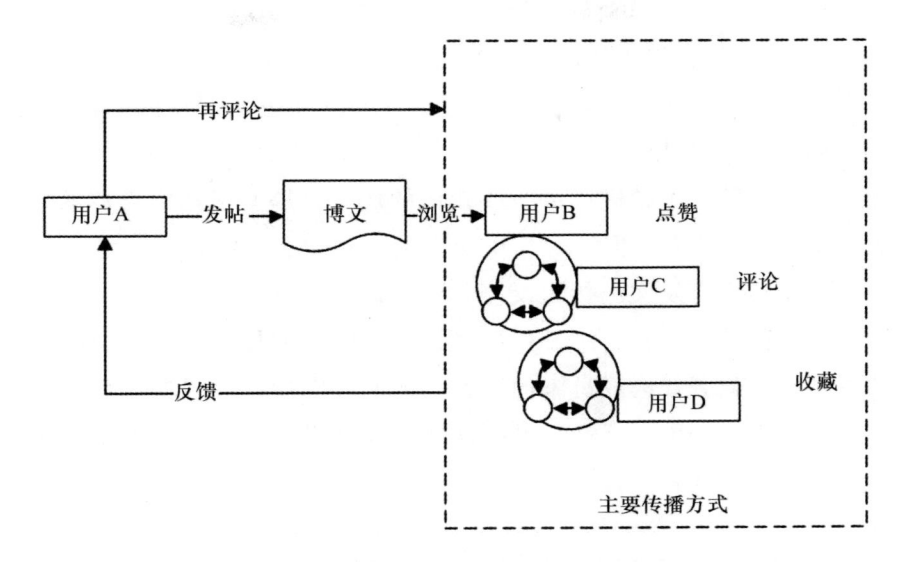

图 2-5　学术虚拟社区中的知识传播机制

一主题进行讨论。由此可见，学术社区为参与人员提供了简便快捷的知识交流平台，见图 2-6。

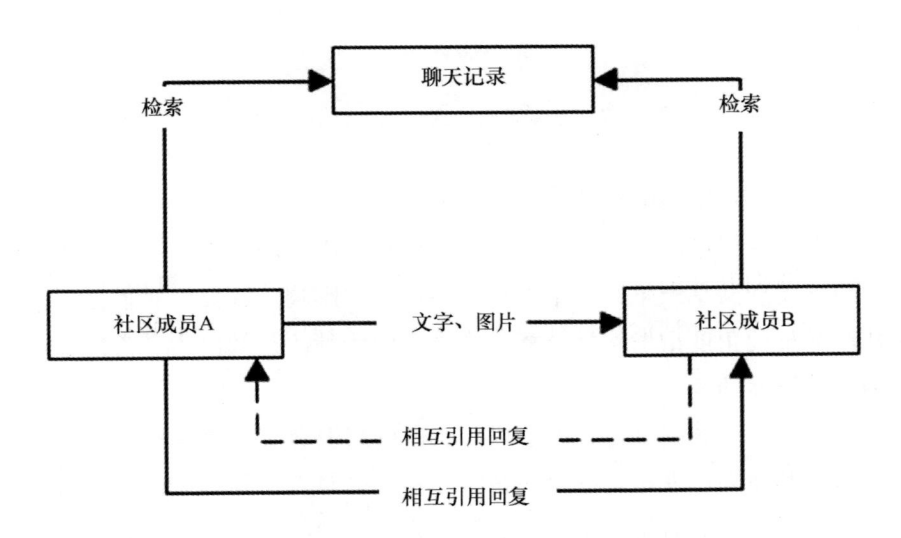

图 2-6　学术虚拟社区短消息即时聊天机制分析

其四，RSS 订阅机制。RSS（Really Simple Syndication）是一种基于 XML 的信息集成与信息发布技术，目前大多数学术虚拟社区都具备这一功能。RSS 主要是第一时间为用户推送他们订阅的消息，使他们无须登录社区即可快速获取知识。该方式保证了知识的时效性和价值，降低了社区成员获取知识的成本，提升了知识交流的质量。RSS 作为学术虚拟社区知识交流的主要途径，具体的过程是社区成员发帖后将发文链接提交至社区平台，RSS 根据不同的主题将地址进行聚合后重新组织排列，对知识有需求的用户可以将感兴趣的主题内容或者社区成员添加至自己的阅读器中，如果知识发送者发表新的内容，RSS 会根据用户自己的设置将相关信息发送给知识需求者，见图 2-7。

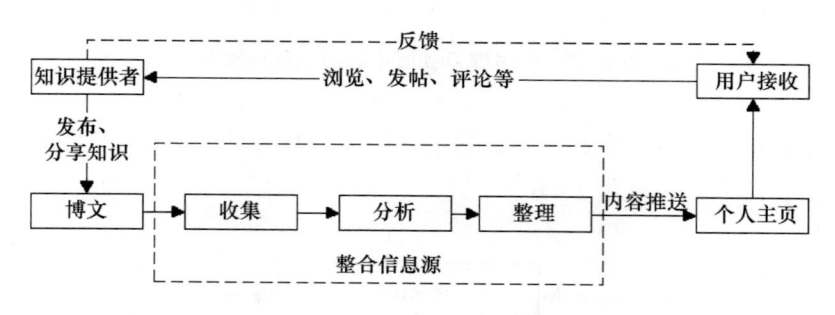

图 2-7 学术虚拟社区中的 RSS 订阅机制

（四）学术虚拟社区知识交流效果

学术虚拟社区知识交流效果是指从社区成员和社区本身来说进行知识交流和共享产生的结果和对用户造成的影响。因此，我们主要从社区成员的角度出发，针对社区成员由内而外的认知能力、态度、行为三个层面的表现进行分析。

首先，社区成员在学术虚拟社区进行知识交流的过程中，知识接收者会判断知识发送者发表的帖子或者评论对自己是否有用，是否给自己带来深刻的启发，是否能够解决自己遇到的问题，这就是社区成员最初的认知。当然，社区成员的认知水平因人而异，不同主体由于自身经历、教育背景和所处环境不同，对文字的阅读能力和理解能力不同，对知识的理解能力和接受程度也有所不同，这些都会影响社区成员的隐性知识外化表达能力和知识内化吸收能力。

其次，社区成员对于学术虚拟社区知识交流客体的态度也是影响知识交流效果的重要因素。态度在心理学中用来表示人们对某项事物的判断所表达出的喜欢、讨厌、反感、赞同等情感倾向。在知识交流过程中，态度影响社区成员对知识的情感和信任度，进而影响知识交流的程度和效果。社区成员在认知的基础上对社区中的帖子产生赞同或者否定的态度，但需要强调的是，社区成员发表负面评论也是一种积极参与知识交流的态度。

最后，社区成员进行知识交流的基本过程可以抽象为浏览社区帖子、对帖子内容进行筛选、产生知识交流行为（评论、点赞、回答等），它们分别对应社区成员的认知阶段、判断（态度）阶段、行为阶段。社区成员的认知水平和态度决定着用户的行为表现，满足社区成员的需求是提升学术虚拟社区知识交流效果的主要方法。社区管理人员应该鼓励社区成员进行交流，通过社区知识交流的新渠道潜移默化地改变社区成员的认知水平和态度，增强学术虚拟社区知识交流的效果，从而推动学术虚拟社区为科研人员进行知识交流作出更大的贡献。

（五）学术虚拟社区知识交流机理分析

从系统论的视角来看，学术虚拟社区知识交流系统是指在学术虚拟社区平台中，在一定的时间和空间内，由知识交流主体、客体、环境、渠道和活动配置的软硬件所构成的具有特定功能的有机整体。在这个系统中，各个要素并不是孤立存在的，而是相互关联不可分割的，只有在整体系统中才能最大限度地发挥各个要素的作用。因此，在学术虚拟社区中，从知识交流的初始环节，即知识提供者将自身的知识显性化发布在社区平台，到知识接收者内化吸收知识，这整个过程形成了一个知识交流的循环系统。本书在对学术虚拟社区知识交流的内涵与特征、交流过程分析的基础上，从组成要素、动因、交流机制、交流效果这几个方面对学术虚拟社区知识交流的机理进行了详细的剖析，构建了学术虚拟社区知识交流系统内部机理模型，如图2-8所示。

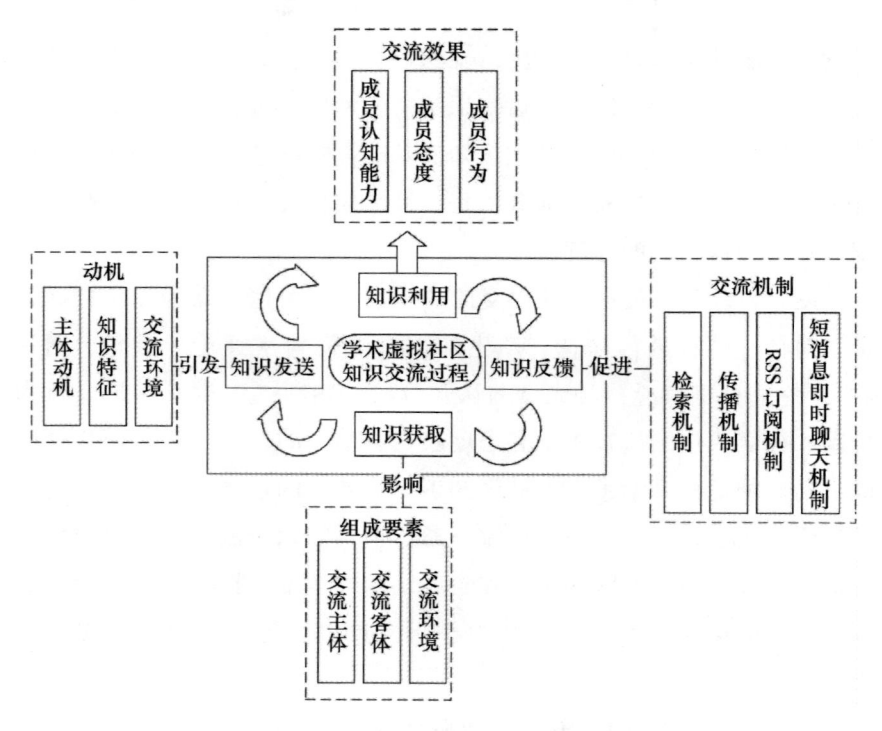

图2-8　学术虚拟社区知识交流系统内部机理模型

从图2-8可以看出，学术虚拟社区知识交流系统由知识交流主体、知识交流客体和知识交流环境三要素构成，系统以学术虚拟社区知识交流过程的各个环节为中心，知识发送者的动机引发了社区成员发帖、回帖、点赞等知识交流行为，社区的交流机制为社区成员提供了知识交流的渠道，促进社区成员进行知识的分享和沟通。知识接收者的认知能力、态度影响着社区成员对知识的内化吸收程度，从而影响整个虚拟社区的知识交流效果。在这个过程中，社区成员同时扮演着知识提供者和知识接收者的身份,不断将自身知识外化发表和他人知识内化吸收,如此反复,达到知识创新的目的。以上各个要素相互作用,密切联系,保证了整个系统平衡稳定运转,从而促进知识共享和知识创新。

五　学术虚拟社区知识交流表现形式和特征

(一)学术虚拟社区知识交流的表现形式

网络环境下学术虚拟社区的知识交流主要是科研人员通过非正式交流的途径,由知识发送者将隐性知识显性化,知识接收者再将显性化知识内化吸收的过程。在非正式的学术虚拟社区中主要行为方式和表现是通过发帖、评论、浏览、再评论(针对评论进行的再次评论)等行为将具有相同兴趣或背景的人连接在一起,知识接收者通过查看、回帖、点赞等行为对知识进行吸收,从而达到知识转移、共享和创新的目的。而社区成员在知识交流过程中产生的发帖、评论、浏览以及再评论等行为的数量,正是学术虚拟社区知识交流效率量化评价的重要指标。

从交互性上来看,本书将这些表现形式分为有交互行为和无交互行为两类,发帖、浏览行为是无交互的社区成员行为,评论和再评论是有交互的社区成员行为。社区成员A在学术虚拟社区中将自身的隐性知识通过发帖形式外化出来,社区成员B对成员A的帖子进行浏览,但是没有进行评论,也就是没有给成员A反馈,这个过程没有一来一往的交互行为,只是社区成员的单向行为,见图2-9。

社区成员对帖子的评论和再评论行为具有交互性,即知识发送者发帖后,知识接收者对帖子产生意见和看法并进行回复,一来一回形成知识交流。再评论是指知识发送者对知识接收者的回帖进行回复,如此反复,形成知识交流的良性循环,也就是在这个过程中,促进了知识共享和知识创新,见图2-10。

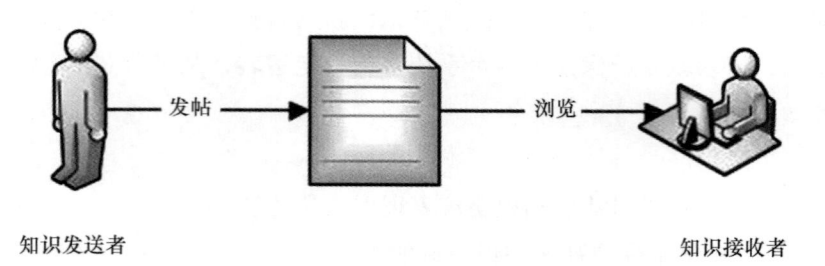

图 2-9　无交互的形式

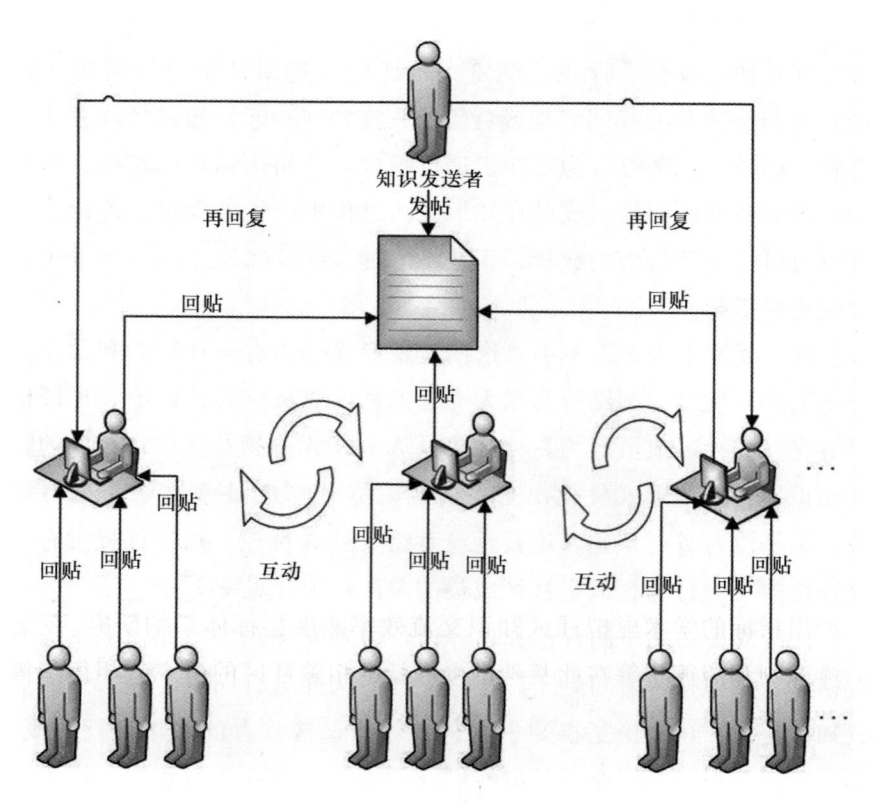

图 2-10　交互形式

第二章　学术虚拟社区知识交流相关理论

（二）学术虚拟社区知识交流的表现特征

本书的最终目的是要识别出学术虚拟社区知识交流的测度指标，相关研究人员认为学术虚拟社区的知识交流效率是指学术虚拟社区进行知识交流活动时投入要素和产出要素之间的一定比例关系，结合上述学术虚拟社区知识交流表现形式的讨论，我们发现浏览、发帖、评论和再评论行为具备成为测度指标的特征。在小木虫社区中，发帖是社区成员进行知识交流的首要前提，而发帖数也成为测量学术虚拟社区知识交流效率不可或缺的因素，我们从小木虫社区的总发帖数可以看出该社区知识交流的深度，这是符合投入指标特征的。浏览数可以直接反映出知识交流的广度，可以把学术虚拟社区中的浏览数作为学术虚拟社区知识交流的产出指标。另外，评论和再评论数反映出在知识投入的基础上学术虚拟社区知识交流产出的深度，计算每篇帖子下边的总回帖数是测度学术虚拟社区知识交流效率不可缺少的部分。因此，浏览、回复和再回复的交流形式具备知识产出指标的特征。

（三）学术虚拟社区知识交流的效率测度指标识别

相关研究人员在测度与评价学术虚拟社区知识交流效率中大多借鉴经济学领域对效率的定义和描述，构建学术虚拟社区知识交流效率评价体系，一级指标为投入和产出，从而对社区平台进行实证研究。宗乾进等选取的投入指标包括博主数量和博文数量，产出指标包括学术博客访问量和分享数量，构建了学术博客知识交流效果的评价指标体系。[①] 万莉在前人研究的基础之上，针对小木虫社区和经管之家中的部分学科开展了以用户数和发帖数为投入指标，以浏览数和回帖数为产出指标的学术虚拟社区知识交流效率测度指标体系的研究。[②] 之后庞建刚和胡德华等在此基础上也进行了相关社区的研究，胡德华等还提出了能够反映知识交流密度的指标——网络密度，其含义是指用

[①] 宗乾进等：《学术博客的知识交流效果评价研究》，《情报科学》2014年第12期。
[②] 万莉：《学术虚拟社区知识交流效率测度研究》，《情报杂志》2015年第9期。

学术虚拟社区知识交流效率测度研究

户之间实际联结的数目与他们之间可能存在的最大联结数目之间的比值。[①] 晋升将用户数、发帖数、讨论时间作为投入指标，将浏览数、回帖数和再回复数作为产出指标，采用数据包络分析法和 Malmquist 指数相结合的方法对小木虫社区中的两个分区 12 个板块的知识交流效率进行测度。[②] 王俭等将知识密度、知识距离和知识黏性作为在线评论知识转移效率评价的投入指标。知识密度是指产品特征词之类的知识占在线评论信息的比重，从而反映在线评论的价值。知识距离和知识黏性是指用户搜索成本和认知成本的投入，是影响在线评论和知识转移效率重要的投入指标。同时，将有用性和问答作为产出指标，有用性是指在线评论的赞同数量，问答是指在线评论问答数量，从而对天猫网站上不同手机类型在线评论的知识交流效率进行比较，为消费者购买决策提供参考。[③]

学术虚拟社区逐渐成为科研人员获取知识的重要渠道，在非正式交流中扮演着越来越重要的角色。本节对学术虚拟社区用户知识交流的内涵、特征和学术虚拟社区知识交流过程进行了分析，将学术虚拟社区用户知识交流的过程归纳为知识发送、知识获取、知识利用、知识反馈；在此基础上，对学术虚拟社区用户知识交流行为的机理进行分析，构建了学术虚拟社区用户知识交流行为的机理模型。另外还推断出学术虚拟社区知识交流的表现形式与特征，并识别出了学术虚拟社区知识交流的效率测度指标主要为知识交流过程中产生的发帖、评论、浏览以及再评论等行为的数量。

[①] 庞建刚、吴佳玲：《基于 SFA 方法的虚拟学术社区知识交流效率研究》，《情报科学》2018 年第 5 期；胡德华：《基于遗传投影寻踪算法的学术虚拟社区知识交流效率研究》，《图书馆论坛》2019 年第 4 期。

[②] 晋升：《基于 DEA 方法的学术虚拟社区知识交流效率研究》，硕士学位论文，郑州大学，2019 年。

[③] 王俭等：《基于知识特征的在线评论知识转移效率测度研究》，《情报科学》2019 年第 7 期。

第四节　学术虚拟社区知识交流效率

效率是一个一般意义上的概念，不同的领域对它有不同的解释[①]。效率（Efficiency）最早出现在物理学当中，表示机械运动中能量的损失程度，之后经济学和管理学中用它来表示投入与产出的比率。效率在经济学中是一个重要的主题，也有许多经济学家利用效率来研究资源配置的问题，此外还有一些特殊的效率概念，如帕累托效率、新古典经济学中的非效率、新制度经济学的非效率及各类实证研究中出现的效率概念（技术、配置和规模效率）等[②]。后来，在教育学中，效率也用来研究有限教育资源和人才培养之间的密切关系。下面我们尝试探究效率根源理论的发展历程并且为其测度寻找依据。

一　效率计算相关理论

从经济学角度来看，效率分析通常是从资源配置角度开始进行的，它是经济理论研究中最基本的组成部分。具体来说，效率问题就是探究如何在资源和技术既定的条件下尽可能满足人类需要。下面我们首先讨论效率概念。关于效率概念的定义，不同的经济学家有着不同的理解。19世纪末20世纪初，意大利经济学家帕累托在其著作《政治经济学教程》和《政治经济学手册》中提出帕累托效率，认为效率的本质是"最优解"。经济学家熊彼特在其著作《经济发展理论》中提出的效率定义强调了资本积累、技术进步等因素。1939年卡尔多在其文章《经济学的福利命题和个人间的效用比较》中提出了卡尔多效率标准：经过变革后从结果中获得的收益完全可以对此过程中所受到的损失进行补偿。1941年英国经济学家希克斯在其文章

---

① 闫倩：《网络社区用户信息搜寻效率影响因素研究》，硕士学位论文，黑龙江大学，2019年。

② 毕泗锋：《经济效率理论研究述评》，《经济评论》2008年第6期。

《消费者剩余的复兴》中提出的效率概念是：经济改革过程中的受损者不能促使受益者反对这种变化，也象征着社会福利的进步[①]。1966年美国经济学家莱宾斯坦在其文章《配置效率与"x效率"》中提出了x效率：包含企业内外部的动机效率以及非交易性投入要素的效率。

（一）古典经济理论关于效率的分析

古典经济理论所处的时期是19世纪初，这一时期是资本主义生产方式从手工业向机器工业进军的关键期，并且商品生产和商品交换也在该时期有了巨大的进步。按亚当·斯密所说，生产专业化和分工依赖人类固有的"交易、物物交换和用一件事物交换另一件事物的倾向"。专业化的生产可以使生产率提高和收入增加。分工使人们能够发挥自己的比较优势，做自己最擅长的事情，也能够使人们更快地积累经验，从而使生产效率得到提高。此外，亚当·斯密在《国富论》中提出了著名的"看不见的手"原理，认为在"看不见的手"的指导下，人们追求的是个人利益，却最终同时促进了全社会的利益，"我们不用依靠屠夫、面包师的善行，他们对他们自身利益的关心就足以让我们吃到香肠和面包了"。

根据古典经济学理论可以得出如下结论：生产专业化和分工是提高生产效率的重要因素。随着由分工、市场扩大和资本积累等因素发展而导致的生产率的提高，"大量的一般财富向社会的各个阶层扩散"[②]。

（二）新古典经济理论关于效率的分析

《新帕尔格雷夫经济学大辞典》将"效率"定义为资源配置效率，认为"效率"就是在资源和技术条件限制下尽可能满足人类需要的运行情况。《经济学》指出："当没人能够在不使另一个人境遇

[①] 何大昌：《西方经济学关于公平与效率关系理论研究》，《现代管理科学》2002年第6期。

[②] 卫志民：《经济学史话》，商务印书馆2012年版，第34—36页。

恶化的情况下得到改善时,这种资源配置就称为帕累托有效,一般而言,经济学家谈到的效率,就是指帕累托效率。"① 承接这些基本思想,新古典经济理论从资源配置的角度来研究效率问题。以马歇尔为代表的新古典经济理论认为,企业总是在既定的生产函数规定下实现产量极大化,或者是在既定的成本函数规定下实现单位成本极小化。因此,新古典经济理论的效率是指帕累托效率,也称帕累托最优,具体是指资源分配的一种理想状态,即假定固有的一群人和可分配的资源,从一种分配状态到另一种分配状态的变化中,在没有使任何人境况变坏的前提下,使得至少一个人变得更好。那么这种配置状态是最有效率的、最合理的。故有学者将"帕累托最优"誉为公平与效率的"理想王国"。

(三) 效率理论关于效率的分析

美国著名的经济学家莱宾斯坦(Leibenstein)是 x 效率学派的创始人和首要代表,他于1966年发表的《配置效率与"x 效率"》更是成为了 x 效率理论的奠基之作。该著作指出:"传统的微观经济理论将注意力焦点集聚在市场的配置效率上,一直将一些事实上确实更为重要的其他效率排除在外。"② 鉴于此,莱宾斯坦则将那些在企业中不是由市场机制要素引起的非配置效率定义为 x 效率,并在文章的后续部分论述了 x 效率的重要性,揭示了效率产生的原因并分析了 x 效率的改进对经济增长的影响。事实上,x 效率理论是作为新古典经济理论的对立面出现的,是一种对传统的新古典理论的叛逆。因为新古典理论从一开始就假设企业总是在既定的生产函数和成本函数下实现经营活动,这种假设恰恰排除了企业出现非配置效率的可能性,但是非配置效率的存在是一个客观事实。

---

① [美]约瑟夫·E. 斯蒂格利茨、卡尔·E. 沃尔什:《经济学》,黄险峰等译,中国人民大学出版社2010年版,第29—38页。
② H. Leibenstein, "Allocative Efficiency vs. 'X-Efficiency'", *The American Economic Review*, Vol. 56, No. 3, 1966, pp. 392–415.

（四）西方经济理论关于效率的分析

在西方经济学中，英国经济学家法雷尔（Farrell）[①] 最早开始研究技术效率理论，他于1957年在文章《生产效率度量》中指出，一个企业的效率可以分为技术效率和配置效率。"技术效率，是指在生产技术和市场价格不变的条件下，按照既定的要素投入比例，生产一定量产品所需的最小成本与实际成本的百分比。"

在法雷尔之后，很多学者将生产效率的定义进行了拓展和延伸。如美国经济学家威廉姆森通过对交易过程中的信息不对称、有限理性和机会主义等完全竞争假定中所遗漏的问题进行探究，从而解释说明了市场和科层两种组织类型的内在行为机理和替代边界，为制度选择提供了重要的分析视角[②]。诺斯于20世纪60年代提出了制度效率的概念。根据诺斯的叙述，制度效率最为显著的特点在于，制度提供一种约束机制或行为规范，为所有的生产活动尽可能地创造条件，从而通过最小投入获取最大产出。美国著名经济学家、博弈论创始人纳什在其均衡理论中也描述了一种效率情况，即在该情况下，一个企业若单方面更改消费或生产计划只会让自己的处境更坏。从某种意义上说，纳什均衡是一个与制度有关的稳定状态，它所描述的效率状态在本质上与帕累托效率是一致的，但是比帕累托最优更具有一般性。

综上所述，不同学者对效率有不同的理解和定义，但其本质是一致的，即如何最大限度地利用投入实现产出。事实上，学术虚拟社区知识交流效率也遵循效率的这一基本定义。但是我们仍然需要具体问题具体分析，在讨论不同研究问题、不同评价方式的情况下具体定义效率的相关问题。

[①] M. J. Farrell, "The Measurement of Production Efficiency", *Journal of Royal Statistical Society*, No. 3, 1957, pp. 253–293.

[②] 陈郁：《企业制度与市场组织——交易费用经济学文选》，上海人民出版社1996年版。

二 学术虚拟社区知识交流效率测度方法

前面第二章第三节讨论了学术虚拟社区知识交流的含义、特点、过程和内在机理等。经过文献调研，我们发现国内较早对知识交流效率进行测度的学者是张垒。他基于知识交流视角，借助 DEA 分析方法中的 VRS 模型（或称 BCC 模型），构建了期刊知识输入和输出的评价指标体系，并利用 2011 年到 2013 年的档案学期刊数据指标进行了实证研究。该研究首次量化了期刊知识交流的效率。[①] 同年，张垒在此基础上利用 Tobit 回归模型检验了科技期刊知识交流效率的影响因素。[②] 宗乾进等在构建学术博客知识交流效果的评价指标体系的基础上，以科学网博客作为数据来源，获取各评价指标的字段内容，借助 DEA 分析方法对科学网博客的八大学科博客的知识交流效果进行实证研究，之后根据实证结果，从运营管理角度对八大学科博客提出针对性的优化措施。[③] 万莉不同于宗乾进等从静态效率视角采用截面数据研究知识交流效果，转而从动态视角采用面板数据发掘知识交流效率规律。她以 2010—2014 年小木虫等社区 8 门学科的相关数据为基础，采用 DEA 方法中的 BCC 模型和 Malmquist 指数方法，对知识交流效率进行评价。[④] 王慧和王树乔从技术效率视角出发，选取了 35 种图书情报类期刊作为数据来源，采用 DEA 方法中的 SBM 模型测度此类期刊知识交流效率，并应用非参数 Kernel 密度估计探索期刊知识交流效率的演化进程。[⑤] 吴佳玲和庞建刚也是从技术效率视角出发，选取 2007—2016 年小木虫社区 4 门学科板块作为数据来源，同样采用

[①] 张垒：《档案学期刊知识交流效率评析》，《档案管理》2014 年第 6 期。
[②] 张垒：《科技期刊知识交流效率评价及影响因素研究》，《中国科技期刊研究》2014 年第 11 期。
[③] 宗乾进等：《学术博客的知识交流效果评价研究》，《情报科学》2014 年第 12 期。
[④] 万莉：《学术虚拟社区知识交流效率测度研究》，《情报杂志》2015 年第 9 期。
[⑤] 王慧、王树乔：《图书情报类期刊知识交流效率评价及影响因素研究》，《情报科学》2017 年第 3 期。

学术虚拟社区知识交流效率测度研究

DEA方法中的SBM模型测度该学术虚拟社区的知识交流效率,并且也运用非参数Kernel密度估计知识交流综合效率来探究小木虫社区知识交流的情况。[①] 刘虹等以新浪微博作为数据来源,选取外宣、司法、团委、公安、财政、交通、文教、卫生、气象、旅游十大政务类型,从各类型影响力最高的两个微博中获取相关指标数据,并采用DEA方法中基于投入视角的VRS模型对政务微博的信息交流效率展开评价。[②] 万莉选取2009—2013年25种教育学学术期刊作为数据来源,借助Super-SBM模型分析其知识交流效率,运用Tobit模型考察引用半衰期、机构分布数、出版周期和办刊年限对学术期刊知识交流效率的影响。[③] 庞建刚和吴佳玲采用参数形式SFA方法,选取2007—2016年经管之家经济学论坛三区的6个板块作为数据来源,对其进行随机前沿生产函数的估计和技术效率的分析,并利用非参数Kernel密度估计对技术效率进行动态演化,进而从管理运营角度提出促进知识交流效率的建议。[④]

下面我们将在此基础上,结合效率理论给出学术虚拟社区知识交流效率的定义,推断知识交流效率量化评价指标可能的来源。学术虚拟社区中的用户通过知识交流和传递被紧密联系起来,即通过发帖、评论、浏览、再评论(针对评论进行再次评论)等行为将具有相同兴趣或背景的人连接在一起,这是学术虚拟社区知识交流的主要行为方式和表现,而用户在知识交流过程中产生的发帖、评论、浏览以及再评论等行为的数量,正是学术虚拟社区知识交流效率量化评价的重要指标。因此,我们认为学术虚拟社区知识交流效率是指特定时间

[①] 吴佳玲、庞建刚:《基于SBM模型的虚拟学术社区知识交流效率评价》,《情报科学》2017年第9期。

[②] 刘虹等:《基于DEA方法的政务微博信息交流效率研究》,《情报科学》2017年第6期。

[③] 万莉:《学术期刊知识交流效率评价及影响因素研究》,《中国科技期刊研究》2017年第12期。

[④] 庞建刚、吴佳玲:《基于SFA方法的虚拟学术社区知识交流效率研究》,《情报科学》2018年第5期。

内，学术虚拟社区知识交流过程中各种投入与产出之间的比率关系，以及社区用户对服务的满意程度。关于指标体系的构建，我们将会在后面第五章第一节具体介绍。

第五节 本章小结

本章为理论研究篇，主要是对相关概念的探讨和研究。通过概念的层层递进和深入分析，从理论层面寻找解决问题的思路方法，为后续研究起到理论指导和铺垫的作用，具体包括以下几方面内容：

（1）学术社区在互联网诞生之前就已经存在，早期形式是"无形学院"，美国学者Rheingold最早提出虚拟社区这一概念，而目前不同学者对于学术虚拟社区的定义不同，学术虚拟社区的界定还不明确。另外，学术虚拟社区发展迅速，依据不同的分类标准可以将其划分为不同的类型。经过调研，本研究认为，学术虚拟社区可以分为以Quora和知乎为代表的问答型社区、以Twitter和科学网为代表的博客型社区以及以Meta和小木虫为代表的网站型社区。

（2）研究了学术虚拟社区知识交流的内涵、特点，认为知识交流的过程包括知识发送、知识获取、知识利用、知识反馈。之后构建了学术虚拟社区用户知识交流行为的机理模型，推断出学术虚拟社区知识交流的表现形式为发帖、评论、浏览、再评论（针对评论进行的再次评论）等行为。

（3）本书结合效率理论给出学术虚拟社区知识交流效率的定义，即知识交流效率是指特定时间内，学术虚拟社区知识交流过程中各种投入与产出之间的比率关系，以及社区用户对服务的满意程度，并且将用户在知识交流过程中产生的发帖、评论、浏览以及再评论等行为的数量，作为学术虚拟社区知识交流效率量化评价的重要指标。

第三章　学术虚拟社区知识交流效率研究的理论基础与测度方法

前文已对学术虚拟社区、知识交流、学术虚拟社区知识交流、学术虚拟社区知识交流效率的基本概念进行了界定，并形成了系统的理论研究。本章将对国内外相关研究的理论基础和研究方法进行归纳和总结，以期从理论基础和方法两个层面为后续研究奠定基础。具体来说，在理论层面，本章将从社会交换理论、计算组织理论、行为规划理论和复杂网络理论出发来寻求后续研究的指导思想；在方法层面，本章则分为三部分：学术虚拟社区知识交流效率测度方法、学术虚拟社区知识交流效率测度模型构建方法（社会网络分析法）和学术虚拟社区知识交流效率测度模型验证方法（多 Agent 模拟仿真法）。

第一节　学术虚拟社区知识交流效率研究的理论基础

一　基于社会交换理论的分析

（一）社会交换理论的基本内容

1958 年霍曼斯在《美国社会学杂志》发表的一篇对古典社会学家齐美尔的纪念文章中首次提出社会交换理论，即基于经济学概念来解释社会行为间相互强化而得以持续的一种社会心理学理论。现代社会交换理论以古典功利主义、古典政治经济学、人类学和行为心理学中的交换思想为思想来源，在西方社会学界逐渐盛行并在全球范围内

第三章 学术虚拟社区知识交流效率研究的理论基础与测度方法

广泛传播，对有关社会交往行为的研究产生巨大影响。该理论的主要分支是霍曼斯的行为主义交换理论、布劳的结构交换理论以及爱默森的社会交换网络分析理论。

（二）社会交换理论的思想来源

社会交换理论的核心概念和基本假设是在学者们对不同交换理论修正扬弃后提出并发展兴盛的。功利主义哲学的创始人边沁在《道德与立法原理引论》一书中提出，人性的规律就是追求快乐、躲避痛苦，而快乐指的就是"功利"。他认为人的本质是自私的，以趋利避害为其一切行动的准则。而现代社会交换理论正是以经济交易原则为理论基础，把功利主义经济学某些原则改造成各种各样的社会交换理论。[①] 古典政治经济学也深受功利主义这一社会思潮的影响，以亚当·斯密和洛克为代表的古典政治经济学家在一定程度上趋向功利主义，认为人的欲望的满足主要是由交换过程实现的，人们的交换行为是为了获取所需资源所采取的本能行为。法国人类学家马歇尔·莫斯在《馈赠分析》一书中提出了对交换行为的看法：人们进行交换的行为是由于社会或者群体的影响，并且会反过来强化社会规范结构，从而发展为莫斯交换理论中的结构主义。除此之外，人类学家詹姆斯·弗雷泽和列维-施特劳斯的主张中也有体现交换思想。行为主义的奠基者斯金纳首次运用操作主义观点研究行为规律，认为人并不能自由选择个人行为，而是依据奖惩结果来控制个人行为，该理论成果成为现代交换理论借鉴的核心概念[②]。

综上，现代社会交换理论的提出、发展和不断丰富的过程与古典功利主义、古典政治经济学、人类学及行为心理学有着密不可分的联系。

（三）社会交换理论的核心观点和发展历程

社会交换理论基于一种核心观点，即当社会关系能让人们获利

[①] 周志娟、金国婷：《社会交换理论综述》，《中国商界》2009年第1期。
[②] 梁颖琳、向家宇：《现代社会交换理论思想渊源述评》，《今日南国》（理论创新版）2009年第5期。

时，人们就进入；反之，他们就会终结关系或退出。社会心理学中所提到的社会交换是指人们在人际交往中的行为由某种将获得报酬或奖励的交换活动所支配，这里的报酬或奖励不限于物质财富，也可能是社会财富（声望、地位等）或心理财富（精神上的安慰等）。倘若一个人的行为给予他人好处，并迫使他人做出互惠行为，达成共赢关系，则这种相互关系将会继续发展，否则会逐渐疏淡直至停止。[①] 可用一个公式来表明：报酬（reward） - 代价（cost） = 后果（outcome），以"后果"的正负来决定此段关系将是否持续下去。

20世纪50年代中后期，当时盛行的功能主义理论无法有力解释美国社会矛盾普遍激化的现象。在这个时期，霍曼斯首次提出社会交换理论这一概念，他以个人为研究单位从心理学角度出发来解释社会行为，并于20世纪60年代初在《社会行为：它的基本形式》一书中首次系统阐述行为主义交换理论的基本概念及一般命题等[②]。书中借用大量经济学及行为心理学的基本概念来阐述其理论命题，行动、互动、情感、刺激、报酬、成本、投资、利润、剥夺、满足这十个概念共同构成了霍曼斯理论关于人类行为的一般命题系统。该系统包括六大命题[③]：（1）成功命题，该理论最基本的公理，认为一个人的某一行动频率由其报酬的频度及方式所决定；（2）刺激命题，指所受刺激的相似度越高，个体越可能持续此类行为；（3）价值命题，这里的价值不仅是物质意义上的，也包括如"互惠"意义上的伦理价值，该命题旨在解释个人的行为会受到行动结果的价值大小的影响；（4）剥夺—饱和命题，可作为价值命题的补充，陈述了价值变化对个人行为的影响可用经济学的边际效用规律解释，个别特殊报酬的增加对人们的吸引力反而会减少；（5）攻击—赞同命题，指出了引起攻击行为

---

① 章志光、金盛华：《社会心理学》，人民教育出版社1998年版。
② 于海：《斯金纳鸽：交换论视野中人的形象——读霍曼斯〈社会行为：它的基本形式〉》，《社会》1998年第4期。
③ 戴丹：《从功利主义到现代社会交换理论》，《兰州学刊》2005年第2期。

第三章 学术虚拟社区知识交流效率研究的理论基础与测度方法

和赞同行为的条件,并揭示了人类的感情因素对于行为的影响。前五个命题是对他人命题的总结,而(6)理性命题则是霍曼斯在亚当·斯密的"经济人"假设基础上提出的,可用数学公式表示为:个人行动发生的可能性＝价值×概率,这里的概率是指个人行动成功的可能性,充分说明了人具有理性思维。霍曼斯的行为交换理论是基于个人层次的,只适用于小群体研究,并具有一定的局限和缺陷,无法有效地解决宏观社会中的种种问题。

布劳则针对霍曼斯理论的局限性,在进行微观和宏观领域交换过程或网络的研究中提出结构交换理论,将研究重点放在交换过程和社会结构的形成与发展之间的相互作用上。布劳的主张反对霍曼斯的心理还原论,并提出判断社会互动是交换行为的两个标准:一是该行为的最终目标只有通过与他人互动才能达到;二是该行为必须采取有助于实现这些目的的手段,将社会交换与经济交换区分开,表明社会交换受社会规范的制约,而非纯粹的基于利害得失的理性权衡[①]。随后他对宏观社会结构进行了大量研究[②],发现群体之间交往同个人之间一样受追求报酬的欲望支配,并发现其交往模式大致为"吸引—竞争",在竞争中形成的平衡或不平衡的交换关系导致依赖关系或权力的分化。布劳交换理论从社会学角度弥补了霍曼斯理论的局限性,为分析非制度化的人际互动和制度化的结构关系提供了一般性的理论框架。但这一理论也具有缺陷,即无法充分地证明和解释其所依赖的重要前提——人类行为是以交换为指导的。

爱默森同样借用行为主义心理学的基本观点,且继承齐美尔的理论传统,提出社会交换网络论,将交换理论与网络分析相结合以分析

---

① [美] P. 布劳:《社会生活中的交换与权力》,孙非等译,华夏出版社1998年版,第140页。
② 饶旭鹏:《论布劳的社会交换理论——兼与霍曼斯比较》,《甘肃政法成人教育学院学报》2004年第1期。

社会网络中的不平等和权力问题。[①] 这一观点与前人的交换理论相比，通过研究对象的转移，解决了社会学理论中微观过程与宏观结构相分离的问题，对社会结构采用了新的概括方式。

现代社会交换理论随着社会发展仍在不断丰富，涉及领域也在不断扩大，逐渐被广泛应用于社会的各种现象解释及问题解决。由此可见，与其他学科理论交叉发展将成为现代社会交换理论的未来发展趋势。[②]

（四）学术虚拟社区知识交流效率测度所蕴含的社会交换理论

经过文献调研我们发现社会交换理论的应用研究侧重于行为意愿影响因素或影响机制分析，涉及的领域十分广泛。如科学学中公立科研机构创新行为的影响因素分析或众包平台绩效影响机制构建，情报学中虚拟社区知识共享行为研究，管理工程中的组织管理与决策研究，体育科学中体育赛事消费者行为研究，新闻传播学中社交媒体口碑发布研究或直播伦理研究，国际商务谈判心理研究，人力资源管理研究中的员工激励管理研究等。在图书情报领域，基于社会交换理论的研究大部分是在线社区用户知识共享意愿影响因素、在线产品评价参与意愿影响因素等实证研究，另有少部分是针对某一主题和其他理论比较的研究。

学术虚拟社区知识交流效率测度研究通过吸纳社会交换理论的思想，从投入和产出的视角构建学术虚拟社区知识交流感知效率评价指标体系。在问卷设计过程中我们借鉴了社会交换理论中六大一般理论命题和十大概念来帮助设置问卷题目和选项，尝试探究科研人员感知、知识交流意愿、知识交流主体维度等影响因素对学术虚拟社区知识交流效率的作用方向和作用程度，进而识别影响机制中的调节变量、中介变量、控制变量及自变量，进一步探明学术虚拟社区知识交

[①] 梁颖琳、向家宇：《现代社会交换理论思想渊源述评》，《今日南国》（理论创新版）2009年第5期。

[②] 戴丹：《从功利主义到现代社会交换理论》，《兰州学刊》2005年第2期。

第三章 学术虚拟社区知识交流效率研究的理论基础与测度方法

流的现状,为后续研究构建、检验和修正基于用户视角的学术虚拟社区知识交流效率模型提供影响因素方面的分析支持,从而为提供改善学术虚拟社区知识交流效率可实施对策给予思想指导。

二 基于计算组织理论的分析

(一)计算组织理论的基本内容

计算组织理论(Computational Organization Theory,COT)也被称作计算数学组织理论(Computational & Mathematical Organization Theory,CMOT),是20世纪90年代卡耐基梅隆大学社会与决策科学系的Kathleen M. Carley 教授在总结 Galbraith 对组织信息处理理论研究成果的基础上结合人工智能思想提出的新理论。该理论融合了计算机仿真、心理学、人工智能和逻辑学原理等学科知识,是组织理论研究中新兴的研究视角。它曾被应用于美国海军的 A2C2 系列实验和斯坦福大学 CIFE(Center for Integrated Facility Engineering)实验室关于 VDT(Virtual Design Team)的系列研究中[1]。目前该领域的权威期刊是 *Computational & Mathematical Organization Theory*。

(二)计算组织理论的基本观点和形成历程

计算组织理论是一个跨学科的研究领域,采用计算技术和数学方法来分析、探究和测试组织要素、组织结构及组织运行过程。这一理论认为由信息驱动实现的人类组织行为与活动是可计算的,这些行为都可以视为信息处理活动,如信息收集、存储、分类、加工和传递等。因此,在组织建模时,可以将组织的全部任务划归到同一个层次上。计算组织理论的主旨是确定组织运行过程(可视为信息处理过程)中的影响因素,减少由组织结构引起的不确定性,特征是借助计算技术和数学方法建立仿真模拟平台。该理论的计算性体现在借助计算机强大的辅助分析计算功能模拟仿真组织行为、过程等,它的数学

---

[1] 牛飞:《组织结构设计的集成模拟研究》,硕士学位论文,华中科技大学,2009年。

学术虚拟社区知识交流效率测度研究

性是指在组织研究中应用逻辑分析、矩阵分析、组织网络分析、概率论和相关数学方程等（离散性或连续性）①。

20世纪90年代信息技术发展迅猛，各种新型组织（社会实体组织和计算实体组织）应运而生，传统的组织理论与研究方法已经无法解决新型组织中出现的问题。计算组织理论在这样的时代背景下被提出，它的出现为解决多主体复杂系统的协作问题提供了良好的思路，进而借助高新计算技术从根本上拓宽传统组织理论与方法。李博在进行组织研究时结合历史经验数据并采用数学方法确定和测量组织行为的因果关系，解释组织运行中的结构和现象。② 这是组织科学研究领域采用计算数学组织手段建立模型的萌芽阶段。Fayol尝试对组织任务完成过程中的主体建立行为模型，逐步形成以智能主体为基础的组织研究模型，这是计算组织理论应用于组织研究的初级阶段。③ Cyert & March把组织中的对象视为一系列智能主体的集合，使用正式的组织过程处理模型探究组织结构和过程，进而支持分析组织决策。他们的研究成果包括建立聚焦过程的组织模型，结合组织范式和历史经验数据拓展传统组织理论，为经济决策问题提供支持等。④ 这一阶段可看作计算数学组织理论的形成阶段。DiMaggio使用网络理论中的方法对组织内成员之间形成的网络和组织间的网络关系进行研究，他们认为组织中的一系列智能主体和组织网可通过组织网的计算工具进行统一分析，这对使用组织网描述组织和市场的功能具有重要意义。⑤ 这一阶段可看作计算数学组织理论的发展阶段。从基于因果关系的组织

---

① 朱记伟等：《基于可计算组织理论的组织仿真建模方法综述》，《系统仿真学报》2018年第10期。

② 李博：《基于计算组织视角的恐怖组织网络演化研究》，博士学位论文，国防科学技术大学，2016年。

③ H. Fayol, *General and Industrial Management*, London: Kegan Paul International, 1949.

④ R. M. Cyert and J. G. March, "A Behavioral Theory of the Firm", New Jersey: Prentice - Hall, 1963.

⑤ Paul J. DiMaggio, "Structural Analysis of Organizational Fields: a Blockmodel Approach", *Research in Organizational Behavior*, No. 8, 1986, pp. 335 - 370.

第三章 学术虚拟社区知识交流效率研究的理论基础与测度方法

行为模型到基于智能主体的分布式组织模型,从聚焦过程化处理的工程学组织模型到社会网络化的组织模型,这些模型的发展演变是计算组织理论研究不断成熟的结果。①

(三)计算组织理论的研究方法及研究内容

结合上述计算组织理论形成历程中归纳的 4 种组织模型,经过文献调研与分析,笔者发现项目组织研究领域的建模方法可分为三种:基于系统动力学的组织仿真建模、基于 Agent 的组织仿真建模、基于 SNA 的组织社会网络建模。

计算组织理论主要关注组织中的要素、结构和过程问题,Kathleen M. Carley 将研究内容归纳为组织设计、组织学习、组织与信息技术和组织演化与变革 4 个方面②。其中组织设计是计算组织理论的研究重点,大部分研究集中在使用信息处理方法探索现有模型及其扩展在组织设计中的应用。组织学习领域因组织设计的特征不同也对应有许多特征,主要体现在过程变化、规则和程序的发展、个体自适应的整体效果、计划和谈判等方面。组织学习的模型包含单一角色模型和多角色模型。其中单一角色模型是指单一智能体学习组织任务流程,或者组织整体作为智能体学习响应环境;多角色模型是指组织被建模为自适应智能体的集合。此外,特定的学习模型还包括经典学习理论模型、特殊的人工智能模型、一步式或分块式学习的认知模型、连接主义以及遗传算法模型。组织与信息技术方面则通常研究利用信息技术人类组织行为的理想化并借此分析技术突破或引入新技术的影响。组织演化与变革方面着重于组织设计的转变及组织演变与变更的过程和影响,这类变更可能会通过多种过程发生,包括进化过程、模仿过

---

① 阳东升等:《计算数学组织理论》,《计算机工程与应用》2005 年第 1 期。
② Kathleen M. Carley, "Computational and Mathematical Organization Theory: Perspective and Directions", *Computational and Mathematical Organization Theory*, Vol. 1, No. 1, 1995, pp. 39–56.

程、有意识的重新设计、对环境事件（如危机）的反应、内部过程或人口变化以及学习过程的反应。因此，在组织被设计和重新设计、演变或自然变化时，如何评估组织绩效已成为研究者的关注点。他们已从严格的结构设计问题转移到研究设计动态如何影响性能，讨论如何提出优化策略及协调的流程。

（四）学术虚拟社区知识交流效率测度所蕴含的计算组织理论

计算组织理论是组织理论研究中的一个延伸领域。它的发展不是人工智能发展的终极，而是帮助人工智能从个体智能提升到整体智能，实现虚拟组织网络融入人类社会组织的路径，是研究复杂系统科学的前提和基础。事实上，计算组织理论已成功地应用于组织优化设计、组织变化和适应性、组织革新和演变、组织学习、组织协作、组织知识管理和层次涌现等诸多组织研究领域。随着信息技术的飞速发展，计算组织理论的应用范围又逐步延伸至网络虚拟空间，如虚拟企业、虚拟组织、网络组织和信息网络等。目前，国内明确以计算组织理论为主题的应用研究并不多，比如在图书情报领域尚未广泛应用，但只要是使用数学建模、信息技术和计算机模拟仿真等研究方法探究组织领域问题的都可被认为是计算组织理论的应用。因此，学术虚拟社区知识交流效率测度这一情报学领域的问题也适宜采用该理论进行研究和处理。

学术虚拟社区知识交流效率测度研究可看作是由信息驱动实现的人类组织行为活动问题，其中社区用户通过发帖、评论、浏览、再评论（针对评论进行再次评论）等行为联系在一起，在信息知识交流过程中，对于用户数、用户发帖数、用户浏览数、用户评论数和用户再评论数等进行量化计算。因此，在组织构建基于用户视角的学术虚拟社区知识交流效率模型时，可以将学术虚拟社区的全部任务划归到同一个层次上，从而确定学术虚拟社区知识交流过程中的影响因素，减少由结构引起的不确定性，进而借助计算技术和数学方法建立测度学术虚拟社区知识交流效率的仿真模拟平台。

第三章　学术虚拟社区知识交流效率研究的理论基础与测度方法

三　基于行为规划理论的分析

（一）行为规划理论的基本内容

1991 年 Ajzen 提出了行为规划理论（Theory of Planned Behavior，TPB），该理论为理解、预测和优化人类复杂的社会行为提供了实用性的统一框架。行为规划理论是理性行动理论（Theory of Reasoned Action，TRA）的延伸，理性行动理论是由 Ajzen 和 Martin Fishbein 在 1980 年合作提出的，可以追溯到与激进行为主义及其效果定律的对抗。行为规划理论的五要素分别是：态度（Attitude）、主观规范（Subjective Norm）、行为控制感知（Perceived Behavioral Control）、行为意向（Behavior Intention）、行为（Behavior）。[①] Ajzen 通过实验研究发现，所有可能影响行为的原因都是经过行为意向来间接影响行为的结果。而行为意向由三个相关因素影响：（1）态度，即个人自身对采取某种特定行为时应有的心理状态；（2）主观规范，即影响个人采取某种特定行为的外在的约束；（3）行为控制感知，即个体认为自己有能力采取某种特定行为或能够控制某一行为的程度。显然，TPB 中的行为控制感知概念与 Abert Bandura 社会认知理论中的自我效能感知概念非常相似，他们均可能影响特定行为的选择和在某项特定任务时的努力程度。

TPB 理论为理解、预测、优化人类复杂的社会行为提供了实用性的统一框架。根据调查，TPB 理论是构建理性行为模型中最常用的理论。它在各个领域中的应用让学者们发现了影响许多不同行为的重要的心理因素，例如运动、吃健康食物、献血、利用违禁药品保持活力、使用交通工具和进行安全性行为。这些知识是将社会行为朝着良好方向改善的积极干预的基础。尽管迄今为止与大量的预测性研究相比实际性干预研究数量相对较少，该理论依然证明了它作为设计和评估不同种类干预有效性的基础时的实用性，这些干预包括不鼓励使用

[①] P. A. Lange and E. T. Kruglanski, *Hand Book of the Ories of social Psychology*, London: Sage, 2012, pp. 438 – 459.

私家车、限制婴儿糖摄入量、促进有效的工作搜寻行为等。未来该理论还将在拟定重要社会问题的解决方案上作出贡献。

（二）学术虚拟社区知识交流效率测度所蕴含的行为规划理论

学术虚拟社区成员存在时间和空间上的分散性，因此具有更多的自由性和自主能动性。对于学术虚拟社区的成员来讲，他们角色不同，产生的知识交流行为也各有差异。他们不仅会完成好自身的行为，还会在与其他成员沟通交流的过程中进行合作，从而解决某一特定问题或完成某项完整的任务。因此，我们将尝试从科研人员感知角度出发分析影响学术虚拟社区知识交流效率的各方面因素，主要利用行为规划理论思想和社会认知理论中的自我效能、集体效能来构建学术虚拟社区知识交流效率影响因素的集成模型，并在探究中找出影响因素及影响程度，为后续研究中进行学术虚拟社区知识交流效率测度模型模拟仿真实验的检验和修正提供参数支持依据。

四　基于复杂网络理论的分析

（一）复杂网络理论的基本内容

复杂网络是一种能很好地描述自然科学、社会科学和工程技术等有相互关联的系统模型，是网络科学理论的现发展阶段，其经历了规则网络理论阶段和随机网络理论阶段，随着小世界效应和无标度性质的发现，网络科学理论进入了复杂网络理论阶段。

（二）复杂网络理论的发展和相关概念

复杂网络理论最早的基础是从图论开始的。1736年，著名的瑞士数学家欧拉解决了哥尼斯堡七桥问题，他首创以"图"的形式证明了该问题无解，并奠定了图论的基础，而规则网络理论的发展正得益于图论的发展。"网络"一词最早在1922年由社会学家斯梅尔提出。网络现在已经成为各个领域非常重要的分析工具，简单来说，网络就是指任意两个节点通过边联系起来，其中节点是网络中最基本的单元，代表系统中所研究的个体，边表示相邻两个节点间的关系。网

第三章 学术虚拟社区知识交流效率研究的理论基础与测度方法

络中最简单的模式是规则网络，其系统中的节点遵循一定的规则相互联系，但随着研究系统的规模增大以及更加复杂，规则网络已经难以用来描述研究系统。20 世纪 60 年代，匈牙利数学家 Erdos 和 Renyi 提出了一种具有随意连接关系且无明确设计原理的完全随机网络模型——随机网络（ER 随机网络）[1]，该网络是指在 N 个节点的系统中以随机概率 p 连接任意两个节点而构成的网络。随机图和经典图最大的区别就在于前者引入了随机的方法，从而使图的空间大大增加。正是由于该网络中两个节点之间的连接是随机的，从而能够应用于大规模的网络。1998 年 Watts 和 Strogatz 推广了"六度分离"的科学假设，并提出了小世界网络模型。"六度分离"是指在绝大多数人中，任意两个不相干的人通过以朋友的朋友的方式，平均最多 6 个人就能相互有联系。Watts 和 Strogatz 通过检验该假说，初步验证了复杂网络的小世界效应。1999 年 Barabasi 和 Albert 发表了《随机网络中标度的涌现》一文[2]，提出了无标度网络模型，并指出在复杂网络中节点的度都服从幂律分布。其中节点的度是指与该节点相邻的节点数目，即与该节点相连接的边数。Barabasi 和 Albert 发现大多数节点的度都相对较低，只有极少量节点存在高连通现象，这种分布称为"集散节点"。其实对于大量真实的网络系统来说都是复杂网络，规则网络和随机网络是两种极端的情况，复杂网络是介于这两者之间的网络。继 Barabasi 等于 2006 年著的《网络结构与动力学》一书问世后，有关复杂网络的综述和专著不断地涌现，复杂网络理论也开始应用于物理、生物、社会、技术、经济等许多领域，受到了人们的高度重视。

（三）复杂网络理论的研究内容和特性

目前，复杂网络研究的主要内容包括：网络的几何性质、网络的

---

[1] P. Erdos and A. Renyi, "On the Evolution of Random Graphs", *Reviews of Modern Physics*, No. 74, 2002, pp. 47 – 97.

[2] A. L. Barabasi and R. Albert, "Emergence of Scaling in Random Networks", *Science*, Vol. 286, No. 5439, 1999, pp. 509 – 512.

形成机制、网络演化的统计规律、网络上的模型性质、网络的结构稳定性以及网络上的动力学机制等问题。① 复杂网络研究中最重要的工作是探究结构问题，它以寻找和定义能够反映真实网络结构特征的度量为目标。目前用来描述真实网络结构的统计参数主要有度分布、平均距离、介数和聚集系数等。度是描述网络局部特性的基本参数，度的分布反映了网络系统的宏观统计特征，其可以完整地描述网络。平均距离指所有经过两节点的通路中，经过其他顶点最少的一条或几条路径的长度，其描述了节点对时间的平均分离。介数是一个重要的全局几何量，它表示经过该节点的最短路径的数量，反映了该节点的影响力。聚集系数反映了网络的聚集程度，即网络集团化的程度，揭示聚集在一起的集团各自邻近中的共同邻近集团数。另外，研究网络的动态行为是复杂网络研究的一个重要课题。由于获得复杂系统中完整具体的结构数据十分困难，因此验证局部网络特征能否正确反映整个网络的结构和性质是进一步的工作，通过研究结构来了解和解释基于这些网络的系统运作方式，进而预测和控制网络系统的行为。网络上的系统动态性质称为网络上的动力学行为，主要包括网络上的传播行为以及系统的渗流、同步、相变、网络搜索和网络导航等。

复杂网络是具有自组织、自相似的网络，复杂性是其最显著的特性，绝大多数真实的复杂网络的复杂性表现为以下五个方面。② 第一，网络行为的可统计性。复杂网络中的节点数有成千上万个，因而大规模性的网络行为具有可统计特性。第二，连接结构的复杂性。复杂网络系统的连接结构呈现多种不同特征，既不是完全规则，也不是完全随机，具有内在的自组织规律。第三，节点的复杂性。表现在节点的动力学复杂性和节点的多样性，网络中各个节点具有分岔和混沌等非线性动力学行为，同时复杂网络中的节点可以代表任何事物，具有多样性。第四，网络的时空演化性。复杂网络具有时间和空间的演化复

---

① 吴金闪、狄增如：《从统计物理学看复杂网络研究》，《物理学进展》2004年第1期。
② 郭世泽、陆哲明：《复杂网络基础理论》，科学出版社2012年版。

第三章 学术虚拟社区知识交流效率研究的理论基础与测度方法

杂性,能展现出丰富的复杂行为。第五,网络连接的稀疏性。实际大型网络的连接数是和其有相同节点具有全局耦合结构的网络的连接数的低阶函数。复杂网络除了复杂性,还具有小世界特性、无标度特性和超家族特性三个特性。复杂网络的众多特性决定了其拓扑结构的特点,也反映了其将可能会综合众多自组织理论和复杂性理论研究的成果,形成新的复杂性研究机制的理论。

（四）复杂网络理论在学术虚拟社区知识交流效率测度研究中的应用

在现实世界中大多数网络系统都是复杂网络,因此对复杂网络进行深入研究具有重大意义。自20世纪90年代以来,复杂网络理论得到快速补充、修正和发展,同时各个学科的研究者也将其应用到各自的领域,例如电力通信、控制工程、物流管理、舆情传播、生物网络、经济与金融网络等。在图书情报领域,复杂网络理论的应用研究主要集中于引文网络和科研合作网络。[①] 其中引文网络研究主要采用统计、对比、归纳等多种定量研究方法对不同期刊引文网络的结构特征和论文引用规律进行分析,从而科学客观地评价学术成果的重要性。现阶段引文网络研究较多关注引文网络科研管理、引文网络分析可视化、引文网络社团发现、引文数据源抽取以及科研评价技术的优化等。科研合作网络研究则针对作者科研合作网络的宏观结构特性（小世界性、无标度性等）进行定量分析,并深入探讨核心作者发现和网络社团分析等问题。此外,复杂网络理论还应用于研究网络社区结构特征、舆情信息传播与治理、知识动态演变、图书馆借阅网络、图书馆个性化推荐服务、人际情报网络等。如陆天珺基于复杂网络理论以丁香园医药学术网站为例对学术虚拟社区的小团体进行了研究探

---

① 李晓瑛:《复杂网络理论及其在图书情报领域的应用研究》,《情报科学》2016年第10期。

讨。① 胡海波等学者基于复杂网络理论对在线社区进行了分析，发现在线社区网络是传播信息的一种媒介，深入理解在线社会网络的底层拓扑有助于了解信息在网络中的传播和个人之间信任关系的建立、巩固或消除。②

学术虚拟社区网络由用户及其关系组成，用户通过互动产生知识，而知识的产生又是一个动态变化的过程，因此，从用户视角构建网络模型能够实现对知识交流效率自上而下、从微观到宏观的动态演化研究。在学术虚拟社区相关文献中复杂网络理论较多应用于研究度、中心性、集聚系数等结构属性。学术虚拟社区中用户数量大，用户个体交互属性种类多样，其构成的网络具有时间和空间的演化复杂性，用户与用户之间的联系程度不确定，可能随某个影响因素改变。因此，我们利用复杂网络理论的思想构建基于用户视角的学术虚拟社区知识交流效率模型，希望明确学术虚拟社区知识交流效率模型中的节点特性、网络整体结构和演化过程，把握学术虚拟社区中用户属性、用户间的关系及整体网络结构等对知识交流效率的影响程度，尝试探寻满足学术虚拟社区知识交流效率的最佳可实施路径。

第二节 学术虚拟社区知识交流效率测度方法：DEA 法

一 DEA 方法概述

"效率"一词来源于经济学领域，在微观生产理论中，效率是指资源投入与有用产出之间的比率。数据包络分析（Data Envelopment Analysis，DEA）是运筹学和经济学领域中用于计算生产前沿的一种

---

① 陆天珺：《基于复杂网络理论的学术虚拟社区小团体研究——以丁香园医药学术网站为例》，硕士学位论文，南京农业大学，2012 年。
② 胡海波等：《基于复杂网络理论的在线社会网络分析》，《复杂系统与复杂性科学》2008 年第 2 期。

第三章 学术虚拟社区知识交流效率研究的理论基础与测度方法

非参数方法。美国著名运筹学家 Charnes 等人在 1978 年基于相对效率的概念提出了该方法及其模型，主要通过计算评价目标的投入产出指标，从而对决策单元（Decision Making Unit，DMU）的有效性进行分析。该方法基于数学规划模型，计算决策单元在评价体系中是否处于"生产前沿面"，发现决策单元的"非 DEA 有效"部分，从而评价这些决策单元所代表的评价目标的效率状况。此外，利用相应的计算模型可以得出投入和产出所对应的松弛变量值，从而有针对性地优化评价目标的效率。

根据规模报酬是否可变，DEA 模型主要有 CCR 模型和 BCC 模型。其中 Charnes 等人以规模报酬不变为假设提出了 CCR 模型，即评价对象的规模大小不会对其效率产生影响，这种假设条件以处于生产前沿面上的决策单元为样本，并认为产出增加的比例与投入增加的比例相同，但这种极端的假设在现实的许多场景中并不适用。随后，Banker 等人基于规模报酬可变假设提出了 BCC 模型，其中分为规模效率递增和规模效率递减两种情况，并将 CCR 模型中的技术效率的概念扩展到规模报酬可变的情况，其中 BCC 模型中的效率值为纯技术效率（Pure Technical Efficiency，PTE），CCR 模型与 BCC 模型计算所得结果之比为规模效率 SE（Scale Efficiency）。纯技术效率是指在学术虚拟社区处于最优规模的前提下，在制度、管理和技术等因素影响下的知识交流效率；规模效率是指学术虚拟社区在制度、管理和技术水平一定的前提下，实际规模和最优规模的差异。因此，DEA 模型为判断决策单元的有效性和影响效率因素提供了更多的有效信息。

二 DEA 方法在学术虚拟社区知识交流效率测度中的应用

常用的几种测度效率的 DEA 方法分别为 CCR 模型、BCC 模型、SBM 模型、三阶段 DEA 模型。由于 CCR 模型较为简单，本章不再赘述。考虑到后续研究着重考虑产出不变情况下投入最小化的问题，因而本书均选取投入导向型的 DEA 模型对学术虚拟社区知识交流效率进行测算。

本书利用 DEA 模型求得的学术虚拟社区知识交流技术效率 TE（Technical Efficiency）可分解为纯技术效率 PTE 和规模效率 SE，即 $TE = PTE \times SE$。

在 DEA 模型下，DEA 模型求解规划后的结果主要有以下三种：(1) 若 $\theta = 1$，且 $S^+ = 0$，$S^- = 0$，则称 DMU 有效；(2) 若 $\theta = 1$，$S^+ \neq 0$ 或 $S^- \neq 0$，则称 DMU 弱有效；(3) 若 $\theta < 1$，则称 DMU 无效。

（一）BCC 模型

DEA 模型用于评价相同 DMU 间的相对有效性[1]。对于任意 DMU，投入导向下对偶形式的规模报酬可变模型[2]可表示为公式（3-1）：

$$min\theta - (e^T S^- + e1^T S^+)$$

$$s.t. \sum_{i=1}^{n} x_i \lambda_i + S^- = \theta x_0$$

$$\sum_{i=1}^{n} y_i \lambda_i - S^+ = y_0$$

$$\sum_{i=1}^{n} \lambda_i = 1, \lambda_i \geq 0, S^-, S^+ \geq 0 \qquad (3-1)$$

在公式（3-1）中，i 表示 DMU；θ 表示各个 DMU 的知识交流效率值；e 表示改写的非阿基米德无穷小量；S^-、S^+ 分别表示投入、产出的松弛变量；x 和 y 分别表示学术虚拟社区评估知识交流效率的投入产出集合；λ 表示第 i 个 DMU 权重。

（二）SBM 模型

传统的 DEA 模型主要基于径向和角度的观察，没有考虑松弛变量对于效率测度的影响，因而往往会导致决策单元的效率值被高估。

---

[1] A. Charnes, W. W. Cooper and E. Rhodes, "Measuring the Efficiency of Decision Making Units", *European Journal of Operational Research*, Vol. 2, No. 6, 1978, pp. 429-444.

[2] 罗颖等：《基于三阶段 DEA 的长江经济带创新效率测算及其时空分异特征》，《管理学报》2019 年第 9 期。

第三章 学术虚拟社区知识交流效率研究的理论基础与测度方法

为了解决这一问题，Tone 提出了基于松弛变量的评价方法（Slacks-based Measure，SBM），该方法充分考虑了投入产出的松弛值，克服了由于径向和角度所带来的偏差，使模型效率评价的准确度和可信度得到了提升。[①] 其函数表达式如公式（3-2）所示：

$$\min_{\lambda,s^-,s^+} \theta = \frac{1 - \frac{1}{m}\sum_{i=1}^{m}\frac{s_i^-}{x_{ik}}}{1 - \frac{1}{q}\sum_{r=1}^{q}\frac{s_r^+}{x_{rk}}}$$

$$x_k = X\lambda + s^-$$

$$y_k = Y\lambda - s^+$$

$$\lambda \geq 0, s^- \geq 0, s^+ \geq 0 \quad (3-2)$$

在公式（3-2）中，θ 为学术虚拟社区的知识交流效率测度值，m 为学术虚拟社区的知识交流投入要素的数量，q 为学术虚拟社区的知识交流产出要素的数量；x_k 和 y_k 分别是决策单元知识投入和产出的向量；X 和 Y 分别是知识投入和产出的矩阵；s_i^- 和 s_r^+ 表示松弛投入 s^- 和松弛产出 s^+ 的要素，分别表示知识交流投入的冗余和产出的不足；$X\lambda$ 和 $Y\lambda$ 分别为前沿面上的知识投入量和知识产出量；$\frac{1}{m}\sum_{i=1}^{m}\frac{s_i^-}{x_{ik}}$ 表示 m 项知识投入冗余占各自实际知识投入总量比例的平均值，$\frac{1}{q}\sum_{r=1}^{q}\frac{s_r^+}{x_{rk}}$ 表示 q 项知识产出不足占知识产出总量比例的平均值，分别代表 m 项知识交流投入和 q 项知识交流产出的平均非效率水平。

SBM 模型以最小化松弛投入和松弛产出为目标，即知识投入的冗余和知识产出的不足越少，学术虚拟社区的知识交流效率值越高。

（三）三阶段 DEA 模型

Fried 等认为，传统的 DEA 模型未将环境因素（Environmental

[①] K. Tone, "A Slacks-based Measure of Efficiency in Data Envelopment Analysis", European Journal of Operational Research, Vol. 130, No. 3, 2001.

学术虚拟社区知识交流效率测度研究

Effects，EE）、随机干扰（Statistical Noise，SN）和管理无效率（Managerial Inefficiencies，MI）等从 DMU 效率评价的影响中剔除。[①] Fried 等认为 DMU 的效率受以上三种因素的影响，因而有必要将其分离，从而更加准确地测定 DMU 效率值。[②] 三阶段 DEA 模型由 Fried 等于 2002 年提出，是传统一阶段 DEA 模型的衍生和改进，该模型能够剔除环境因素、随机干扰和管理无效率等因素对效率的影响，更加真实地反映 DMU 的效率水平。[③] 学术虚拟社区知识交流效率指的是在相同投入下，决策单元的实际产出与生产前沿（最优产出值）的差距，差距越小，则决策单元的知识交流效率越高。目前有关学术虚拟社区知识交流效率的研究成果主要采用传统 DEA 模型进行学术虚拟社区知识交流效率评估。本书为准确地测算学术虚拟社区知识交流效率，使用三阶段 DEA 模型剔除环境因素、随机干扰和管理无效率等因素的影响，具体包括以下三个阶段。

第一阶段：传统 DEA 模型效果评估。DEA 模型用于评价相同 DMU 间的相对有效性。[④] 在第一阶段，考虑到本书着重考虑产出不变情况下投入最小化的问题，选取投入导向型的 BCC 模型对学术虚拟社区知识交流效率进行测算。对于任意 DMU，投入导向下对偶形式的规模报酬可变模型可表示为公式（3-3）：

$$min\theta - (e^T S^- + e1^T S^+)$$

[①] H. O. Fried，C. A. K. Lovell and S. S. Schmidt，"Accounting for Environmental Effects and Statistical Noise in Data Envelopment Analysis"，*Journal of Productivity Analysis*，Vol. 17，2002，pp. 157 – 174；H. O. Fried，S. S. Schmidt and S. Yaisawarng，"Incorporating the Operating Environment into a Nonparametric Measure of Technical Efficiency"，*Journal of Productivity Analysis*，Vol. 12，No. 3，1999，pp. 249 – 267.

[②] H. O. Fried，C. A. K. Lovell and S. S. Schmidt，"Accounting for Environmental Effects and Statistical Noise in Data Envelopment Analysis"，*Journal of Productivity Analysis*，Vol. 17，2002，pp. 157 – 174.

[③] H. O. Fried，S. S. Schmidt and S. Yaisawarng，"Incorporating the Operating Environment Into a Nonparametric Measure of Technical Efficiency"，*Journal of Productivity Analysis*，Vol. 12，No. 3，1999，pp. 249 – 267.

[④] A. Charnes，W. W. Cooper and E. Rhodes，"Measuring the Efficiency of Decision Making Units"，*European Journal of Operational Research*，Vol. 2，No. 6，1978，pp. 429 – 444.

第三章　学术虚拟社区知识交流效率研究的理论基础与测度方法

$$s.t. \sum_{i=1}^{n} x_i \lambda_i + S^- = \theta x_0$$

$$\sum_{i=1}^{n} y_i \lambda_i - S^+ = y_0$$

$$\sum_{i=1}^{n} \lambda_i = 1, \lambda_i \geq 0, S^-, S^+ \geq 0 \quad (3-3)$$

在公式（3-3）中，i 表示 DMU；θ 表示各个 DMU 的知识交流效率值；e 表示改写的非阿基米德无穷小量；S^-、S^+ 分别表示投入、产出的松弛变量；x 和 y 分别表示学术虚拟社区评估知识交流效率的投入产出集合；λ 表示第 i 个 DMU 权重。

第二阶段：剔除环境因素、随机干扰和管理无效率等因素，构建相似 SFA 模型。将投入变量的松弛变量分解为含有环境因素、随机干扰和管理无效率三个自变量的函数，剔除环境因素、随机干扰和管理无效率的影响。相似 SFA 模型的表达式，见公式（3-4）：

$$S_{mi} = f(z_i; \beta^m) + v_{mi} + u_{mi} \quad (3-4)$$

在公式（3-4）中，m 表示投入变量，i 表示 DMU，S_{mi} 表示第 i 个 DMU 在第 m 项投入的松弛变量。$f(z_i; \beta^m)$ 表示环境因素对投入松弛变量的影响，通常取 $f(z_i; \beta^m) = z_i \times \beta^m$，$z_i$ 表示观测到的环境因素，β^m 表示环境因素相应的待估系数。$v_{mi} + u_{mi}$ 为混合误差项，v_{mi} 表示随机干扰对投入松弛变量的影响，且服从 $v_{mi} \sim N(0, \sigma_{vm}^2)$ 正态分布，u_{mi} 反映管理无效率对投入松弛变量的影响，呈现 $u_{mi} \sim N^+(u^m, \sigma_{um}^2)$ 截断正态分布，一般而言，$u^m = 0, 0 < u_{mi}, v_{mi}$ 和 u_{mi} 独立不相关。定义 $\gamma = \dfrac{\sigma_{um}^2}{\sigma_{um}^2 + \sigma_{vm}^2}$，当 $\gamma \to 1$ 时，管理因素占主导；当 $\gamma \to 0$ 时，随机因素占主导。

基于公式（3-4），通过公式（3-5）计算同质环境下新的投入变量：

$$\hat{x}_{mi} = x_{mi} + [max\{z_i \beta^m\} - z_i \beta^m] + [max\{v_{mi}\} - v_{mi}] \quad (3-5)$$

公式（3-5）中，x_{mi}、$\hat{x}_{mi}$ 分别表示 DMU 的投入调整前后的值，i

表示 DMU，m 表示投入变量冗余。$max\{z_i\beta^m\} - z_i\beta^m$ 调整的是环境因素的影响，$max\{z_i\beta^m\}$ 表示在最差的环境条件下，其他 DMU 均以其为标准进行调整，条件好的增加较多的投入，条件差的增加更少的投入，由此将所有 DMU 都调整至同一环境水平。$max\{v_{mi}\} - v_{mi}$ 是对随机干扰进行调整，原理同上，即全部 DMU 面临同等的运气。

在 SFA 估计时 Frontier 4.1 软件通常给出参数 β、σ^2、γ 的数值，其中 $\sigma^2 = \sigma_v^2 + \sigma_u^2$，并且可计算出参数 β 的值。根据 Jondrow 等人[1]的研究，参考国内一些学者[2]对三阶段 DEA 模型的分离公式推导，分别沿用 φ、Φ 为标准正态分布的密度函数和累计密度函数，取 $\varepsilon_i = v_{mi} + u_{mi}$ 为混合误差项，$\sigma_* = \dfrac{\sigma_\mu \sigma_\nu}{\sigma}$，$\sigma = \sqrt{\sigma_\mu^2 + \sigma_\nu^2}$，$\lambda = \sigma_\mu/\sigma_\nu$，推导本研究分离管理无效率，即 u_{mi} 的公式，见公式（3-6），由此可得出 v_{mi} 的值，进而将随机干扰分离。

$$E(\mu|\varepsilon) = \sigma_* \left[\frac{\varphi(\lambda\frac{\varepsilon}{\sigma})}{\Phi(\frac{\lambda\varepsilon}{\sigma})} + \frac{\lambda\varepsilon}{\sigma} \right] \quad (3-6)$$

第三阶段：将调整后的投入值 $\hat{x}_{mi}$ 作为投入，再次利用传统的 DEA 模型计算各决策单元的相对效率，此时的效率值更能反映出学术虚拟社区知识交流效率的真实情况。

第三节 学术虚拟社区知识交流效率测度模型构建方法：社会网络分析法

社会网络分析（Social Network Analysis，SNA）也被称作"社会网

---

[1] J. Jondrow, C. A. Knox Lovell, Ivan S. Materov, et al., "On the Estimation of Technical Inefficiency in the Stochastic Frontier Production Function Model", *Journal of Econometrics*, Vol. 23, No. 19, 1982, pp. 233–238.

[2] 陈巍巍等：《关于三阶段 DEA 模型的几点研究》，《系统工程》2014 年第 9 期。

第三章　学术虚拟社区知识交流效率研究的理论基础与测度方法

络"或"网络分析",是一门对社会关系进行量化分析的艺术和技术。

一　社会网络分析方法的基本内容和形成历程

1988 年,加拿大学者 Wellman & Berkowitz[①]将"社会网络"定义为"社会网络是由某些特定群体(人、企业和组织)间的社会关系构成的相对稳定的关系网",即社会网络是由节点以及节点之间的连带组成的相对稳定的网络。这里的"节点"是指各个社会行动者,可以是任何一个社会单位或者社会实体(如地点、人物、机构等);"节点之间的连带"是指行动者之间的联系或者实质性的现实发生的关系(如朋友关系、上下级关系、城市之间的距离关系等),可有向或无向。基于此,社会网络分析是对社会网络中的各种关系结构及其属性加以分析的一套理论和方法,探究在复杂社会系统表面之下隐藏着的网络模式以及网络中各种关系对于行动者的影响,进一步揭示行动者的社会人际信息、网络群体及个体的社会网络特征和复杂多样的社会现象。[②]

追本溯源,社会网络理论始于 20 世纪 30 年代西方社会学的一个分支。1922 年,德国社会学家斯梅尔首次在《群体联系的网络》中使用"社会网络"概念;1934 年,美国社会心理学家莫雷诺进行的计量学研究及同时期哈佛大学沃纳和梅奥在研究组织行为过程中提出的人际关系学派为社会网络研究奠定了基础;1940 年,英国人类学家布朗在切实观察社会结构后首次提出"社会网络"概念;[③] 1954 年,巴恩斯首次利用"社会网络"概念分析挪威某渔村的社会阶级体系结构,将社会网络隐喻为系统;[④] 在 20 世纪 50 年代至 70 年代,不少学者将"社

[①] B. Wellman and S. D. Berkowitz, *Social Structures: A Network Approach*, New York: Cambridge University Press, 1988, p.130.
[②] 刘三(女牙)等:《网络环境下群体互动学习分析的应用研究——基于社会网络分析的视角》,《中国电化教育》2017 年第 2 期。
[③] 汤汇道:《社会网络分析法述评》,《学术界》2009 年第 3 期。
[④] 张文宏、阮丹青:《天津农村居民的社会网》,《社会学研究》1999 年第 2 期。

会网络"与心理学、人类学以及社会学等领域相结合以进行社会结构和人际关系等方面的研究；直至 1978 年，国际性社会网络分析组织（International Network for Social Network Analysis，INSNA）成立，标志着网络分析范式的正式成立及社会网络研究开始了系统化和国际化的进程；[1] 到 20 世纪 90 年代，社会网络研究逐渐渗透到公共健康、生物学等多学科，实现了分析方法的进一步突破。在其漫长的发展过程中，国内外学者已多次使用该分析方法解释社会现象及人际互动行为。

二 社会网络分析法的特征及工具

社会网络分析方法在几十年间的突破发展中，已形成了一系列专有术语和概念，并成为了一种全新的社会科学研究范式。各领域在应用研究中，采用该分析方法研究自身类型和特征。

社会科学数据包括"观念数据""属性数据""关系数据"。"观念数据"描述的是意义、动机、定义以及类型化本身，与本书所探讨的内容不甚有关，在这里不多赘述；"属性数据"（attribute data）是关于行动者的自然状况、观点和行为等方面的数据，通常用变量分析方法来分析属性数据，将各种属性看作特定变量的取值；"关系数据"是关于联系、接触、联络或者聚会等方面的数据，不能还原为单个行动者本身的属性，而是对多个行动者之间通过关系联系成的更大的关系系统的属性，分析这些关系数据最适用的方法即是网络分析。简而言之，网络数据与通常数据最主要的差异是，通常数据专注于行动者及其属性，而网络数据则聚焦于行动者及其关系。[2] 基于以上分析，社会网络资料是指至少有一个对一组行动者做出测量的结构变量所组成的资料，即数据类型为关系数据，这里的结构变量，即是主要用于测量成对行动者之间的关系，反映成对的行动者的特定类型的纽带关系。社会网络资料也包括属性数据，即构成性变量，可以进行常

---

[1] 潘峰华等：《社会网络分析方法在地缘政治领域的应用》，《经济地理》2013 年第 7 期。
[2] 王忠玉：《社会网络数据与通常数据的比较研究》，《统计与决策》2016 年第 5 期。

第三章　学术虚拟社区知识交流效率研究的理论基础与测度方法

规的定量统计分析。① 另外，在进行社会网络资料的收集时，研究对象即行动者的界限范围大体可以分为整体结构层次和个体结构层次。

社会网络分析可按照研究对象的群体边界范围大小分为自我中心网络（Ego-centered Network）分析和整体网络（Whole Network）分析。自我中心网络是从个体角度来界定社会网络，研究重点在于某特定行动者及与该行动者的相关联系，目的是研究个体人际网络关系对其行为的影响；整体网络重点关注网络整体中多角色关系的综合结构或不同角色的关系结构。不同类型的分析因侧重点不同，主要分析指标也不尽相同。

自我中心网络主要通过中心度和中心势指标进行研究。② 中心度用以测量一个节点在网络中处于核心地位的程度；中心势即一个图的中心度，用以描述整个图的紧密程度或一致性。中心度可分为点度中心度、中间中心度和接近中心度。网络中一个点的点度中心度可用网络中与该点有直接联系的点的数目来衡量，即在一个网络中，与某行动者有直接联系的其他行动者个数越多，该行动者所处地位越核心；中间中心度测量的是行动者对资源信息的控制程度，如某一行动者所处的交往网络的路径越多，则该行动者所处节点中间中心度越高；接近中心度用以考察一个点传播信息时不靠近其他节点的程度。若某一个节点与网络中其他节点距离都相对较短，则该节点是整体中心点。此外，"结构洞"也可作为测量指标。在一个网络中如果某两者之间缺乏联系，必须通过第三者才能形成联系，则行动的第三者在关系网络中即占据一个结构洞，该第三者拥有更多信息优势和控制优势，更具有竞争力。

整体网络分析法通过整体网络的中心势、密度、凝聚子群等指标分析网络的整体结构特征。较为核心的测量指标是凝聚子群③（行动

---

① 姜鑫：《社会网络分析方法在图书情报领域的应用研究》，知识产权出版社2015年版。
② 赵丽娟：《社会网络分析的基本理论方法及其在情报学中的应用》，《图书馆学研究》2011年第10期。
③ 刘军：《社会网络分析导论》，社会科学文献出版社2004年版。

学术虚拟社区知识交流效率测度研究

者之间具有较强的、直接的、紧密的、经常的或者积极的关系），可通过限定子群中可达的节点之间的"距离"或每个节点的"邻点"个数得到不同的凝聚子群，前者可分为 n - 派系和 n - 宗系，后者可分为 k - 丛和 k - 核。对凝聚子群的分析通常包括成员之间的可达性、关系的频次和相对关系密度。① 社会网络分析测度指标从使用频率角度探究可发现社群图、中心性和密度使用频率最高；凝聚子群、度、派系和角色使用频率次之。②

　　社会网络分析有庞大的网络数据需要处理，网络数据处理则离不开分析工具的支持。随着相关理论的发展及完善和多学科领域应用，专业分析工具也在不断完善。目前常见的社会网络分析工具有：Ucinet（University of California at Irvine NETwork）、NetMiner、Pajek、Gephi、Ikonw 等，各种工具的功能和操作不同，擅长领域也不同。如邢杰等在探究数字图书馆研究现状时对学术论文中的关键词的处理使用了 Ucinet 分析工具③；黄宇采取 Gephi 分析工具绘制社区划分网络等。④ 从使用频率角度看，Ucinet 使用最为广泛。Ucinet 最初由加州大学尔湾分校的 Freeman 编写⑤，后经美国波士顿大学 Borgatti 和英国威斯敏斯特大学 Everett 维护更新，对纯粹数据的运算和处理能力较强，可融合多种可视化工具以增强其分析能力，具有广泛的兼容性。为使研究分析高效准确，学者们通常熟知每种分析工具的特点，根据研究对象类型、网络复杂程度及数据处理目标等合理选择特定分析工具。

---

　　① 靳玮钰：《社会网络分析法在虚拟社区隐性知识共享的应用》，《科技资讯》2017 年第 11 期。
　　② 刘三（女牙）等：《网络环境下群体互动学习分析的应用研究——基于社会网络分析的视角》，《中国电化教育》2017 年第 2 期。
　　③ 邢杰等：《社会网络分析法在引文分析中的实证研究》，《情报理论与实践》2008 年第 2 期。
　　④ 黄宇：《基于隐性语义挖掘的社区划分方法》，硕士学位论文，电子科技大学，2013 年。
　　⑤ 邓君等：《社会网络分析工具 Ucinet 和 Gephi 的比较研究》，《情报理论与实践》2014 年第 8 期。

第三章　学术虚拟社区知识交流效率研究的理论基础与测度方法

三　社会网络分析法在学术虚拟社区知识交流效率测度中的应用

社会网络分析法是研究社会关系网络结构及其属性特征的一套方法规范，它的研究对象多为不同的社会单元关系构成的网络，主要分析的是这些网络的结构及其属性。前面本章第一节第四部分基于复杂网络理论的分析中已经对复杂网络理论的基本概念、发展历程、特性和应用研究进行了较为系统的梳理。在进行相关文献阅读和总结的过程中，我们发现很多复杂网络理论的应用研究采取社会网络分析方法来解决某一领域问题或分析某一特殊网络的结构和性质。实际上，社会科学领域的社会网络分析、系统科学领域的复杂网络理论和数学领域的图论并称为"网络研究三部曲"[①]，是网络科学的重要组成部分，它们之间有着密不可分的关联，在研究发展过程中相互依存。社会网络分析法自20世纪60年代兴起、70年代迅速成长、80年代趋近成熟到90年代广泛应用，历时近40年。无论是自然科学领域还是社会科学领域，他们的研究目标[②]都是分析网络结构链接的形成机制、预测网络特征。经过这近40年的发展，社会网络分析法已从最初的小团体研究发展到社区、社会工作、社会流动、城市社会学、政治社会学、经济社会学、组织社会学、科学社会学、人类生态学、心理学等各个领域，为社会学、经济与社会的关系和人与人之间的关系等研究作出了突出的贡献。

在图书情报领域，社会网络分析方法主要针对文献引文网络、科研合作网络、主题关联网络等团体划分的研究。[③] 具体来说，文献引文网络研究可分为引文网络演化、引文网络的社团识别、科学结构、学科范式和领域主题识别、学术评价指标优化等几个方面。科研合作

[①] 李金华：《网络研究三部曲：图论、社会网络分析与复杂网络理论》，《华南师范大学学报》（社会科学版）2009年第2期。

[②] R. T. Stephens, "Utilizing Metadata as a Knowledge Communication Tool", IEEE International Professional Communication Conference, Minneapolis, 2004.

[③] 陈云伟：《社会网络分析方法在情报分析中的应用研究》，《情报学报》2019年第1期。

网络研究主要涉及科研表现评价、学科结构与演化、技术重要性评价。主题关联网络研究包括基于主题或技术分类体系的主题关联网络研究、基于语义相似度的主题关联网络研究和以共词网络为基础的对相关主题关联分析指标的拓展研究。

学术虚拟社区网络是由用户及其关系组成，用户通过互动产生知识，知识的产生和交流又是一个动态的过程，因此，我们需要利用社会网络分析方法对从用户视角构建的学术虚拟社区知识交流网络进行整体结构分析和节点特征分析，以此确定网络类型，对网络完成定性分析；随后再对学术虚拟社区知识交流网络的演化过程进行深入分析，为后续研究提供进行模拟仿真实验所需的网络模型的参数和交互规则。

第四节　学术虚拟社区知识交流效率测度模型验证方法：多 Agent 模拟仿真法

多 Agent 模拟仿真法是一种基于 Agent 的自下而上的建模仿真方法，通过引入 Agent 的概念，将系统实体抽象为 Agent，将实体特征抽象为 Agent 的属性，将实体的行为抽象为 Agent 的方法，建立实体特征和实体行为的仿真模型。利用 Agent 的自治性以及灵活性的行为，并基于言语行为理论的通信与交互，模拟实体间相对独立却又相互影响的行为关系，通过局部细节的变化来研究系统复杂的全局行为。

一　Agent 技术的相关介绍

Agent 的概念最早由 Minsky 于 1986 年提出，后来被引入人工智能领域。1977 年，Hewitt 提出的"并发演员模型"被认为是第一个 Agent 系统。而随着计算机网络技术的迅速发展，Agent 的概念被运用于越来越多的不同学科领域中。相应地，各个领域对 Agent 的概念有着不同的理解，译名也五花八门，如"智能体""主体""代理"等。

第三章 学术虚拟社区知识交流效率研究的理论基础与测度方法

由于其内容的丰富性以及各领域的不同理解，因此本书采用其原文"Agent"来论述相关内容。

直到现在仍没有关于 Agent 的明确统一的定义，但 1995 年 Wooldridge & Jennings 给出了 Agent 的两种定义[①]：（弱定义）Agent 是具有自治性（Autonomy）、社会性（Social ability）、反映性（Reactivity）、能动性（Pro-activeness）的计算机软硬件系统；（强定义）除了具备弱定义中的四个特性之外，还具有一些人类才具有的特性：知识、信念、义务、意图、诚实、理性等。其中弱定义得到了大多数研究者的认可。本书是对基于多 Agent 模拟仿真法的分析，该法中的 Agent 在建模过程中具有人工智能领域中 Agent 的智能性，在仿真过程中具有计算机领域的软件 Agent 的特征，将人工智能领域和计算机领域中的 Agent 概念相结合，就形成了多 Agent 模拟仿真法中 Agent 的概念。

目前基于 Agent 有三种结构模型：基于逻辑的 Agent 模型、反映式 Agent 模型和信念—愿望—意图 Agent 模型。基于逻辑的 Agent 模型中的 Agent 是通过感知器感知外部环境，将所感知的结果传递到内部，并通过逻辑演绎来进行决策的执行，类似于专家系统。反映式 Agent 模型是通过环境与行为的直接映射来完成决策行为的，并没有对环境进行逻辑演绎，是直接地对所处环境的状态作出反应。信念—愿望—意图 Agent 模型是通过表达 Agent 的信念、愿望和意图的数据结构之间的操作来进行决策行为的，其具有较高的智能性，且能对环境的变化做出较快的反应，更接近人类的思维方式。

二 多 Agent 模拟仿真法的结构框架

同一般的建模仿真法类似，多 Agent 模拟仿真法的步骤包括建模、仿真以及对仿真结果进行校验和评价。而基于 Agent 的模拟仿真又具有其显著的特点，其将系统实体抽象为 Agent，必然具有 Agent

---

[①] M. J. Wooldridge and N. R. Jennings, "Intelligent Agents: Theory and Practice", *Knowledge Engineering Reviews*, Vol. 10, No. 2, 1995, pp. 115 – 152.

的自治性等特点。

(一) 建模

基于 Agent 的建模不同于传统的建模思路,它是一种自下而上的建模思想。传统建模是对原型系统先进行分析并进行相应的言语描述,以此来建立数学模型,并在此基础上进行模拟仿真,建立仿真模型,最后进行仿真的校验并得出相应的结论。而基于 Agent 的建模首先是对原型系统的结构层次进行把握,分析系统中可能的全局行为;其次明确原型系统的局部细节并建立局部模型,在局部的基础上构建整体,通过更多的局部细节来构建足够多的整体,将整体与原型系统的行为进行比较,建立拟合良好的模型。

对于给定的系统,即有确定的系统问题和系统边界的系统,建模的首要任务是将系统实体进行 Agent 抽象。从原型系统的物理结构出发,以原型系统的目标为核心进行抽象,把原型系统的物理结构作为抽象的基本点,根据物理世界的实际构成来划分 Agent。将系统中的每个实体都抽象为一个 Agent。需要注意的是,区分异质 Agent 和同质 Agent,在系统的多个实体中,实体之间可能存在本质上的区别,如经济系统中的人、企业和政府等,而有些实体可能在本质上是相同的,如同一生物种群的不同个体,对于同质 Agent 可将多个实体抽象归结为一个 Agent 类。

对于建立基于 Agent 的系统模型,可以用三个层次结构来描述: Agent 层、个体 Agent 层和 MAS 层。Agent 层的 Agent 负责系统中所有的反映问题域和责任,个体 Agent 层是特征模型层,包括内部状态和行为规则等 Agent 的结构与特征,MAS 层主要负责解决各个 Agent 之间的通信与协调等问题。而从 Agent 所涉及的方面可分为三种模型: 真实 Agent 模型、概念 Agent 模型和计算 Agent 模型。[①] 这三种模型分别由领域专家、建模专家以及计算机专家借助各自领域的相关知识参

---

① 廖守亿:《复杂系统基于 Agent 的建模与仿真方法研究及应用》,博士学位论文,国防科学技术大学,2005 年。

第三章 学术虚拟社区知识交流效率研究的理论基础与测度方法

与建立。真实 Agent 模型又称为领域模型，是由领域专家通过对原型系统的外部环境的相关行为进行观察、描述、抽象和分析，通过描述 Agent 的行为和状态以及其与环境和各个 Agent 之间的交互关系，来构造符合原型系统行为的 Agent 模型。领域专家运用微观知识对原型系统的局部细节进行观察，并用非形式化的语言如自然语言来说明原型系统的局部细节，构造符合局部细节的模型，同时运用宏观知识在模型上定义整体，通过描述和构建多个局部细节模型来描述足够多的整体行为，并以此作为仿真结构的校验对象。概念 Agent 模型又称为设计模型，是由建模专家以真实 Agent 模型为基础建立的模型。概念 Agent 模型包括真实 Agent 模型中所描述 Agent 的行为、规则、状态以及 Agent 与其所处环境和各个 Agent 之间的交互等属性，在建立概念 Agent 模型时，往往需要对其过程进行多次循环，直到构造出与原型系统较为符合的模型。计算 Agent 模型又称为可操作模型，建模的最终目的是计算 Agent 来再现原型系统的行为。计算机专家根据概念 Agent 模型设计可操作模型，以实现仿真的目的。构造计算 Agent 模型需涉及 Agent 的实现技术以及相关的形式化描述，同时还要考虑构建基于 Agent 的仿真平台以及与仿真重用和互操作相关的内容。对于以上三种模型，表明了多 Agent 模拟仿真法中的 Agent 不仅仅是计算机领域和人工智能领域中的 Agent 的概念简单地迁移与糅合，而是在交融中发生了质的变化，有了其新的丰富内涵。

（二）仿真

基于 Agent 的仿真，构造仿真环境是非常重要的。在复杂系统中，个体的生命活动由其行为来反映，而其行为是通过抽象为 Agent 的内部状态以及其与环境或其他 Agent 的交互关系来表现的。对于表现各种复杂情况的系统，通过建立多 Agent 仿真模型，对 Agent 交互过程中的各种情况进行全局分析。至于 Agent 仿真模型的结构应采用信念—愿望—意图 Agent 结构，结合基于逻辑的 Agent 和反映式 Agent 的结构特点，可以具有较强的智能性和逻辑性。在该模型中，Agent

通过感知器感知外部的环境来获取信息，所获信息首先经过控制层，如果情况简单，直接发出相应的控制指令，驱动效应器工作，这正是反映式 Agent 结构；如果情况复杂，控制层需将信息传递给规划层并通知其对当前状态作出规划，随后将规划交与决策层，再由决策层作出最终决策，形成控制指令作用于控制层，驱动效应器工作，这正是基于逻辑的 Agent 结构。多 Agent 仿真模型的运作离不开仿真软件平台，目前被广泛推荐和采用的是由 SFI 研制的 Swarm 仿真平台，它可提供一个标准的、可靠的软件工具集。Swarm 通过描述一系列独立的个体，模拟独立事件进行的交互作用。Swarm 极为精妙地展现了个体行为和整体行为的耦合，整体行为是来自个体的非线性的交互，其中包括个体行为和整体行为之间的反馈。在 Swarm 平台上，Swarm 是基本构件，可以将一个 Swarm 当作一个 Agent，也可以将一个 Swarm 当作一个组织，其中包含多个 Agent。经由 Swarm 仿真平台对系统个体进行详细描述和整体行为的分析，是研究仿真模型的适当的工具。

（三）校验和评价

对仿真模型的校验和评价是确保其有效性的重要途径。校验分为内部和外部两部分，内部是对模型相应概念性 Agent 进行检验，其过程是静态的；外部是对相应计算性 Agent 的校验，其过程是动态的。静态校验是对系统的相关描述的规范化文档以及程序代码等进行检查，通过校核交互算法或综合方法校验 Agent 模型和系统行为，与一般的 M&S 的概念模型校验方法类似。动态校验是对仿真结果和所预期的结果是否一致的校验，通过输入真实的数据来进行校验，目前的动态校验在一定程度上起不了作用，其更有效的方法还有待相关研究成果的公布。

目前，多 Agent 模拟仿真法在自然现象、工程、生物、人工生命、经济、管理、军事、政治和社会等多个领域都得到了广泛的应用，而其在军事和经济领域运用又更为突出，这两类领域中都有人的参与，显得更为复杂。在军事领域主要是对军事系统中的军事行为和

第三章　学术虚拟社区知识交流效率研究的理论基础与测度方法

战略等进行抽象，建立 Agent 模型，对战争从低级的交互规则到高级的涌现聚集行为进行模拟和探索。在经济领域有美国 Sandia 实验室开发的经济仿真模型 Aspen 以及由 SFI 基于 Swarm 平台开发的虚拟股市。多 Agent 模拟仿真法能够解决传统仿真法难以解决的问题，是研究复杂系统和复杂性的有效方法，对于不同领域的复杂系统问题研究将会有很大的帮助。

三　多 Agent 模拟仿真法在学术虚拟社区知识交流效率测度中的应用

从本章第四节第一部分可知，在 20 世纪 80 年代，智能 Agent 的研究就已经开始，但是当时应用的几何模型较为简单并未考虑复杂的智能行为。近年来，智能 Agent 技术在吸收了人工智能和复杂网络的最新研究成果后逐步得到了更为广泛的应用。智能 Agent 技术应用领域从人工智能技术应用、计算机图形实时研究、航空航天太空作业研究、运输、人体生理和心理学研究以及人体动画技术研究等工程领域向新闻传播、市场研究、经济管理、图书情报甚至是高等教育等人文社会科学领域渗透。[①] 在图书情报领域中，多 Agent 技术较多应用于数字图书馆个性化信息服务和数字图书馆系统架构研究、信息资源挖掘/获取模型研究、信息行为演化研究、信息检索模型研究等。

从近些年的研究中我们发现，一些传统方法不能处理的问题，可以通过使用多 Agent 技术相对容易地解决，即多 Agent 系统通常在处理任务时将任务进行合理分解，让相关 Agent 去处理完成分解后的各个子任务，然后经过 Agent 之间的多次协商来实现动态协同处理。根据学术虚拟社区中用户主体的特点，利用多 Agent 思想将学术虚拟社区用户间的知识交流任务进行合理分配，即将用户的发帖、评论、浏览和再评论行为等抽象为 Agent 能力，并在各个 Agent 中封装好必备

---

① 邢晓昭、望俊成：《国内多智能体系统应用研究归纳——共词分析视角》，《数字图书馆论坛》2013 年第 4 期。

的知识。学术虚拟社区知识交流效率测度中的投入和产出通过上述用户行为方式的抽象构建起模拟仿真环境，其中每个 Agent 都是相对独立的，即学术虚拟社区中用户的投入类行为和产出类行为的实际处理都是自主的，它们可根据自身的知识库、能力水平和推理机制等解决所需要完成的各个子任务；同时它们之间的并行操作，可实现学术虚拟社区知识交流效率测度过程中系统整体性能的预判。总体来讲，本研究采用多 Agent 技术和仿真分析，对学术虚拟社区中用户主体知识交流特性和知识交流网络的演化机理进行深入研究，拟建立学术虚拟社区知识交流效率测度模型与方法。

第五节 本章小结

本章为理论和方法支撑篇，主要梳理和探讨支撑该书研究的相关理论和方法，为本书后续研究的开展提供理论和方法支撑，具体包括以下几方面内容：

（1）介绍社会交换理论、计算组织理论、行为规划理论、复杂网络理论的基本内容，并将这些相关理论应用于学术虚拟社区知识交流效率测度研究之中。

（2）数据包络分析（Data Envelopment Analysis，DEA）基于数学规划模型，计算决策单元在评价体系中是否处于"生产前沿面"，发现决策单元的"非 DEA 有效"部分，从而评价这些决策单元所代表的评价目标的效率状况。本书在此章节中研究了几种常用的测度效率的 DEA 方法，分别是 BCC 模型、SBM 模型、三阶段 DEA 模型。

（3）介绍社会网络分析方法的基本内容、特征以及工具，发现在研究过程中，需要利用社会网络分析方法对从用户视角构建的学术虚拟社区知识交流网络进行整体结构分析和节点特征分析，以此确定网络类型，对网络完成定性分析；随后再对学术虚拟社区知识交流网络的演化过程进行深入分析，为后续研究提供进行模拟仿真实验所需的

第三章 学术虚拟社区知识交流效率研究的理论基础与测度方法

网络模型的参数和交互规则。

（4）先对 Agent 技术的相关内容进行介绍，之后研究多 Agent 模拟仿真法的结构框架，确定采用多 Agent 技术和仿真分析，对学术虚拟社区中用户主体知识交流特性和知识交流网络的演化机理进行深入研究，拟建立学术虚拟社区知识交流效率测度模型与方法。

第四章 学术虚拟社区知识交流效率感知调查

本章在前三章已确定研究范畴的基础上，通过问卷和量表开展调查，从定性角度考察国内学者对学术虚拟社区知识交流效率的感知程度，以及学术虚拟社区知识交流效率的影响因素，为后面的研究摸清现状。

具体来说，我们首先通过吸纳社会交换理论思想，构建学术虚拟社区知识交流效率测度模型，确定知识交流效率评价指标体系，并采用熵值赋权法确定指标权重，再依据评价计算公式测算效率评价的值；然后以技术接受模型为框架，探究影响学术虚拟社区知识交流效率的因素，纳入上述计算得到的知识交流效率评价的值，整合研究假设，构建影响学术虚拟社区科研人员知识交流效率的集成模型；最后按照调查研究规范，开展问卷设计、预调研、信度效度检验、问卷发放和回收、调查结果分析、验证假设、提出对策建议等一系列工作。

第一节 理论部分：建立感知效率评价指标体系及影响因素集成模型

一 理论依据

（一）社会交换理论

20世纪60年代，社会交换理论在西方社会学界逐渐兴盛，其创始人是乔治·霍曼斯。该理论有着特殊的思想来源，整合了功利主义、古典经济学、文化人类学、行为心理学等多种交换思想,其主要内容是关于人类社会行为的六个命题:成功命题、刺激命题、价值命题、剥夺—满足命题、攻击—赞同命题、理性命题[1]。由于霍曼斯主张采用个人主义方法论,所以该理论只适用于个体层面的研究,不能对社会结构和社会机制等宏观问题进行解释。从霍曼斯的命题可知,获益行为在类似外界环境刺激时会重复发生。布劳认为,当个体获得物质或精神报酬时,会自愿从事某种行为,用公式表达为:报酬-代价=结果,当结果令个体满意时,行为会多次重复发生,否则终止。[2] 本研究通过吸纳社会交换理论的思想,从投入和产出的视角构建学术虚拟社区知识交流效率评价指标体系。

(二)技术接受模型(TAM)

在行为科学理论研究的基础上,Davis提出了技术接受模型,该模型在信息技术领域有着广泛应用,如图4-1所示。

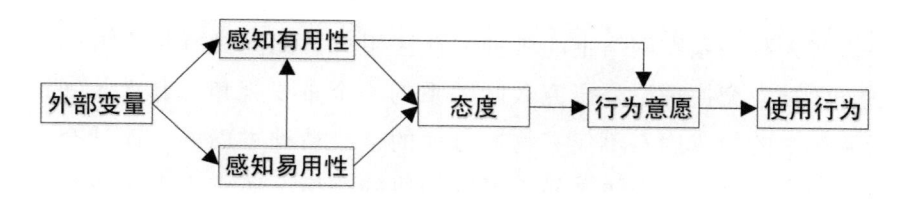

图4-1 技术接受模型(TAM)

技术接受模型中有两个主要因素:一个是感知有用性(Perceived Usefulness,PU),它被定义为个体使用某一项信息技术时所感受到的该项技术对其完成任务的帮助程度;另一个是感知易用性(Perceived Ease of Use,PEU),它被定义为个体使用某一信息技术时感受到的难易程度。态度是指个体用户在使用信息技术时主观上积极的或消极的

---

[1] 周志娟、金国婷:《社会交换理论综述》,《中国商界》2009年第1期。
[2] 孟慧:《关系型虚拟社区个体知识共享行为影响因素研究》,硕士学位论文,华侨大学,2017年。

感受，行为意愿是个体意愿去完成特定行为的可测量程度[①]，外部变量则是一些可测的因素。

技术接受模型认为行为由行为意愿决定，行为意愿由态度和感知有用性决定，态度是由感知有用性和感知易用性决定，感知易用性又影响着感知有用性，外部变量又对个体的感知有用性和感知易用性有影响。本研究以技术接受模型为框架，为下文构建学术虚拟社区知识交流效率影响因素的集成模型提供理论支撑。

二 学术虚拟社区知识交流效率测度模型

（一）学术虚拟社区知识交流效率评价指标体系

社会交换理论提供一个增加贡献的理论框架，它从成本与收益两个视角深入揭示个体的心理特性，因此，根据研究需要，将该理论的思想应用于学术虚拟社区知识交流效率的研究是可行的。首先，学术虚拟社区的基本构成要素是人，社区用户之间的关系是线下真实人际关系在网络上的延伸，社区用户彼此间具有一定人际关系，而社会交换理论是研究人际关系的一个重要视角；其次，知识交流效率的构成因素不仅有物质方面的也有精神方面的，而社会交换理论认为个体与个体之间不仅有物质的交换，还有心理的或社会性的交换，如威望、感激、支持和社会赞同等。所以说，学术虚拟社区具备社区的基本要求，将社区的理论用于构建学术虚拟社区知识交流效率评价指标是可行的。我们依据效率的相关定义，遵循科学性、系统性、可操作性等原则，借鉴社会交换理论的观点，从知识投入、非知识投入、知识产出、个体价值提升、经济报酬、社会价值提升六个方面构建出学术虚拟社区知识交流效率评价指标体系，如表4-1所示。

---

① 陈渝、杨保建：《技术接受模型理论发展研究综述》，《科技进步与对策》2009年第6期。

表 4-1　学术虚拟社区知识交流效率评价指标体系

一级指标	二级指标（权重）	三级指标（权重）
投入	知识投入（0.501065）	1. 是否完整清晰地表达问题（准确性）（0.199631） 2. 问题涉及领域数量多少（跨学科性）（0.198447） 3. 问题专业化程度高低（专业性）（0.200509） 4. 问题对基础学科（如数学）的依赖性（0.200875） 5. 问题新颖性（0.200539）
	非知识投入（0.498935）	1. 熟悉虚拟社区 UI 界面、操作、规则耗费精力多少（0.200184） 2. 愿意投入精力提问（0.199722） 3. 愿意投入精力解答（0.198112） 4. 愿意投入精力浏览（0.202699） 5. 投入金钱多少（0.199283）
产出	知识产出（0.248760）	1. 及时性（0.111054） 2. 客观性（0.110849） 3. 适用性（0.110457） 4. 可理解性（0.111806） 5. 专业性（0.111406） 6. 创新性（0.111425） 7. 完整性（0.110989） 8. 时效性（0.110757） 9. 消除的不确定性（0.111246）
	个体价值提升（0.250821）	1. 提升学术影响力（0.250356） 2. 满足尊重的需要（0.250110） 3. 满足情感的需要（0.250136） 4. 满足社交的需要（0.249398）
	经济报酬（0.250323）	获取经济报酬
	社会价值提升（0.250095）	1. 认为自己帮助了他人，解决了他人问题（0.500516） 2. 认为自己促进了学科发展，为学科发展作出了贡献（0.499484）

（二）知识交流效率评价指标权重测度

本研究采用熵值赋权法确定指标权重。曾志强认为，熵权法是一种客观赋权方法，由各指标变异程度计算其熵权，再通过熵权修正各指标权重。[①] 赵磊等认为，熵权法相对于其他方法具有对数值有差异

---

① 曾志强：《供应商选择决策的熵权模型研究》，《中国集体经济》2009 年第 6 期。

的属性参数进行弱化和强化的功能和使各类信息能得到比较全面反映的特点。①

借鉴已有实验②,运用熵权法确定指标权重的步骤。本研究假设样本为 m 个待评估对象,n 项评价指标,得到原始评级矩阵记作:$X = (x_{ij})_{m \times n}(x_{ij} \geq 0, 0 \leq i \leq m, 0 \leq j \leq n)$。

第一步,计算各指标熵值 H_j:

$$p_{ij} = x_{ij} / \sum_{i=1}^{m} x_{ij} \qquad H_j = -\frac{1}{\ln n} \sum_{i=1}^{m} p_{ij} \ln p_{ij}$$

其中,p_{ij} 表示第 j 项指标下第 i 个测度对象的指标值权重,x_{ij} 表示第 j 项指标下第 i 个测度对象的观测数据,$\sum_{i=1}^{m} x_{ij}$ 表示第 j 项指标下所有测度对象的观测数据之和。

第二步,计算指标 j 的熵权:

$$w_j = (1 - H_j) / \sum_{i=1}^{m} (1 - H_j)$$

其中,H_j 表示第 j 个指标的熵值,$\sum_{i=1}^{m} (1 - H_j)$ 表示第 j 项指标下所有测度对象 $(1 - H_j)$ 值之和。

本研究所采用的量表数据不存在量纲差异,因此没有对数据进行标准化处理。根据熵权赋值法的计算方法,结合样本数据,计算得出各个指标的权重系数,如表 4-1 所示。

(三) 学术虚拟社区知识交流效率评价值计算

在计算得出各指标权重的基础上,借鉴相关文献③的评价计算公式,进一步测算效率评价值。为区别上述已有公式中提及的字符,我们假设样本有 n 个待评估对象,每个评估对象都有 m 种类型的"投

---

① 赵磊等:《基于熵权法土地资源可持续利用综合评价研究——以辽宁省葫芦岛市为例》,《资源与产业》2012 年第 4 期。
② 梁星、卓得波:《中国区域生态效率评价及影响因素分析》,《统计与决策》2017 年第 19 期。
③ 赵敏:《南京市科技投入产出的 DEA 评价模型》,《南京社会科学》2003 年第 S2 期。

入",s 种类型的"产出",如图 4-2 所示。

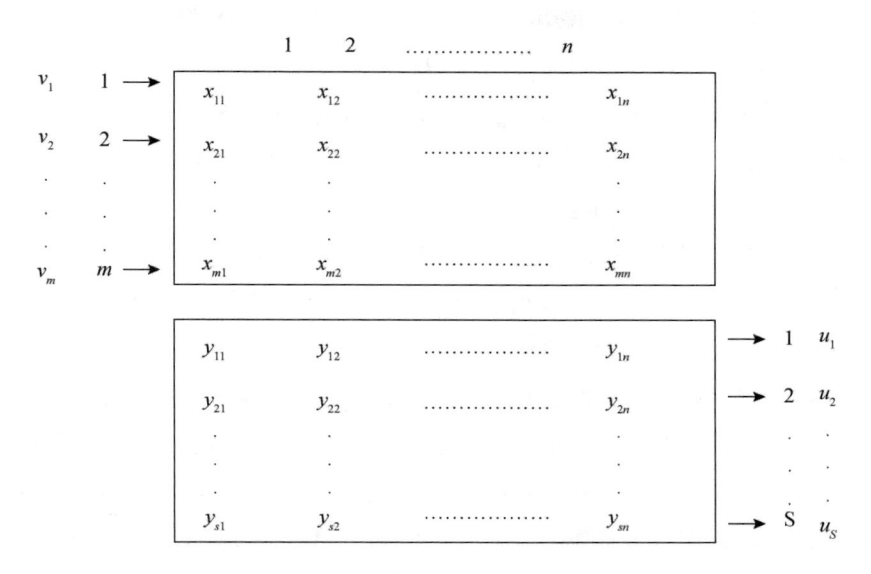

$$
\begin{array}{c}
 \quad 1 \quad\quad 2 \quad\quad \cdots\cdots\cdots\cdots \quad n \\
v_1 \;\; 1 \rightarrow \begin{array}{|cccc|}\hline x_{11} & x_{12} & \cdots\cdots & x_{1n} \\ x_{21} & x_{22} & & x_{2n} \\ \vdots & \vdots & & \vdots \\ x_{m1} & x_{m2} & \cdots\cdots & x_{mn} \\ \hline\end{array}
\end{array}
$$

图 4-2 待评估对象

其中：x_{ij} 为第 j 个调查对象对第 i 种投入指标的投入量，$x_{ij} > 0$；y_{rj} 为第 j 个调查对象对第 r 种产出指标的产出量，$y_{rj} > 0$；v_i 为第 i 种类型投入的权重，$v_i \geqslant 0$；u_r 为第 r 种类型产出的权重，$u_r \geqslant 0$。记 $X_j = (x_{1j}, x_{2j}, \cdots, x_{mj})^T$，$Y_j = (y_{1j}, y_{2j}, \cdots, y_{sj})^T$。$x_{ij}$ 及 y_{rj} 为已知的数据，均可由问卷调查结果得到；v_i ($i = 1, 2, \cdots, m$) 及 u_r ($r = 1, 2, \cdots, s$) 对应权系数 $V = (v_1, v_2, \cdots, v_m)^T$，$U = (u_1, u_2, \cdots, u_s)^T$，具体数值已由样本数据通过熵权法获得，如表 4-1 所示。每个调查对象对应的知识交流效率综合评价值为：

$$h_j = U^T Y_j / V^T X_j = \sum_{r=1}^{s} u_r y_{rj} / \sum_{i=1}^{m} V_i X_{ij} (j = 1, 2, \cdots, n)$$

三 学术虚拟社区知识交流效率影响因素集成模型

学术虚拟社区知识交流效率的评价由投入和产出两大要素构成，受多方面因素的影响，因此在测度学术虚拟社区知识交流效率的基础

学术虚拟社区知识交流效率测度研究

上,仍需分析影响学术虚拟社区知识交流效率的各种因素,识别出影响机制中的调节变量、中介变量、控制变量及自变量。

(一) 科研人员感知的正向作用

学术虚拟社区作为以用户为中心的信息系统,保证系统的质量和提供满意的服务是用户持续使用的基础。用户在选择某种服务时,非常注重该服务带来的体验。① 消费者注重对感觉的追求,期待企业能够提供身临其境的环境,因此,体验(experience)是企业争取顾客的利器。② 相关研究与实践均表明,为用户创造并传递良好的体验是虚拟社区保持并吸引用户的关键。

前文提及的 TAM 详细说明了用户的感知有用性、感知易用性与用户对新技术的接受和使用的关系,已有研究也证实了它们之间的关系。Szajna 通过实证研究,阐述了新技术使用前后个体感知有用性和感知易用性对个体使用技术意愿的变化。③ Hagel & Armstrong 认为虚拟社区用户之间的互动沟通不仅可以协助他们快速便捷地获得大量信息,也可以让服务者了解用户的需求,从而为其提供个性化的信息服务。④ 当用户认为学术虚拟社区对其学习或工作有帮助时,他们会愿意持续使用该学术虚拟社区。另外,当用户感受到学术虚拟社区容易使用,能够便捷地帮助他们寻找到所需信息,与他人互动交流时,他们也倾向于认为社区是有用的,并且愿意使用。基于此,提出以下研究假设:

【研究假设 H1】用户的感知易用性对知识交流效率具有显著正向作用

---

① 欧阳博、刘坤锋:《移动虚拟社区用户持续信息搜寻意愿研究》,《情报科学》2017年第10期。

② M. B. Holbrook and E. C. Hirschman, "The Experiential Aspects of Consumption, Consumer Fantasies, Feelings, and Fun", *Journal of Consumer Research*, Vol. 9, No. 2, 1982, pp. 132 – 140.

③ B. Szajna, "Empirical Evaluation of the Revised Technology Acceptance Model", *Management Science*, No. 42, 1996, pp. 85 – 92.

④ J. Hagel and A. Armstrong, *Net Gains*: *Expanding Markets Through Virtual Communities*, Boston: Harvard Business School Press, 1997.

第四章 学术虚拟社区知识交流效率感知调查

【研究假设 H2】 用户的感知有用性对知识交流效率具有显著正向作用。

(二) 知识交流意愿的中介作用

技术接受模型认为目标系统的使用主要是由个体用户的使用行为意愿所决定的,而行为意愿又由其前因变量(态度、感知有用性)决定。Fishbein & Ajzen 在多属性态度理论的基础上提出理性行为理论 (Theory of Reasoned Action,TRA),认为行为是意愿的因变量,而意愿又是个体是否执行行为的直接决定因素。[①] 已有研究验证了上述理论中提出的假设的正确性,多见于知识共享意愿相关研究。如张敏等在分析基于 S-O-R 范式的虚拟社区用户知识共享行为影响因素时,不仅验证了知识共享意愿对知识共享行为具有显著正向影响作用,还验证了知识共享意愿的前因变量(信任、愉悦感)对促进知识共享意愿起到关键作用。[②] Chang 等和 Chen 等的研究均表明知识共享意愿能显著促进知识共享行为。[③] 贯君在进行虚拟社区信息运动互动机理与规律研究时,指出信息运动是虚拟社区信息获取和信息交流互动得以持续的动力源泉,不仅验证了信息转出方的信息转出意愿正向影响信息运动效率的假设,即社区成员的转出意愿越强烈,信息运动效率越高,还验证了接收方的信息接收意愿正向影响信息运动效率的假设,即社区成员的接收意愿越强烈,信息运动效率越高。[④]

在相关研究的基础上,我们认为,知识交流意愿在学术虚拟社区

[①] M. Fishbein and I. Ajzen, *Belief, Attitude, Intention, and Behavior: An Introduction to Theory and Research*, MA: Addison-Wesley, 1975.

[②] 张敏等:《基于 S-O-R 范式的虚拟社区用户知识共享行为影响因素分析》,《情报科学》2017 年第 11 期。

[③] C. M. Chang, S. Hsumh and Y. J. Lee, "Factors Influencing Knowledge—Sharing Behavior in Virtual Communities: A Longitudinal Investigation", *Information Systems Management*, Vol. 32, No. 4, 2015, pp. 331–340; H. L. Chen, H. L. Fan and C. C. Tsal, "The Role of Community Trust and Altruism in Knowledge Sharing: An Investigation of a Virtual Community of Teacher Professionals", *Educational Technology & Society*, Vol. 17, No. 3, 2013, pp. 168–179.

[④] 贯君:《虚拟社区信息运动互动机理与规律研究》,博士学位论文,吉林大学,2015 年。

用户的感知易用性、感知有用性对知识交流效率的影响过程中发挥中介作用，用户感知通过知识交流意愿对知识交流效率产生作用。基于此，提出以下假设：

【研究假设 H3】用户的感知易用性对知识交流意愿具有正向影响

【研究假设 H4】用户的感知有用性对知识交流意愿具有正向影响

【研究假设 H5】知识交流意愿对知识交流效率的提升有显著的正向影响

【研究假设 H6】知识交流意愿中介了用户感知对知识交流效率的影响机制

（三）知识交流主体的调节作用

科研人员对学术虚拟社区的感知有用性、感知易用性，不仅取决于虚拟社区自身建设或者外部环境，如社区氛围、群体规范、群体压力等影响，也会受到用户自身学术背景、学习或工作要求、价值判断、态度、信息素养、能力、资源、相关经验等因素的影响，这符合 TAM 的观点。技术接受模型认为外部变量对个体的感知有用性和感知易用性有影响，而外部变量是指个体的特征、组织结构等可测变量。此外，还有许多学者基于计划行为理论（TPB），构建个体行为结果模型，从中直接提取可能会影响行为的因素，如态度、信任、感知行为、乐于助人、制度规章、自我效能、控制力等。为了提高理论的解释力，TPB 的提出者 Ajzen 认为可以根据实际需要和逻辑关系在研究中引入和融合其他测量维度和变量，而现有相关研究融入的测量维度普遍是通过转变态度来影响行为意愿，进而影响行为的。[①]

基于上述讨论，我们认为用户的感知有用性、感知易用性并不是简单地作用于学术虚拟社区用户的知识交流意愿，其作用的发生和效用机制存在具体情境，即学术虚拟社区用户的感知有用性、感知易用性对知识交流意愿的影响机制具有权变性，而知识交流主体的各种特征

---

① 王辰星：《社会化问答网站知识共享影响因素研究——基于计划行为理论》，硕士学位论文，中国科学技术大学，2017 年。

对这种影响机理的情境提供了可能性。基于此,我们提出以下假设:

【研究假设 H7】知识交流主体维度在用户感知有用性、感知易用性对知识交流意愿的影响过程中起到调节作用

综合上述第三、第四部分的讨论和分析,笔者首先以社会交换理论为支撑,构建了测评每个调查对象知识交流效率的综合评价指标体系,然后在此基础上,以技术接受模型为框架,进一步整合上述研究假设,提出影响学术虚拟社区知识交流效率的集成模型,如图 4-3 所示。

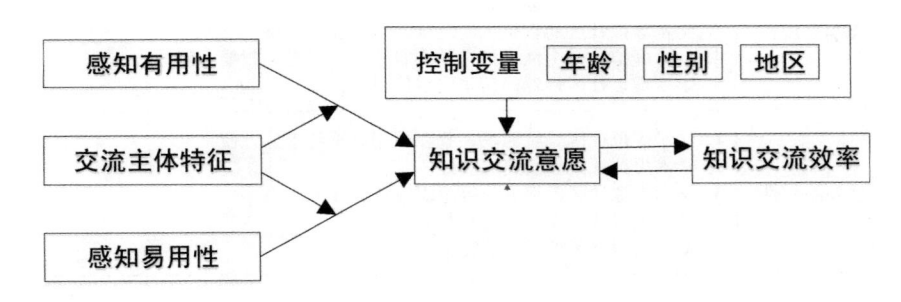

图 4-3 学术虚拟社区知识交流效率影响因素集成模型

第二节 问卷设计、预调研与信效度分析

一 研究变量操作化与问卷设计

根据前文的研究假设,本研究从感知有用性(自变量)、感知易用性(自变量)、交流主体特征(调节变量)、知识交流意愿(中介变量)4个维度着手设计问卷,依据学术虚拟社区用户知识交流的情境衡量问卷题项。学术虚拟社区中不同性别、年龄、所在地区的用户对知识交流的意愿可能存在差异,为了避免它们引起的偏差,补充这些基本信息调查作为控制变量,然后并入知识交流效率评价指标体系量表。问卷设计编制好之后,笔者将问卷发放给若干本学科领域的学者和学术虚拟社区的用户,请他们逐一审阅并修正题项内容及相应表

述，最终得到48个题项，共分为三个部分。其中第一部分为交流主体特征和基本信息调查；第二部分是知识交流效率构成指标调查，该部分依据前文的指标体系设计，细分为3个量表；第三部分是感知有用性、感知易用性量表调查。各变量的操作化方式如表4-2所示。

表4-2　　　　学术虚拟社区知识交流效率影响因素

变量		操作化方式
感知有用性		1. 学术虚拟社区提供的下载功能能够满足我的需求 2. 学术虚拟社区的创建者和维护者在相关领域有一定威望 3. 学术虚拟社区的审核机制健全、审核流程严格 4. 学术虚拟社区个性化推送的内容是我感兴趣和想要了解的 5. 学术虚拟社区推荐的精华内容值得一看
感知易用性		1. 学术虚拟社区导航清晰，我在使用时感到十分方便 2. 学术虚拟社区界面美观友好 3. 学术虚拟社区各部分内容组织编排合理 4. 学术虚拟社区交互功能完善 5. 学术虚拟社区检索功能完备
交流主体特征		1. 您从事科研工作的时间 2. 您的教育程度 3. 您所在单位的机构性质 4. 您的工作岗位 5. 您的专业技术职称 6. 您所在的专业学科门类 7. 您使用过哪些学术虚拟社区 8. 我使用学术虚拟社区的经验丰富
知识交流意愿		我愿意使用学术虚拟社区
控制变量	性别	1. 您的性别
	年龄	2. 您的年龄
	地区	3. 您现在学习或工作所在的省份

二　预调研及检验分析

预调研采用网上填写电子版问卷的方式进行，以学术用户为调查对象，即高校和科研院所的教师、科研人员、博硕士研究生（也包括

第四章 学术虚拟社区知识交流效率感知调查

参加过科研的部分本科生)、已毕业的知识型员工等。通过问卷网提供的调研平台，实现问卷的撰写、编辑、生成、发布及数据保存。将编制好的问卷通过网络链接发送给身边的学术用户进行填写，请他们对问卷本身提出意见，直到问卷不再有修改时保存预调研数据。预调研过程共收集问卷数量36份，在开展正式调研之前，需要通过预调研数据对问卷的信度和效度进行检验，验证问卷是否达到所需要的目标，测量问卷结果的可靠性和有效性。

信度分析是考察一组评估项目是否测量同一个特征，即考察测量项目之间是否具有较高的内在一致性。克朗巴哈α系数（Cronbach's Alpha）是利用各评估项目的相关系数矩阵计算量表内在信度的系数。经验上，当克朗巴哈α系数小于0.7时，认为量表设计存在问题，应考虑重新设计；大于0.7小于0.8时，表示量表的内在信度可以接受；大于0.8小于0.9时，表示量表的内在信度较高；大于0.9时，表示量表的内在信度很高。本研究依据预调研所得数据，运用SPSS 20.0，利用Cronbach's Alpha信度系数来对问卷中的信度进行测度，如表4-3所示，本研究中用到的4份量表α系数均大于0.7，表示总体上量表测度效果理想。

效度分析主要是测量问卷的有效性，即问卷是否能够有效地反映出研究者欲研究的问题和目的。效度越高，表示测量结果与考察内容越吻合。效度可以分为内容效度、效标关联效度和结构效度。内容效度是从表面上判断量表测试项与考察内容的吻合度，效标关联效度是以经验性的方法研究测验分数与一些外在效标间的关系，结构效度是指测验能够测量到理论上的结构或特质的程度。本研究通过潜在变量的AVE值（平均提取方差）和CR值（组合信度）来检验量表的结构效度。一般认为，AVE值高于0.5，CR值高于0.7，则具有较高的结构效度。由表4-3可以看出，每个潜在变量的AVE值（平均提取方差）都高于0.5，CR值（组合信度）都高于0.9，表明该量表具有很好的结构效度。

表 4-3　　　　　　　　　信效度检验结果

量表编号	项数	Cronbach's Alpha	AVE	CR
1	10	0.723	0.537	0.920
2	9	0.868	0.531	0.911
3	8	0.745	0.564	0.912
4	10	0.848	0.549	0.924

第三节　结果分析与讨论

一　数据回收与基本统计分析

正式调研阶段，问卷同样通过网络渠道发放，由用户在线填写。为保证问卷结果质量，受众群体限于高校和科研院所的教师、科研人员、博硕士研究生（也包括参加过科研的部分本科生）和已毕业的知识型员工，最终回收到有效问卷 690 份，参与调查的人员基本情况如图 4-4 所示。

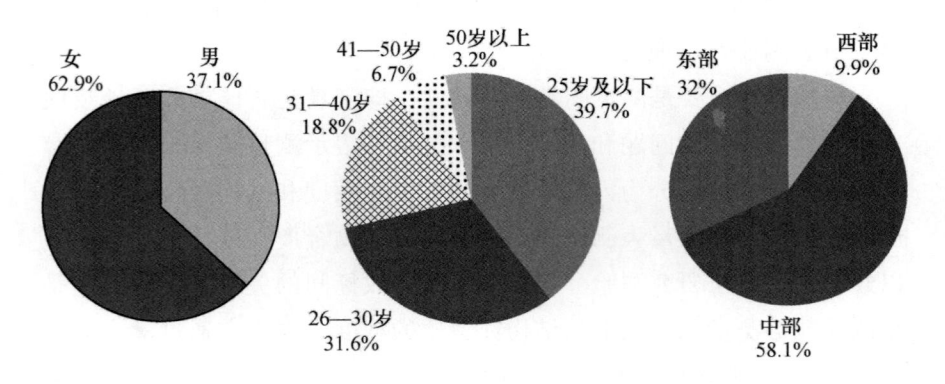

图 4-4　参与调查人员的性别、年龄、地区分布

由图 4-5 可知，在回收到的 690 份问卷中，从事科研工作 3 年以下的调查对象占比 54.20%，从事科研工作 3—5 年、6—10 年、11—20 年的调查对象占参与调查总人数的 20.20%、13.00%、

第四章 学术虚拟社区知识交流效率感知调查

8.50%；20位调查对象从事科研工作21—30年，8位在30年以上。全体调查对象中，获得博士学位的人数占比34%，16%的调查对象为副高级以上职称，15.8%为中级职称，8.5%为初级职称，其余为学生；所在机构为高校的占比84.8%，8.7%和6.5%的调查对象在企业和研究机构从事科研工作。为了提高调查的可信度和分析结果的普适性，我们尽可能挑选多个学科领域的科研人员作为调查对象，被调查对象所在学科门类如图4-6所示。

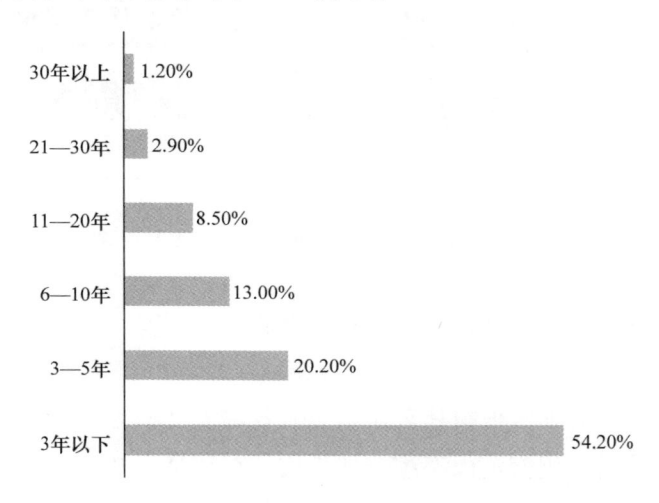

图4-5 被调查对象从事科研工作年限

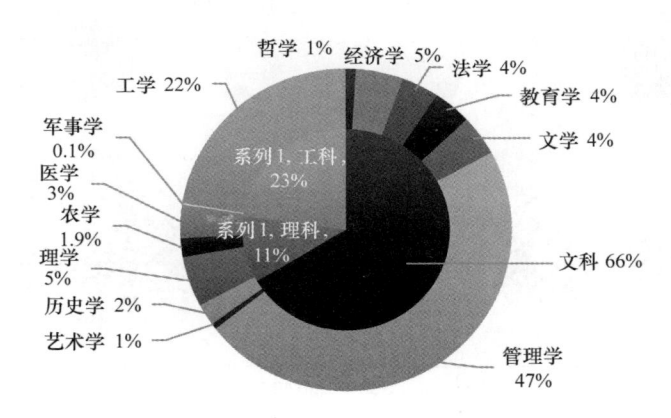

- 30年以上 1.20%
- 21—30年 2.90%
- 11—20年 8.50%
- 6—10年 13.00%
- 3—5年 20.20%
- 3年以下 54.20%

图4-6 被调查对象所在学科门类

- 哲学 1%
- 经济学 5%
- 法学 4%
- 教育学 4%
- 文学 4%
- 工学 22%
- 军事学 0.1%
- 医学 3%
- 农学 1.9%
- 理学 5%
- 历史学 2%
- 艺术学 1%
- 系列1，工科 23%
- 系列1，理科 11%
- 文科 66%
- 管理学 47%

本次调查中，94.9%的调查对象在学术虚拟社区使用意愿上持中立和积极态度，仅有5.1%的科研人员表示不太愿意使用学术虚拟社区。75.1%的调查对象表示使用虚拟社区的经验较为丰富，24.9%的调查对象对此持否定观点，认为自己使用虚拟社区的经验不算丰富，初步表明学术虚拟社区在科研人员中的普及率和使用程度稍有欠缺。如图4-7所示。

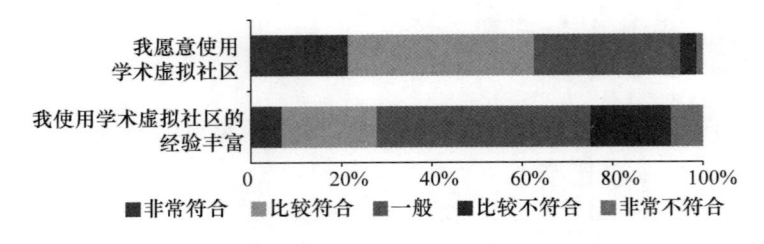

图4-7 学术虚拟社区使用意愿和使用经验

二 学术虚拟社区科研人员知识交流效率测度

（一）知识交流效率测算及分布特征

利用前文的学术虚拟社区知识交流效率测度模型，计算出每个调查对象对应的知识交流效率综合评价值。在计算出知识交流效率指标值的基础上，绘制图4-8、图4-9来表示科研人员效率指标值的分布，发现整体上知识交流效率值比平均水平低的科研人员要多于比平均水平高的科研人员。

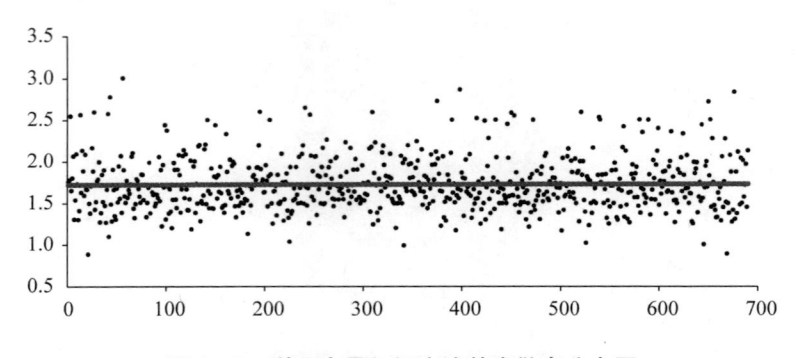

图4-8 科研人员知识交流效率散点分布图

第四章 学术虚拟社区知识交流效率感知调查

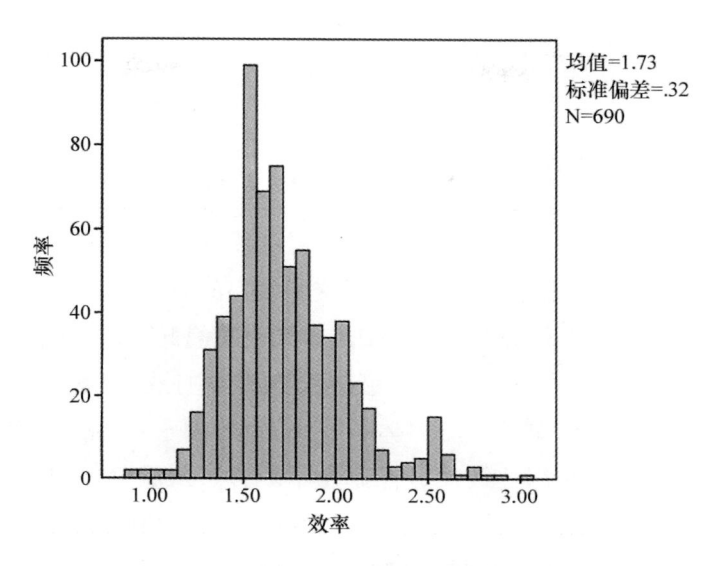

图 4-9 科研人员知识交流效率直方图

为了进一步摸清科研人员效率指标值的分布情况，计算如表 4-4、表 4-5 所示的相关统计量。表 4-4 描述性统计分析的结果显示，所有样本均值为 1.726，中位数为 1.671，中位数小于均值，偏度 0.828 > 0，初步说明效率指标值低于平均值的样本要多于高于平均值的样本，样本呈右偏态分布；表 4-5 正态性检验的结果显示 p 值小于 0.05，拒绝服从正态分布的原假设，进一步又在统计学意义上说明样本分布显著呈右偏态。因此，我们得到存在多数科研人员知识交流效率低于平均水平的结论。

表 4-4　　　　　　描述性统计分析结果

统计量	统计值	标准误	统计量	统计值	标准误
均值	1.726	0.012	极小值	0.890	
中值	1.671		极大值	3.010	
方差	0.103		偏度	0.828	0.093
标准差	0.320		峰度	1.082	0.186

表 4 – 5　　　　　　　　　　正态性检验

	Kolmogorov – Smirnov[a]			Shapiro – Wilk		
	统计量	df	Sig.	统计量	df	Sig.
效率	0.084	690	0.000	0.958	690	0.000

（二）知识交流主体维度对知识交流效率的影响分析

在上述得出"科研人员知识交流效率普遍偏低"的基础上，我们探究学术虚拟社区知识交流效率感知假设模型中控制变量（性别、年龄、所在地区）与知识交流主体特征（科研时间、受教育程度、所在机构性质、工作岗位性质、专业技术职称、所属学科以及使用经验）对知识交流效率是否存在影响以及存在何种影响。其中，先用单因素方差分析判断某一变量对知识交流效率是否存在显著性影响；然后用相关分析判断该变量的不同取值是否对知识交流效率有某种趋势性的影响，当趋势性影响不存在时，再进一步用独立样本 t 检验判断该变量不同取值两两之间是否存在显著差异。

1. 控制变量对知识交流效率的影响

表 4 – 6 给出了控制变量对知识交流效率的影响分析结果。分析得到，男性的知识交流效率在 10% 的显著性水平下显著高于女性。不同年龄段的知识交流效率在 1% 的显著性水平下存在显著差异，且在 50 岁以下的学者中，表现出"年龄越大，知识交流效率均值越高"的特征，年龄与知识交流效率的显著正向相关关系（$r = 0.174$，$p = 0.000$）进一步验证了这一观点；50 岁以上学者知识效率偏低，一方面与该群体对虚拟社区这一新鲜事物接受度低有关，另一方面也与该群体样本数量少有关。尽管知识交流效率均值表现出"西部 > 东部 > 中部"的特征，但 p 值 0.525 说明所在地区的不同对知识交流效率没有显著性影响。

表 4-6　　　控制变量对知识交流效率的影响分析结果

属性	属性取值	频数	均值	方差分析结果	
性别	男	256	1.760	1.677	0.094
	女	434	1.715		
年龄	25 岁及以下	274	1.671	3.866	0.001
	26—30 岁	218	1.736		
	31—40 岁	130	1.776		
	41—50 岁	46	1.879		
	50 岁以上	22	1.689		
所在地区	东部	221	1.733	1.524	0.525
	中部	401	1.716		
	西部	68	1.761		

2. 科研时间对知识交流效率的影响

科研时间长度对知识交流效率存在显著影响（p=0.008），且表现出与年龄相似的影响趋势，如表 4-7 所示。在科研时间小于 30 年的学者中呈现出"科研时间越长，知识交流效率均值越高"的趋势，但科研时间大于 30 年的学者知识交流效率均值表现较低。相关系数 0.177（p=0.000）进一步说明科研时间长度对知识交流效率存在显著正向影响。

表 4-7　　　科研时间对知识交流效率的影响分析结果

属性	属性取值	频数	均值	方差分析结果	
科研时间	3 年以下	375	1.684	3.105	0.008
	3—5 年	138	1.754		
	6—10 年	90	1.800		
	11—20 年	59	1.785		
	21—30 年	20	1.839		
	30 年以上	8	1.633		

3. 受教育程度对知识交流效率的影响

由表4-8可知，受教育程度对知识交流效率存在显著影响（p=0.000）。相关系数0.159（p=0.000）说明总体上受教育程度对知识交流效率存在显著正向影响。其中基于独立样本t检验的两两比较结果显示如表4-9所示，本科生与硕士生在效率均值上没有显著差异，但博士生效率均值要显著高于本科生和硕士生。

表4-8　　　　受教育程度对知识交流效率的影响分析结果

属性	属性取值	频数	均值	方差分析结果	
受教育程度	本科	88	1.696	6.793	0.000
	硕士	365	1.693		
	博士	234	1.794		
	其他	3	1.292		

表4-9　　　　受教育程度不同取值间的两两比较

	均值差	统计量	Sig
本科—硕士	0.004	0.084	0.933
本科—博士	-0.098	-2.152	0.033
硕士—博士	-0.101	-3.951	0.000

4. 所在机构性质对知识交流效率的影响

由表4-10可知，所在机构性质对知识交流效率存在显著影响（p=0.028）。相关系数-0.016（p=0.683）不显著表示所在机构性质与知识交流效率之间存在显著趋势关系，但两两比较的结果显示，在高校与科研机构工作的学者效率均值相当，且都显著高于在企业工作学者的效率均值，如表4-11所示。

表 4-10　　所在机构性质对知识交流效率的影响分析结果

属性	属性取值	频数	均值	方差分析结果	
机构性质	高校	585	1.725	3.584	0.028
	企业	60	1.657		
	科研机构	45	1.826		

表 4-11　　所在机构性质不同取值间的两两比较

	均值差	统计量	Sig
高校—科研机构	-0.101	-1.638	0.108
高校—企业	0.068	1.599	0.093
科研机构—企业	0.168	-1.638	0.020

5. 工作岗位性质对知识交流效率的影响

工作岗位性质对知识交流效率存在显著影响（p = 0.013），如表 4-12 所示。相关系数 -0.112（p = 0.003）说明研究型岗位、管理型岗位、辅导型岗位、博士、硕士的知识交流效率总体上呈现出递减趋势。两两比较的结果显示（结果较多，未附表），研究型岗位、管理型岗位以及博士的知识交流效率显著高于硕士研究生，辅导型岗位不显著高于硕士研究生，研究型岗位、管理型岗位、辅导型岗位以及博士之间不存在显著差异。

表 4-12　　工作岗位性质对知识交流效率的影响分析结果

属性	属性取值	频数	均值	方差分析结果	
工作岗位	科学研究	91	1.710	2.713	0.013
	教学研究	152	1.782		
	科研管理	27	1.779		
	教学管理	20	1.750		
	教学辅助	27	1.707		
	博士研究生	86	1.791		
	硕士研究生	287	1.677		

6. 专业技术职称对知识交流效率的影响

如表4-13所示,专业技术职称对知识交流效率存在显著影响（p=0.006）,且效率均值表现出随着职称升高而上升的趋势,相关系数0.171（p=0.000）进一步验证了这一观点。

表4-13　专业技术职称对知识交流效率的影响分析结果

属性	属性取值	频数	均值	方差分析结果	
专业技术职称	正高级	32	1.806	3.299	0.006
	副高级	79	1.821		
	中级	109	1.757		
	初级	59	1.737		
	学生	406	1.694		
	其他	5	1.518		

7. 所属学科对知识交流效率的影响

如表4-14所示,所属学科对知识交流效率不存在显著影响（p=0.240）,说明各学科之间学者知识交流效率均值没有显著性差异。

表4-14　所属学科对知识交流效率的影响分析结果

属性	属性取值	频数	均值	方差分析结果	
所属学科	人文类	464	1.722	1.353	0.240
	理学类	34	1.733		
	工学类	155	1.727		
	农学类	13	1.803		
	医学类	23	1.715		
	其他	1	2.503		

8. 使用经验对知识交流效率的影响

使用经验对知识交流效率存在显著影响（p=0.000）,但相关系数 0.022（p = 0.557）表明使用经验与效率之间不存在显著趋势关系，如表 4-15 所示。两两比较的结果显示，认为自己使用经验丰富与不丰富学者的效率均值都显著高于认为自己使用经验一般的学者，说明对使用虚拟社区认知较高的学者知识交流效率更高。

表 4-15　使用经验对知识交流效率的影响分析结果

属性	属性取值	频数	均值	方差分析结果	
使用经验	非常丰富	47	1.962	8.012	0.000
	比较丰富	144	1.713		
	一般	327	1.691		
	比较不丰富	123	1.722		
	非常不丰富	49	1.778		

三　学术虚拟社区知识交流效率影响因素集成模型验证

（一）科研人员感知对知识交流效率的正向作用

技术接受模型详细说明了用户的感知有用性、感知易用性与用户对新技术的接受和使用的关系。基于此，假设用户的感知有用性与感知易用性均对知识交流效率具有显著正向作用，本研究将利用结构方程模型分别对这两条假设进行检验，并同时分析衡量科研人员感知的测试项对整体感知的贡献程度。

1. 感知易用性的正向作用

针对【研究假设 H1】用户的感知易用性对知识交流效率具有显著正向作用，本研究以 5 条量表测试项和知识交流效率为观测变量，以感知易用性为潜在变量构建结构方程模型，表 4-16 给出了模型的适配度指标，图 4-10 给出了模型的最终结果。

表 4-16 表明模型适配度较好。图 4-10 表明，5 条测试项对感知易用性的贡献度均超过 60%，且按贡献程度排序为：界面美观 >

内容组织编排合理 > 导航清晰 > 交互功能完善 > 检索功能完备。路径系数 0.183 在 0.01 水平下显著，表明感知易用性对知识交流效率有显著正向作用，验证了【研究假设 H1】的成立。

表 4-16　　　　　　　　　　　模型适配度

	NPAR	卡方	Df	P	卡方/Df	RMSEA	CFI	NFI	AIC
实际值	18	27.376	9	0.001	3.042	0.054	0.593	0.590	63.376
推荐值					<2	<0.05	>0.9	>0.9	

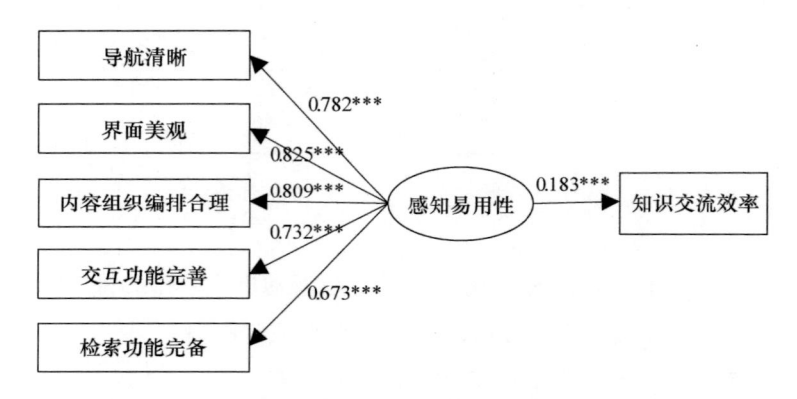

图 4-10　感知易用性结构方程模型拟合结果

注：*、**、***分别表示在 10%、5%、1% 水平下相关性显著，下同。

2. 感知有用性的正向作用

针对【研究假设 H2】用户的感知有用性对知识交流效率具有显著正向作用，本研究以 5 条量表测试项和知识交流效率为观测变量，以感知有用性为潜在变量构建结构方程模型，表 4-17 给出了模型的适配度指标，图 4-11 给出了模型的最终结果。

表 4-17 表明模型适配度较好。图 4-11 表明，5 条测试项对感知有用性的贡献度均超过 60%，且按贡献程度排序为：审核机制健全、流程严格 > 创建者、维护者具有威望 > 个性化推送精准 > 下载功能满足需求 > 精华内容推荐值得一看。路径系数 0.173，p < 0.01，

第四章 学术虚拟社区知识交流效率感知调查

表明感知有用性对知识交流效率有显著正向作用,验证了【研究假设H2】的成立。

表4-17　　　　　　　　　模型适配度

	NPAR	卡方	Df	P	卡方/Df	RMSEA	CFI	NFI	AIC
实际值	18	50.340	9	0.000	5.593	0.082	0.578	0.574	86.340
推荐值					<2	<0.05	>0.9	>0.9	

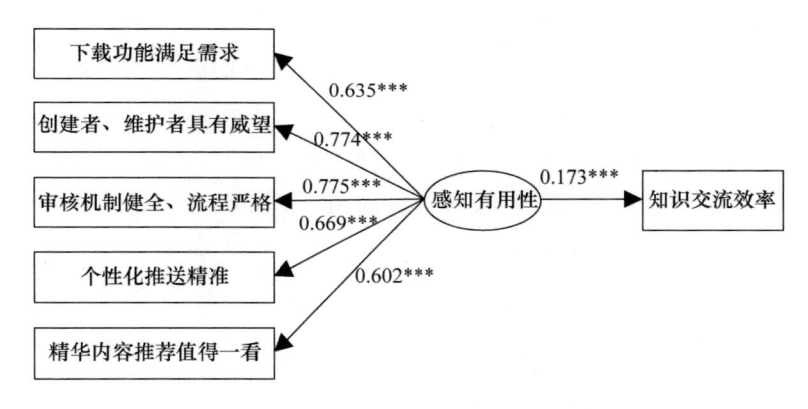

图4-11 感知有用性结构方程模型拟合结果

（二）知识交流意愿的中介作用

技术接受模型认为目标系统的使用主要是由个体用户的使用行为意愿所决定的,而行为意愿又由其前因变量（态度、感知有用性）决定。在此基础上,我们认为知识交流意愿在学术虚拟社区用户的感知易用性、感知有用性对知识交流效率的影响过程中发挥中介作用,用户感知通过知识交流意愿对知识交流效率产生作用。因此提出【研究假设H3】用户的感知易用性对知识交流意愿具有正向影响,【研究假设H4】用户的感知有用性对知识交流意愿具有正向影响,【研究假设H5】 知识交流意愿对知识交流效率的提升有显著的正向影响,【研究假设H6】知识交流意愿中介了用户感知对知识交流效率的影响机制。

学术虚拟社区知识交流效率测度研究

Park 等人提出，线性模型得出的分析结果对于量化用户体验更稳定可靠。① 通过实验，本研究运用线性回归模型得到的结果比结构方程模型整体适配度更好，因此以下依次构建 6 个线性模型并利用回归分析方法验证以上假设，回归结果如表 4 – 18 所示。6 个回归方程 R^2 均在可以接受的范围，表明拟合度良好；F 统计量检验值均通过 0.01 水平下的显著性检验，表明回归方程整体显著。

1. 科研人员感知对知识交流意愿的正向作用

为检验科研人员感知对知识交流意愿的作用，本研究以知识交流意愿作为因变量，将科研人员的年龄、性别与所在地区作为控制变量，首先建立模型 1 检验控制变量对知识交流意愿的作用，然后建立模型 2 检验在此环境下科研人员感知对知识交流意愿的作用。观察表 4 – 18 中回归结果，模型 1 表明控制变量对科研人员知识交流意愿没有显著影响；模型 2 中感知有用性回归系数 0.317 与感知易用性回归系数 0.387 均大于 0 且在 0.01 水平下显著，表明感知有用性与感知易用性均对知识交流意愿具有显著正向影响，验证了【研究假设 H3】与【研究假设 H4】的成立。

2. 知识交流意愿对知识交流效率的正向作用

在相同环境下，本研究以知识交流效率作为因变量，先建立模型 3 检验控制变量对知识交流效率的作用，然后建立模型 4 检验科研人员知识交流意愿对知识交流效率的作用。模型 3 表明控制变量中年龄对知识交流效率存在显著正向影响。模型 4 中，知识交流意愿系数 0.073 > 0 且在 0.01 水平下显著，说明知识交流意愿对知识交流效率存在显著正向影响，验证了【研究假设 H5】的成立。

3. 知识交流意愿的中介作用

一般而言，中介变量起作用应满足的条件是：自变量与中介变量之间有显著相关；中介变量与因变量之间有显著相关；自变量与因变

---

① J. Park, S. H. Han, H. K. Kim, et al., "Modeling User Experience: A Case Study on a Mobile Device", *International Journal of Industrial Ergonomics*, Vol. 43, No. 2, 2013, pp. 187 – 196.

量之间有显著相关；当中介变量引入回归方程后，自变量与因变量的相关或回归系数显著降低。

在模型 2（验证自变量对中介变量的显著影响）与模型 4（验证中介变量对因变量的显著影响）的基础上，本研究建立模型 5 考察自变量对因变量的影响，即科研人员感知对知识交流效率的影响。模型结果表明，感知有用性对知识交流效率具有显著正向作用，但感知易用性对知识交流效率的影响并不显著。虽然【研究假设 H1】证明了感知易用性与知识交流效率之间具有显著正向相关关系，但将感知有用性也同时纳入考虑时，感知易用性的影响不再显著。

最后，为了验证知识交流意愿的中介作用，本研究建立模型 6 将感知有用性、感知易用性与知识交流意愿一起纳入相同环境下。结果表明，相比模型 5，模型 6 在引入知识交流意愿这一中介变量后，原本对知识交流效率具有显著影响的感知有用性变得不再显著，且感知有用性、感知易用性与知识交流意愿对知识交流效率的影响系数均有所下降，表明知识交流意愿在感知有用性与感知易用性对知识交流效率的影响中具有明显的中介作用，【研究假设 H6】得到验证。

表 4 – 18　　验证知识交流意愿中介作用的回归模型结果

变量	知识交流意愿		知识交流效率			
	模型 1	模型 2	模型 3	模型 4	模型 5	模型 6
年龄	-0.039	-0.026	0.036***	0.039***	0.039***	0.040***
性别	-0.058	0.019	-0.034	-0.029	-0.023	-0.024
地区	0.045	0.048	-0.004	-0.007	-0.004	-0.006
有用性	—	0.317***	—	—	0.060**	0.044
易用性	—	0.387***			0.042	0.023
知识交流意愿	—	—	0.073***	—		0.050***
F	0.877	44.000***	4.123***	9.616***	7.380***	7.788***
R^2	0.004	0.245	0.018	0.053	0.051	0.064

(三) 知识交流主体维度对知识交流意愿的调节作用

技术接受模型认为外部变量对个体的感知有用性和感知易用性有影响，而外部变量是指个体的特征、组织结构等可测变量。在此基础上，我们认为用户的感知有用性、感知易用性并不是简单地作用于学术虚拟社区用户的知识交流意愿，其作用的发生和效用机制存在具体情境。因此提出【研究假设 H7】知识交流主体维度在用户感知有用性、感知易用性对知识交流意愿的影响过程中起到调节作用。

本研究构建线性模型利用回归分析方法验证知识交流主体维度对知识交流意愿的调节作用。一般情况下，调节变量起作用应满足的条件是：自变量与因变量之间有显著相关，自变量和调节变量的交互项与因变量之间也有显著相关。在相同环境下，本研究将科研人员的科研时间、受教育程度、所在机构性质、工作岗位性质、专业技术职称、所属学科以及使用经验7个变量视为知识交流主体特征，构建7次回归模型分别将知识交流主体特征及其与感知有用性、感知易用性的交互项引入模型，模型结果如表4-19所示。

根据表4-19可知，在科研人员的7个知识交流主体特征中，受教育程度在感知易用性对交流意愿的影响过程中起到调节作用，使用经验在感知有用性对知识交流意愿的影响过程中起到调节作用，而其他知识交流主体特征不产生调节作用。

表 4-19 验证知识交流主体特征调节作用的回归模型结果

变量	系数	变量	系数
科研时间和有用性	-0.049	专业技术职称和有用性	-0.008
科研时间和易用性	0.046	专业技术职称和易用性	0.016
受教育程度和有用性	-0.152	使用经验和有用性	0.110*
受教育程度和易用性	0.167*	使用经验和易用性	-0.085
机构性质和有用性	-0.022	所属学科和有用性	-0.001
机构性质和易用性	0.029	所属学科和易用性	-0.004

续表

变量	系数	变量	系数
工作岗位和有用性	0.004		
工作岗位和易用性	-0.003		

第四节 本章小结

从调查结果分析来看，当前多数科研人员知识交流效率低于平均水平，学术虚拟社区的知识交流效率仍存在较大改善空间，以下分别从知识交流主体和平台两个方面给出建议。

从知识交流主体来看，应鼓励年轻学者多参与社区交流。从上述分析可知，科研时间越长、受教育程度越高、职称越高则知识交流效率越高。刚刚步入科研领域的青年学者或学生对现有学术虚拟社区参与感、归属感并不强，因此，建议鼓励年轻学者多参与社区交流。

从知识交流平台来看，可以从多方面入手，提升知识交流效率。上述分析结果表明，感知有用性、感知易用性皆对知识交流效率有显著正向作用，两者的所有子测试项对其自身的贡献度均超过60%，因此，从平台视角来看，提升知识交流效率的途径如下：（1）学术虚拟社区作为知识提供平台，需要严格把控内容，在引入社交、娱乐等元素内容的同时，健全内容审核机制，严禁低俗色情内容，提升内容质量，鼓励和号召用户参与知识交流；（2）邀请、聘任具备威望的专家、学者、大咖在社区平台提供知识内容，并尝试开辟直播板块；（3）改进虚拟社区的推送算法，结合用户等级系统，进行精准化、个性化知识推送；（4）不断完善、实时更新社区知识库，满足用户文档、图表、视频、音频等下载需求；（5）提升界面美观性，向用户提供个性化界面定制服务，满足古典、简约、清新等不同需求；（6）合理组织内容，按科学的分类将不同内容放入相关板块；

(7) 设计清晰的导航栏目，并提供导航栏目自定义功能；(8) 强化社交元素，增强用户互动功能，如关注、点赞、收藏、分享、推荐、打赏等；(9) 提供不同类型的检索功能，完善高级检索功能；(10) 设计、运用合理科学的虚拟等级制度和奖励制度，即长效激励机制来增强青年用户的参与感、归属感，通过设置等级权限和奖励，向高等级用户提供更多更强大的专享功能，如云盘空间、虚拟货币、发言权限、下载权限、合作商优惠票券等，引导用户积极主动地进行知识交流。此外，用户等级还可用于区分用户提供的知识质量，知识交流者能够迅速识别高质量知识提供者并求助相关知识以提高知识交流效率。

第五章　学术虚拟社区知识交流效率评价

在学术虚拟社区中，小木虫社区、经管之家拥有良好的交流氛围及广阔的空间，已成为具有一定影响力的学术虚拟社区。此外，在互联网和健康医疗互相渗透的背景下，我国网民的医疗健康信息需求快速上升，近年来一大批在线健康社区（Online Health Community，OHC）相继出现。根据杨瑞仙等人[①]对学术虚拟社区概念的界定，在线健康社区属于学术虚拟社区的一个子类，因而有必要对在线健康社区的知识交流状况进行研究。丁香园是面向医药、生命科学专业人士的在线交流平台，其主站丁香园论坛是目前成熟在线健康社区的典型代表。为此，本章分别以小木虫社区、丁香园论坛、经管之家为研究对象，在构建学术虚拟社区知识交流效率评价指标的基础上，采用三阶段DEA模型分别计算三个学术虚拟社区的知识交流效率值、分析学术虚拟社区知识交流效率的影响因素，并测算学术虚拟社区知识交流效率的真实值，最后对这三个学术虚拟社区知识交流状况进行对比分析，以促进学术虚拟社区知识交流效率的提高，为社区建设提供建议。

---

① 杨瑞仙等：《学术虚拟社区科研人员知识交流效率感知调查研究》，《图书与情报》2018年第6期。

第一节　学术虚拟社区知识交流效率评价指标体系构建

现有文献关于学术虚拟社区知识交流效率投入产出指标的设置，通常是由知识交流的广度和知识交流的深度来衡量。① 本章依据数据的可获得性和统计口径一致性原则，构建学术虚拟社区知识交流效率评价指标，如表 5-1 所示，一级指标是投入和产出，投入和产出所对应的二级指标均是知识交流广度和知识交流深度。其中投入指标的知识交流广度为用户数，指在知识交流过程中所涉及的人员，人员投入是反映知识交流投入的重要评价指标；投入指标的知识交流深度为发帖数，知识交流的知识源于用户贡献的知识，发帖是用户知识贡献的主要形式，发帖数反映知识贡献的知识源投入，是评价知识源投入的重要指标。产出指标的知识交流广度为浏览数，浏览数是指学术虚拟社区自发帖到统计时间内的浏览总次数，反映知识交流产出的广度；产出指标的知识交流深度为回帖数和再回复数，其中回帖数是用户对知识的内化吸收程度，反映了学术虚拟社区知识交流的产出深度；再回复数是指回帖者之间的交流量，体现了学术虚拟社区知识交流层次的加深，反映了用户之间知识交流的深度。

表 5-1　学术虚拟社区知识交流效率评价指标构成

一级指标	二级指标	三级指标	指标含义
投入指标	知识交流广度	用户数（x1）	反映知识交流中的人员投入
	知识交流深度	发帖数（x2）	反映知识交流中的知识源投入
产出指标	知识交流广度	浏览数（y1）	反映知识传播的广度
	知识交流深度	回帖数（y2）	反映知识在用户间交流的程度
		再回复数（y3）	反映知识在用户间交流的深度

---

① 庞建刚、吴佳玲：《基于 SFA 方法的虚拟学术社区知识交流效率研究》，《情报科学》2018 年第 5 期。

第二节　小木虫社区知识交流效率实证研究

一　数据来源

本节选择小木虫社区中较活跃的"有机交流""微米和纳米""第一性原理""金融投资"4个板块，作为研究的决策单元，编写Python爬虫程序获取这4个板块2009—2019年的用户数、发帖数、浏览数、回帖数、再回复数、用户加入社区时长、用户在线时长、散金数等数据项。数据采集的时间范围为2019年12月6—11日。为反映小木虫社区知识交流效率的真实情况，本书根据以下规则对采集到的发帖、回帖数据进行筛选：

（1）同一主题帖中，发帖人在该主题帖下反复发帖，且没有其他用户回应，则记为一次发帖；

（2）同一主题帖中，同一回帖人多次回帖，且没有其他用户回应，则记为一次回帖；

（3）同一主题帖中，不同回帖人回复内容相同，则记为一次回帖。

二　环境因素

学者在对学术虚拟社区知识交流效率测度方面，多采用传统DEA模型、两阶段DEA模型的方法，但均未剔除用户自身因素和外部（如社会、经济、政策等的变化）因素对学术虚拟社区知识交流效率值测定产生的干扰[①]，这种干扰会降低学术虚拟社区知识交流效率值的可信度。因此，针对此问题，本节提出了基于三阶段DEA模型的学术虚拟社区知识交流效率评价方法，该方法能够剔除环境因素、随机干扰和管理无效率对学术虚拟社区知识交流效率的影响，进而更加

---

① 吴佳玲：《虚拟学术社区知识交流效率研究》，硕士学位论文，西南科技大学，2019年。

真实地反映学术虚拟社区知识交流效率的实际数值。

已有研究发现，环境因素对学术虚拟社区知识交流效率的准确测定有所影响。因此有必要进行第二阶段相似 SFA 回归分析剔除环境因素的影响。本节综合考虑数据的可获取性及学术虚拟社区自身的特点，将影响小木虫社区知识交流效率的主要内部因素归纳为用户因素和社区因素，如表 5-2 所示。其中用户因素包括用户加入社区时长、用户在线时长、散金数、用户总发帖数以及用户发帖频率，社区因素包括社区规模、社区管理者参与度和社区成员质量。

表 5-2　　　　影响小木虫社区知识交流效率的环境因素

一级指标	二级指标	三级指标	指标含义	单位
环境因素	用户因素	用户加入社区时长（e1）	用户注册时间至 2019 年 12 月 11 日时长	天
		用户在线时长（e2）	用户连续在线时长	小时
		散金数（e3）	用户为推动知识交流所付出的成本	枚
		用户总发帖数（e4）	用户总发帖数	条
		用户发帖频率（e5）	用户单位活跃时间的发帖数	%
	社区因素	社区规模（e6）	社区用户数与发帖数的比例，反映了知识交流投入的力度	%
		社区管理者参与度（e7）	社区管理者团队出勤率	%
		社区成员质量（e8）	社区 ePI 成员数占用户数的比例	%

三　结果分析与讨论

（一）传统 DEA 模型分析

小木虫社区 2009—2019 年投入产出指标的描述性统计结果如表 5-3 所示。同一板块同一指标的数值差异较为明显，且数据稳定性较差，如"有机交流"板块投入指标用户数的最小值为 88，最大值为 8470，标准差为 2861.640，表明该板块 2009—2019 年不同年份用户数的差异较大，且数据整体稳定性较差。这主要是由于小木虫社区只允许访问前 200 页的主题帖，无法爬取 200 页之后的数据，可能会导致前些年的数据缺失现象较为严重。但本章研究的是学术虚拟社区知识交流的效率，反映的是单位投入的产出量，故可忽略不同年份数据缺失差异对研究结果的影响。

表 5 - 3　2009—2019 年小木虫社区投入产出指标的描述性统计

统计		投入指标		产出指标		
		用户数	发帖数	浏览数	回帖数	再回复数
有机交流	最小值	88	9	13851	297	3
	最大值	8470	8992	859631	50304	8077
	均值	2550.360	1725.730	231228	11454.450	1892.360
	标准差	2861.640	3162.354	285099.495	17568.590	2898.183
微米和纳米	最小值	543	53	199701	3033	29
	最大值	7766	4728	2557930	111240	5163
	均值	3944.360	1670.180	1579290.640	46386.640	2156.450
	标准差	1946.941	1453.401	822956.539	36338.503	1491.002
第一性原理	最小值	1057	109	337554	7983	44
	最大值	3473	3517	2385343	30039	5452
	均值	2379.820	1702.550	1346693.550	17987.640	2634.090
	标准差	754.704	1180.127	651882.848	6949.436	1815.842
金融投资	最小值	107	13	14153	326	0
	最大值	3584	2347	1339775	50689	2824
	均值	1358.270	707.910	273987.000	12358.090	546.910
	标准差	1004.549	656.589	375047.071	14439.331	803.312

为消除投入产出单位差异对小木虫社区知识交流效率的影响，本节将所有投入产出变量做取对数处理。为检验所选指标是否合理，本节对小木虫社区的投入产出指标进行"同向性"条件检验，如表 5 - 4 所示。2009—2019 年小木虫社区投入与产出指标的 Pearson 相关系数均为正值，且在1%水平下显著相关，符合模型的"同向性"假设。

表5-4　2009—2019年小木虫社区投入产出的相关性检验

变量	lnY1	lnY2	lnY3	lnX1	lnX2
lnY1	1				
lnY2	0.921***	1			
lnY3	0.789***	0.786***	1		
lnX1	0.870***	0.904***	0.877***	1	
lnX2	0.783***	0.804***	0.898***	0.907***	1

本节采用 Deap2.1 软件对小木虫社区知识交流效率的初始值进行计算，计算结果如表5-5所示，小木虫社区知识交流效率值的变化如图5-1所示。

从表5-5和图5-1可以看出：

（1）小木虫社区整体的知识交流效率较低。由表5-5可知，2009—2019年小木虫社区综合知识交流效率在[0.946，0.988]之间变化，4个板块的综合知识交流效率值均小于1，未达到决策单元有效。其中，"第一性原理"的综合知识交流效率最高，其次为"有机交流""微米和纳米"，"金融投资"的综合知识交流效率最低。

（2）小木虫社区4个板块知识交流效率的变化。由图5-1可知，知识交流的纯技术效率值与技术效率值变化趋势基本一致，由此可知，在剔除外生因素的影响前，小木虫社区知识交流的纯技术效率对技术效率变化的影响较大。但该结果未剔除外生因素的干扰，不能准确反映小木虫社区知识交流效率变化的实际情况，因而需在剔除外生因素的影响后，再次对小木虫社区知识交流效率进行测定。

（3）小木虫社区知识交流效率临界值的区域划分。为进一步研究

第五章 学术虚拟社区知识交流效率评价

表 5-5　2009—2019 年小木虫社区 4 个板块第一阶段 DEA 知识交流效率变化

年份	有机交流			微米和纳米			第一性原理			金融投资		
	TE	PTE	SE	TE	PTE	SE	TE	PTE	SE	TE	PTE	SE
2009	1.000	1.000	1.000	0.980	1.000	0.980	0.963	1.000	0.963	0.969	0.971	0.998
2010	0.899	0.910	0.988	0.926	0.932	0.993	0.969	1.000	0.969	0.882	0.895	0.986
2011	0.969	0.970	1.000	1.000	1.000	1.000	0.991	0.998	0.992	0.920	0.937	0.982
2012	1.000	1.000	1.000	1.000	1.000	1.000	1.000	1.000	1.000	0.950	0.967	0.982
2013	1.000	1.000	1.000	0.992	0.993	0.999	1.000	1.000	1.000	0.939	0.957	0.980
2014	0.970	0.983	0.987	0.991	0.994	0.997	1.000	1.000	1.000	0.950	0.967	0.983
2015	0.950	0.963	0.986	0.955	0.964	0.990	1.000	1.000	1.000	0.985	0.989	0.996
2016	0.962	0.970	0.991	0.927	0.953	0.973	0.997	0.995	0.997	0.918	0.919	0.998
2017	0.936	0.948	0.987	0.917	1.000	0.917	0.990	0.995	0.996	0.914	0.923	0.990
2018	0.938	1.000	0.938	0.915	0.916	0.999	0.981	0.981	0.999	0.989	1.000	0.989
2019	0.955	1.000	0.955	0.908	0.921	0.986	0.975	0.995	0.980	0.985	1.000	0.985
均值	0.962	0.977	0.985	0.956	0.970	0.985	0.988	0.997	0.991	0.946	0.957	0.988

注：TE 是学术虚拟社区知识交流技术效率，PTE 是纯技术效率，SE 是规模效率，下同。

— 127 —

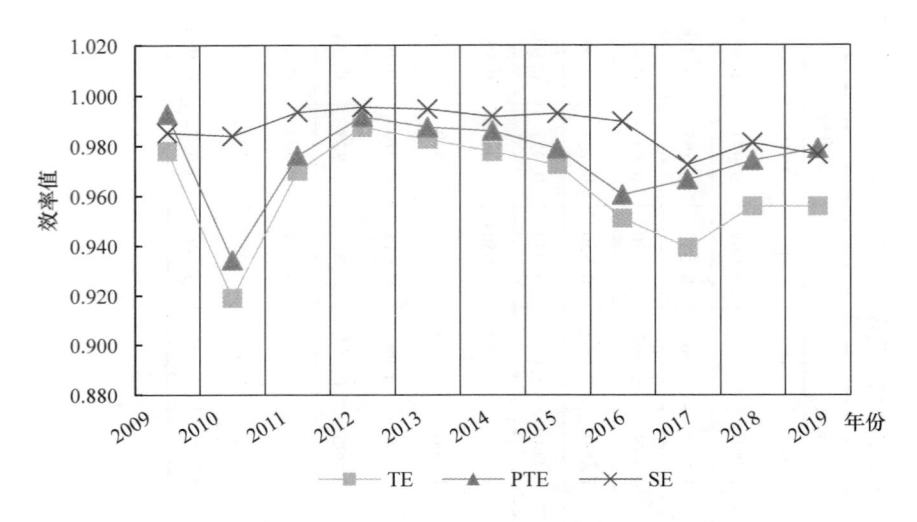

图 5-1　2009—2019 年第一阶段小木虫社区知识交流效率变化

第一阶段小木虫社区 4 个板块知识交流效率的差异，本书参考刘伟对临界点的界定标准①，将小木虫社区知识交流纯技术效率和规模效率的均值 [0.975，0.987] 作为临界值，对构成小木虫社区知识交流效率的纯技术效率和规模效率进行划分，可将小木虫社区整体知识交流效率划分为"双高型""高低型""双低型"三种类型，如图 5-2 所示。

"双高型"即知识交流纯技术效率和规模效率均大于相应临界值的板块，由图 5-2 可知，只有"第一性原理"为"双高型"，该板块的知识交流效率较高，因而存在改进的空间较少，需要对知识交流的纯技术效率和规模效率进行小幅改进。"高低型"主要是指知识交流纯技术效率高、规模效率低或知识交流规模效率高、纯技术效率低两种类型，前一种类型的板块为"有机交流"，后一种类型的板块为"金融投资"，前一种类型的板块主要需要改进知识交流规模效率，

---

① 刘伟：《考虑环境因素的高新技术产业技术创新效率分析——基于 2000—2007 年和 2008—2014 年两个时段的比较》，《科研管理》2016 年第 11 期。

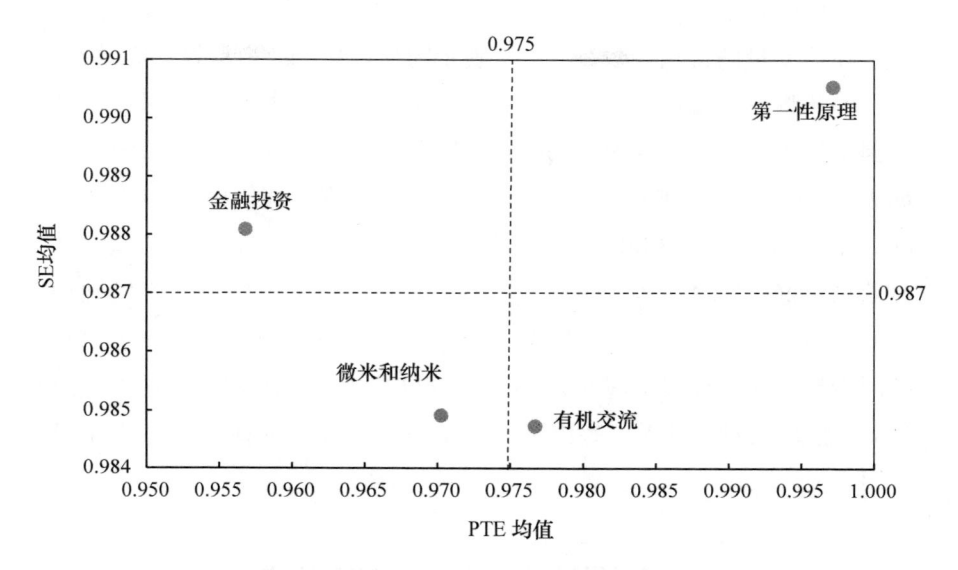

图 5-2 调整前第一阶段小木虫社区 PTE 均值和 SE 均值分类

后一种类型的板块主要需要改进知识交流纯技术效率。"双低型"即知识交流纯技术效率及规模效率均低于临界点的板块,"微米和纳米"属于"双低型",需要同时提高知识交流纯技术效率和规模效率。

(二)似 SFA 回归分析

本节主要依据 Cobb-Douglas 型函数计算相应指标,且考虑到环境因素的单位影响和某些环境因素值可能为 0 的情况,因此将环境因素的原始数据增加 1 后,再对其做对数化处理。[①]

SFA 模型形式见公式(5-1):

$$S_{it} = \beta_0 + \sum_{k=1}^{8} [\beta_{ik}\ln(E_{ikt}+1)] + v_{it} + u_{it} \quad (5-1)$$

S_{it} 表示第一阶段投入变量的松弛值,E_{ikt} 表示环境变量,i 表示小

---

① 陆铭、陈钊:《城市化、城市倾向的经济政策与城乡收入差距》,《经济研究》2004 年第 6 期。

木虫社区的4个板块，k 表示环境变量，t 表示年份，β_0 表示截距，β_{ik} 表示环境变量的待估参数系数，v_{it} 表示随机干扰，u_{it} 表示管理无效率。

本节将小木虫社区4个板块的投入冗余值作为被解释变量，各环境因素作为自变量，通过 Frontier 4.1 软件进行 SFA 回归，回归结果如表5-6所示。SFA 回归的对数似然函数值（log likelihood function）、似然比检验（LR test）均在1%水平下通过了显著性检验，估计效果较好。除社区规模①外，其余环境因素的系数均不同程度地通过 t 检验，说明环境因素对各投入变量的冗余值有所影响。小木虫社区两个投入松弛变量的 γ 值均达到0.999的水平，且在1%水平上通过 t 检验，说明管理无效率因素在小木虫社区知识交流效率中占主导作用。

表5-6　　　　小木虫社区第二阶段似 SFA 回归结果汇总

类别	lnX1 冗余值	t 统计值	lnX2 冗余值	t 统计值
常数项	-0.767	-1.638*	0.918	-3.112***
lnE1	0.537	2.583***	0.774	5.496***
lnE2	0.145	1.756*	0.887	4.695***
lnE3	-0.145	-1.625*	-0.770	-4.248***
lnE4	-0.541	-2.530***	0.857	-6.751***
lnE5	1.295	2.700***	2.173	8.214***
lnE6	0.373	1.008	0.224	1.082
lnE7	-0.646	-1.725*	-1.988	-3.174***
lnE8	-27.166	-26.992***	-26.313	-26.360***

---

① 吴佳玲：《虚拟学术社区知识交流效率研究》，硕士学位论文，西南科技大学，2019年。

续表

类别	lnX1 冗余值	t 统计值	lnX2 冗余值	t 统计值
σ^2	0.075	4.444 ***	0.129	6.511 ***
γ	0.999	240.202 ***	0.999	203072.920 ***
log likelihood function	—	23.462 ***	—	11.990 ***
LR test	—	19.180 ***	—	21.955 ***

从表 5-6 的回归结果可知，用户数和发帖数两个变量的投入冗余值相应的环境变量系数符号均一致，说明环境因素对这两个投入冗余变量的影响趋势相同。本节以发帖数冗余值的似 SFA 回归结果为例进行分析，从用户因素和社区因素两个角度分析环境因素对小木虫社区知识交流效率的影响。

（1）用户因素。在其他条件不变的情况下，① 用户加入社区时长与发帖数冗余值正相关，与小木虫社区知识交流效率负相关。用户的感知价值是社区成员满意度和持续使用意愿的主要动力①，用户满意度能够显著促进用户的持续使用意愿②。用户加入社区时间越长，小木虫社区知识交流效率越低，表明用户对其在小木虫社区中的信息搜寻或知识贡献经历并不满意，因而加入社区时间较长的用户参与知识交流的意愿降低。② 用户的在线时长与小木虫社区知识交流效率呈现负相关。信息需求是用户信息搜寻行为的重要驱动因素③，持续在线的用户信息需求降低，进而参与知识交流的意愿降低。③ 用户活跃时间内发帖频率与小木虫社区知识交流效率呈现负相关。某段时

---

① C. Chang, M. Hsu, C. Hsu, et al., "Examining the Role of Perceived Value in Virtual Communities Continuance: Its Antecedents and the Influence of Experience", *Behaviour & Information Technology*, Vol. 33, No. 5, 2014, pp. 502-521.

② M. Ma and R. Agarwal, "Through a Glass Darkly: Information Technology Design, Identity Verification, and Knowledge Contribution in Online Communities", *Information Systems Research*, Vol. 18, No. 1, 2007, pp. 42-67.

③ 张晋朝：《信息需求调节下社会化媒体用户学术信息搜寻行为影响规律研究》，博士学位论文，武汉大学，2015 年。

学术虚拟社区知识交流效率测度研究

间内用户信息需求较高,当用户信息需求得到满足后,参与社区知识交流的动机降低,因而,社区管理者应从知识交流的内在动机和外在动机[①]的角度激励老用户积极参与知识交流。④散金数与小木虫社区的知识交流效率呈现正相关。出于互惠动机,用户的知识搜寻得到满足时,会激发用户为社区贡献知识的意图[②],感知外在奖励对用户知识共享行为产生影响作用[③],由此,给用户发放金币会激励更多用户参与到社区的知识交流中,进而对小木虫社区知识交流效率产生促进作用。⑤用户总发帖量与小木虫社区知识交流效率呈现正相关。用户通过发帖、评论获得更多的积分或更高的等级,从而建立社区威望,对用户知识共享行为产生积极影响[④]。因此,社区管理者可以设立一些奖励机制鼓励用户积极发帖[⑤]。

(2)社区因素。①社区规模系数为正,但未通过假设性检验,这表明盲目扩大社区规模忽视社区发展质量,不利于社区发展。②社区管理者参与度与小木虫社区知识交流效率呈现正相关。高效合理的管理方式能够促进小木虫社区内知识的转化,营造良好的社区氛围,进而提升用户的知识交流体验。③社区成员质量系数为负,且绝对值远高于其他环境变量,说明小木虫社区高质量用户占比的提升会对提高

---

① H. C. Hsin and S. C. Shuang, "Social Capital and Individual Motivations on Knowledge Sharing: Participant Involvement As a Moderator", *Information & Management*, Vol. 48, No. 1, 2010, pp. 9 – 18; Kathleen M. Carley, "Computational and Mathematical Organization Theory: Perspective and Directions", *Computational and Mathematical Organization Theory*, Vol. 1, No. 1, 1995, pp. 39 – 56.

② S. Watson and K. Hewett, "A Multi-theoretical Model of Knowledge Transfer in Organizations: Determinants of Knowledge Contribution and Knowledge Reuse", *Journal of Management Studies*, Vol. 43, No. 2, 2006, pp. 141 – 173.

③ G. W. Bock, R. W. Zmud, Y. G. Kim, et al., "Behavioral Intention Formation in Knowledge Sharing: Examining the Roles of Extrinsic Motivators, Social-psychological Forces, and Organizational Climate", *Mis Quarterly*, Vol. 29, No. 1, 2005, pp. 87 – 111.

④ E. Basak and F. Calisir, "An Empirical Study on Factors Affecting Continuance Intention of Using Facebook", *Computers in Human Behavior*, Vol. 48, No. 1, 2015, pp. 181 – 189.

⑤ 庞建刚、吴佳玲:《基于SFA方法的虚拟学术社区知识交流效率研究》,《情报科学》2018年第5期。

小木虫社区知识交流效率起到明显作用。由此，社区管理者应提升高质量用户占比。

（三）调整后小木虫社区知识交流效率结果分析

（1）小木虫社区知识交流技术效率值测算。本书根据公式（3-5）对初始投入变量进行调整，并使用 Deap2.1 软件对调整后的投入变量和原始产出变量进行分析，得到第三阶段小木虫社区知识交流效率情况，见表5-7。表5-7仍基于投入导向型 BCC 模型测算小木虫社区知识交流的效率值。通过对比小木虫社区第一阶段和第三阶段知识交流效率，更易观测到剔除环境因素、管理无效率和随机干扰后小木虫社区4个板块知识交流效率的变化。总体来看，调整后小木虫社区的平均效率值由0.963上升到0.973，但4个板块知识交流技术效率均值仍未达到1，处于决策单元无效状态。调整前的小木虫社区知识交流技术效率取值范围为［0.946，0.988］，调整后的小木虫社区知识交流技术效率取值范围为［0.971，0.991］，调整后各板块的知识交流技术效率值差距缩小，且4个板块的知识交流技术效率值均有所提升，其中"金融投资"板块变化最大。

（2）小木虫社区知识交流效率值调整前后的变化。小木虫社区4个板块知识交流效率的变化情况分别如表5-7和图5-3所示。从图5-3可以看出，2016年环境因素对小木虫社区知识交流效率值的影响最大。从时间上来看，除2011—2013年，其余年份第三阶段的小木虫社区知识交流技术效率均高于第一阶段的知识交流技术效率。由表5-7可知，调整后"第一性原理"的知识交流技术效率值依然最高，其次为"微米和纳米""金融投资"，最后为"有机交流"，各板块知识交流技术效率值与调整前相比变化较大。图5-4表示调整后小木虫社区知识交流效率的变化情况，与调整前相比，调整后小木虫社区的知识交流纯技术效率与技术效率的变化趋势仍然相似，由此可知，小木虫社区知识交流技术效率与纯技术效率的变化显著相关。

表5-7　2009—2019年小木虫社区4个板块第三阶段DEA知识交流效率变化

年份	有机交流 TE	有机交流 PTE	有机交流 SE	微米和纳米 TE	微米和纳米 PTE	微米和纳米 SE	第一性原理 TE	第一性原理 PTE	第一性原理 SE	金融投资 TE	金融投资 PTE	金融投资 SE
2009	1.000	1.000	1.000	0.984	1.000	0.980	0.974	1.000	0.974	0.996	0.999	0.997
2010	0.919	0.944	0.974	0.947	0.947	1.000	0.982	1.000	0.982	0.895	0.910	0.983
2011	0.950	0.977	0.972	1.000	1.000	1.000	1.000	1.000	1.000	0.935	0.956	0.979
2012	0.959	0.978	0.980	1.000	1.000	1.000	1.000	1.000	1.000	0.967	0.987	0.979
2013	0.978	1.000	0.978	0.994	0.994	1.000	1.000	1.000	1.000	0.966	0.992	0.974
2014	0.965	0.994	0.971	1.000	1.000	1.000	1.000	1.000	1.000	0.973	0.992	0.981
2015	0.967	0.984	0.983	0.969	0.970	0.999	1.000	1.000	1.000	1.000	1.000	1.000
2016	1.000	1.000	1.000	0.965	0.978	0.986	0.979	0.980	0.999	0.958	0.972	0.985
2017	0.954	0.966	0.987	0.941	1.000	0.941	0.975	0.976	0.999	0.949	0.978	0.971
2018	0.954	1.000	0.954	0.945	0.957	0.988	0.991	1.000	0.991	0.996	1.000	0.996
2019	0.962	1.000	0.962	0.933	0.947	0.985	0.991	1.000	0.991	0.979	1.000	0.979
均值	0.964	0.986	0.978	0.971	0.981	0.989	0.991	0.996	0.995	0.965	0.981	0.984

第五章　学术虚拟社区知识交流效率评价

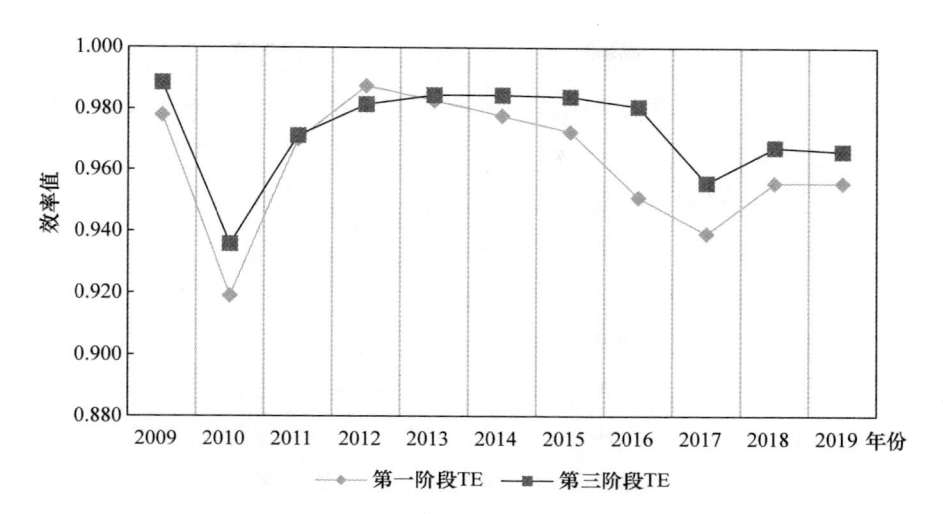

图5-3　小木虫社区调整前后 TE 均值变化

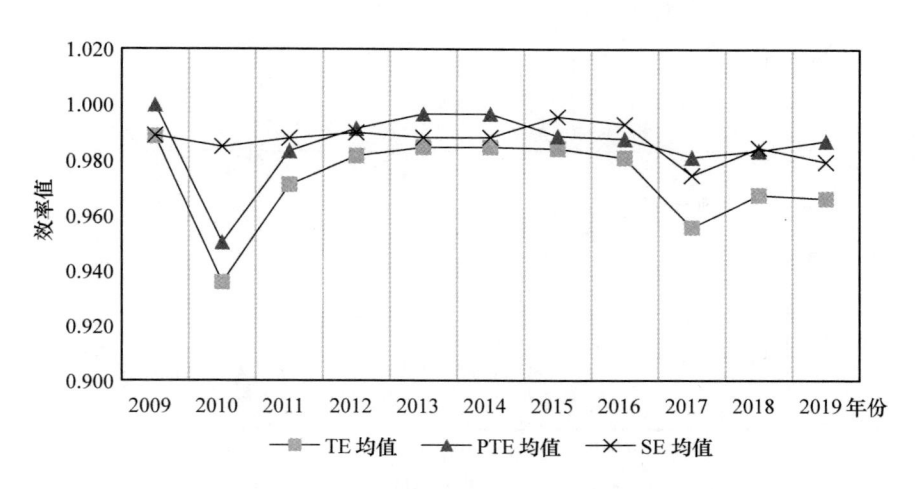

图5-4　2009—2019 年第三阶段小木虫社区知识交流效率变化

（3）调整后小木虫社区知识交流效率临界值区域的划分。参照第一阶段设定临界值的标准，调整后以 [0.970, 0.986] 为临界值。其分类结果如图 5-5 所示，可以看出在剔除环境因素、随机干扰和管理无效率后没有出现"双高型"板块。由表 5-7 和图 5-5 可知，与调整前相比，除"第一性原理"的知识交流规模效率变化略微高于纯技术效率外，其余板块的规模效率变化均远高于纯技术效率的变化幅度，由此，小木虫社区的环境因素主要对其规模效率产生影响。"金融投资"的知识交流纯技术效率变化幅度远高于其他板块，"金融投资"也由知识交流纯技术效率较低、规模效率较高变为知识交流纯技术效率较高、规模效率较低的"高低型"，由此，社区管理者应小幅提升"金融投资"的知识交流纯技术效率，大幅提升"金融投资"的知识交流规模效率。同时，由于"第一性原理"与"金融投资"在同一象限，社区管理者应小幅提升"第一性原理"的知识交流纯技术效率，大幅提升"第一性原理"的知识交流规模效率。"有机交流"由第三象限变为第一象限，社区管理者应重点提升"有机交流"的知识交流纯技术效率。"微米和纳米"调整前后均为"高低型"，由此，社区管理者应提升"有机交流"的知识交流纯技术效率和规模效率。

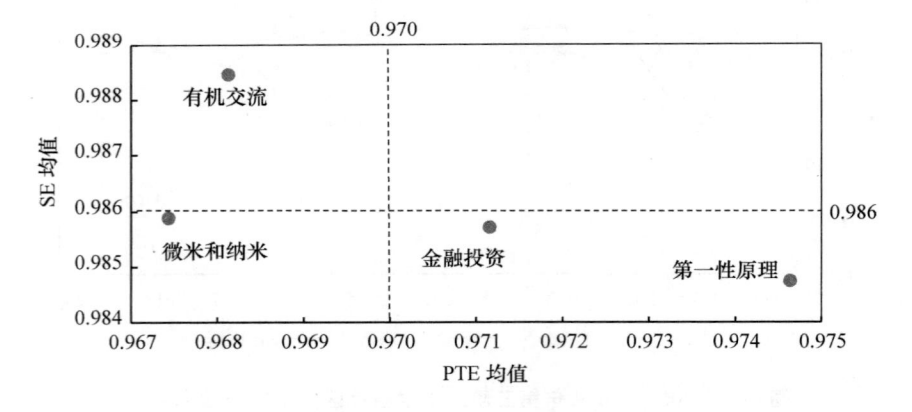

图 5-5 调整后第三阶段小木虫社区 PTE 均值和 SE 均值分类

四 结论与建议

本节利用三阶段 DEA 模型分析 2009—2019 年小木虫社区知识交

流效率的变化情况。研究结果显示：（1）在小木虫社区总体效率方面。调整前小木虫社区的知识交流技术效率均值区间为［0.946，0.988］，调整后小木虫社区的知识交流技术效率均值区间变为［0.971，0.991］。与调整前相比，调整后小木虫社区知识交流技术效率均值的变化区间缩小，表明环境因素、随机干扰和管理无效率因素的存在会导致小木虫社区知识交流技术效率均值的变化幅度增大。（2）在小木虫社区4个板块的知识交流效率方面。剔除环境因素的影响后，各板块的知识交流技术效率均值均有所提高，但仍未达到决策单元有效。在4个板块中，调整前后"第一性原理"的知识交流技术效率均最高，调整前"金融投资"的知识交流技术效率最低，调整后"有机交流"的知识交流技术效率最低。（3）在知识交流纯技术效率均值和规模效率均值的临界点分类结果方面。调整前可将小木虫社区划分为三类，即"双高型""高低型""双低型"，调整后"双高型"区域消失，仅剩"高低型"和"双低型"两类。（4）在环境因素对小木虫社区知识交流效率的影响方面。用户加入社区时长、用户在线时长等因素均对小木虫社区的知识交流效率产生负向影响，散金数、用户总发帖数、社区管理者参与度以及社区成员质量则对提升小木虫社区知识交流效率有促进作用。

依据小木虫社区知识交流效率的实证研究结果，本节从社区管理者的角度出发，为提高小木虫社区知识交流效率、扩大知识传播范围和促进知识创新提出以下三点建议：

（1）针对管理存在无效率因素以及小木虫社区知识交流技术效率不高的问题，社区管理者应重点提升小木虫社区的资源配置水平，合理增加用户数量、鼓励用户发帖，进而提升小木虫社区单位投入的产出量。

（2）针对调整前后小木虫社区知识交流技术效率值与纯技术效率值变化趋势一致的结果，社区管理者应加大对社区基础设施和技术应用的投入。一方面，小木虫社区基础设施和技术应用决定了社区用户及各方资源能否有效地在社区内进行知识交流和资源共享；另一方面，社区平台操作界面的易用性和平台基础设施的成熟度会影响用户体验，进而影响用户再次参与知识交流的意愿；除此之外，拥有一定技术优势的社区有助于加速信息、知识的传输，节约时间和成本；再有，社区管理者应强化社区的个性化推荐功能，当小木虫社区推送信息与用户知识分享意愿一致时，会引起社区成员与社区的共鸣，共鸣的产生会进一步激发用户的知识交流行为。

（3）针对不同环境因素对小木虫社区知识交流的影响结果，知识源与知识接收方在知识共享的过程中需要付出精力、时间和财富等代价，这将影响用户参与社区交流的积极性。而物质奖励能够降低用户参与知识交流过程中的成本，激发知识交流行为。社区管理者应该根据社区情况不断调整小木虫社区的激励机制，引导用户积极参与知识交流，比如设置升级任务、徽章、兑换券等对知识贡献者和新注册用户予以奖励；社区管理者应建立完善的社区制度，营造相互信任、相互帮助的社区氛围，以增强社区成员对社区的归属感和认同感；社区管理者可通过推送各类用户共同关注的事务，拉近用户之间的距离，加强用户间的沟通，使用户能够快速融入社区；除此之外，社区可设置管理者淘汰机制，对出勤率较低的社区管理者进行淘汰，以提升社区的管理水平，为用户营造更融洽的社区氛围。

第三节 丁香园论坛知识交流效率实证研究

一 数据来源

本节选择丁香园论坛中民众关注度较高的板块，包括"内分泌与代谢病""急救与危重""呼吸与胸部疾病""心血管""肿瘤医学"5个板块作为研究的决策单元，编写 Python 爬虫程序获取 2002—2019 年丁香园论坛 5 个板块的用户数、发帖数、浏览数、再回复数、用户关注数、用户总发帖数、收藏数、打赏数、在线时长、得票数、精华帖数、积分、粉丝数、丁当数、帖子被收藏数、帖子被浏览数、帖子积分等数据项。所用数据的采集时间范围为2020年1月3—17日。为反映在线健康社区知识交流效率的真实情况，本节根据以下规则对采集到的发帖、回帖数据进行筛选：

（1）同一主题帖中，发帖人在该主题帖下反复发帖，且没有其他用户回应，则记为一次发帖；

（2）同一主题帖中，同一回帖人多次回帖，且没有其他用户回应，则记为一次回帖；

（3）同一主题帖中，不同回帖人回复内容相同，则记为一次回帖。

二　环境因素

已有研究发现，环境因素对在线健康社区知识交流效率的准确测定有所影响。李宇佳等认为社区成员和知识内容均对知识交流有显著影响。[①] 知识交流依赖于社区成员的积极参与，社区成员参与的积极性和权威性是推动知识交流的基础和保障。许林玉和杨建林认为用户积极性对知识交流有正向影响，知识交流是在社区成员参与行为的驱动下产生的。[②] 一般而言，知识主体拥有不同的知识结构，进而对在线健康社区知识交流的贡献有所差异。此外，社区成员通过在线健康社区获取知识，知识质量是否满足成员需求是知识高效交流的核心问题。知识内容的科学性、创新性、权威性、时效性和真实性等反映其质量和学术价值，是影响社区成员讨论、收藏与分享的最核心因素，若帖子围绕当前研究热点，内容逻辑严谨且观点新颖，则回帖、收藏、分享的次数通常较高。

---

① 李宇佳等：《移动学术虚拟社区知识流转的影响因素研究》，《情报杂志》2017年第1期。

② 许林玉、杨建林：《基于社会化媒体数据的学术社区知识共享行为影响因素研究——以经管之家平台为例》，《现代情报》2019年第7期。

学术虚拟社区知识交流效率测度研究

本节综合考虑数据的可获取性及在线健康社区自身的特点，将影响丁香园论坛知识交流效率的主要内部因素归纳为用户积极性、用户权威性和帖子影响力三个维度，其中用户积极性的二级指标包括关注数、发帖数、收藏数、打赏数、在线时长；用户权威性的二级指标包括得票数、精华帖数、积分、粉丝数、丁当数；帖子影响力的二级指标包括帖子被收藏数、帖子被浏览数、帖子积分。最后，本书采用熵权法得到各层次指标的权重，进而计算各指标的加权和得分。影响丁香园论坛知识交流效率的环境因素如表 5-8 所示。

表 5-8　　影响丁香园论坛知识交流效率的环境因素

一级指标	二级指标	指标含义
用户积极性（E1）	关注数（a1）	用户关注人数
	发帖数（a2）	用户发布帖子的次数
	收藏数（a3）	用户收藏帖子总数
	打赏数（a4）	用户打赏丁当数
	在线时长（a5）	用户在平台的累计使用时长
用户权威性（E2）	得票数（a6）	用户发帖所获投票总数
	精华帖数（a7）	用户发帖中被遴选为精华帖的个数
	积分（a8）	用户所获积分
	粉丝数（a9）	用户的粉丝个数
	丁当数（a10）	用户的丁当数
帖子影响力（E3）	帖子被收藏数（a11）	用户所发帖子被收藏总数
	帖子被浏览数（a12）	用户所发帖子被浏览总数
	帖子积分（a13）	用户发帖所获总积分

三 结果分析与讨论

（一）传统 DEA 模型分析

丁香园论坛 2002—2019 年投入产出指标的描述性统计结果如表 5-9 所示。在投入方面，"急救与危重"在这 18 年的投入最大；在产出方面，"急救与危重"的产出依然最大。在数据标准差方面，"急救与危重"的投入在这 18 年差异较大，其次是"呼吸与胸部疾病"，除此之外，"急救与危重"的产出数据稳定性依然较差。通过以上描述性统计分析可知，虽然丁香园论坛的 5 个板块均在这 18 年中快速发展，但 5 个板块之间的知识交流差异较大。

表 5-9　2002—2019 年丁香园论坛投入产出指标的描述性统计

统计		投入指标		产出指标		
		用户数	发帖数	浏览数	回复数	再回复数
内分泌与代谢病	最小值	25	14	15873	145	2
	最大值	7539	3328	5725046	18617	2931
	均值	4364.940	1861.670	2410621.940	10282.560	944.390
	标准差	1959.201	908.622	1437677.155	5030.981	871.459
急救与危重	最小值	33	40	73084	288	2
	最大值	34075	3228	22320218	62204	12791
	均值	10619.390	1882.560	5767015.060	27907.670	2902.940
	标准差	8533.469	830.515	5900085.568	15869.932	3430.787
呼吸与胸部疾病	最小值	45	31	89615	523	6
	最大值	18354	3207	12206442	52968	6085
	均值	7535.390	1883.390	3924147.830	29668.330	2058.830
	标准差	4879.568	827.269	2725011.388	14725.941	1669.109
心血管	最小值	163	97	194530	1608	13
	最大值	18466	2534	9620635	37454	7550
	均值	9270.560	1857.060	4642215.780	25856.890	2557.780
	标准差	4770.136	640.618	2478788.155	9352.149	2307.427

续表

统计		投入指标		产出指标		
		用户数	发帖数	浏览数	回复数	再回复数
肿瘤医学	最小值	35	30	40713	172	0
	最大值	16702	4213	8675193	26947	3022
	均值	5880.500	1760.170	3028799.000	15183.500	1220.280
	标准差	3657.165	905.572	1962046.680	7829.475	801.531

为消除投入产出单位差异对丁香园论坛知识交流效率的影响，本书将所有投入产出变量做取对数处理。为检验所选指标是否合理，本节对丁香园论坛的投入产出指标进行"同向性"条件检验，如表5-10所示。2002—2019年丁香园论坛投入与产出指标的Pearson相关系数均为正值，且在1%水平下显著相关，符合模型的"同向性"假设。

表5-10　　2002—2019年丁香园论坛投入产出的相关性检验

变量	lnX1	lnX2	lnY1	lnY2	lnY3
lnX1	1	0.903***	0.961***	0.915***	0.963***
lnX2	0.903***	1	0.884***	0.906***	0.825***
lnY1	0.961***	0.884***	1	0.922***	0.946***
lnY2	0.915***	0.906***	0.922***	1	0.867***
lnY3	0.963***	0.825***	0.946***	0.867***	1

本节采用Deap2.1软件对丁香园论坛知识交流效率的初始值进行计算，计算结果如表5-11所示，调整前丁香园论坛的知识交流效率变化如图5-6所示。由表5-11可知，2002—2019年丁香园论坛5个板块第一阶段的知识交流效率平均值为0.912，处于中等偏上水平。同时可以看出，仅"内分泌与代谢病"和"肿瘤医学"2个板块的年均知识交流效率超过了平均值，其中"内分泌与代谢病"板块

的知识交流效率居于首位，效率值为 0.962，"呼吸与胸部疾病"板块知识交流效率最低，效率值为 0.878。由此可见，丁香园论坛不同板块间的知识交流效率差异明显。

表 5-11　　　　2002—2019 年丁香园论坛 5 个板块
第一阶段知识交流效率变化

年份	内分泌与代谢病	急救与危重	呼吸与胸部疾病	心血管	肿瘤医学	平均值
2002	0.942	0.967	0.884	0.841	1.000	0.927
2003	0.962	0.861	0.854	0.846	0.927	0.890
2004	0.988	0.906	0.905	0.894	0.933	0.925
2005	0.968	0.932	0.897	0.915	0.924	0.927
2006	0.976	0.929	0.906	0.912	0.930	0.931
2007	1.000	0.915	0.892	0.894	0.922	0.925
2008	1.000	0.896	0.872	0.895	0.909	0.914
2009	0.996	0.890	0.861	0.891	0.907	0.909
2010	0.970	0.899	0.892	0.866	0.905	0.906
2011	0.997	0.908	0.870	0.887	0.914	0.915
2012	0.979	0.892	0.849	0.886	0.911	0.903
2013	0.949	0.861	0.847	0.885	0.894	0.887
2014	0.952	0.908	0.842	0.922	0.920	0.909
2015	0.904	0.912	0.865	0.914	0.944	0.908
2016	0.892	0.880	0.875	0.877	1.000	0.905
2017	0.909	0.878	0.871	0.869	0.924	0.890
2018	0.931	0.887	0.910	0.908	0.932	0.914
2019	1.000	0.893	0.906	0.903	0.966	0.934
平均值	0.962	0.901	0.878	0.889	0.931	0.912
排序	1	3	5	4	2	—

由图 5-6 可知，丁香园论坛知识交流的纯技术效率值与技术效率值变化趋势基本一致，由此可知，在剔除外生因素的影响前，丁香

园论坛知识交流的纯技术效率对技术效率变化的影响较大。但该结果未剔除外生因素的干扰，不能准确反映学术虚拟社区知识交流效率变化的实际情况，因而需在剔除外生因素的影响后，再次对学术虚拟社区知识交流效率进行测定。

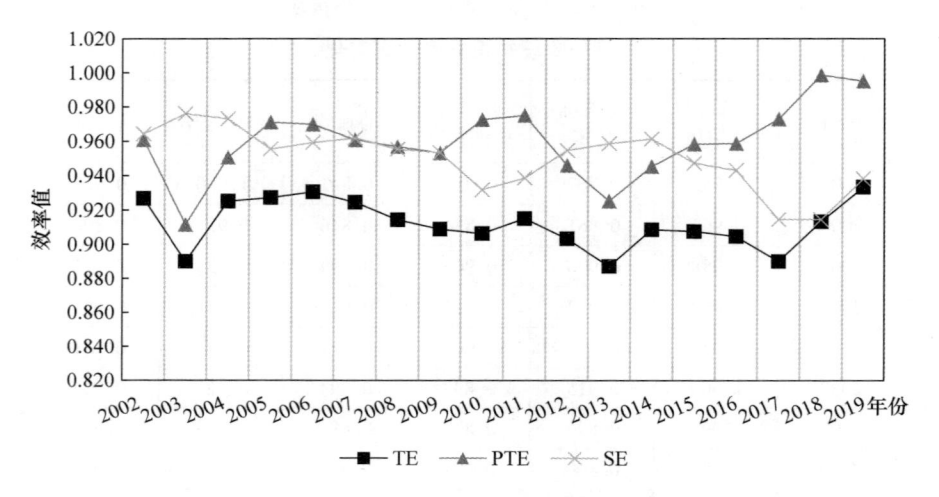

图 5-6 调整前丁香园论坛知识交流效率变化

（二）相似 SFA 估计

本书使用 Python 程序分别计算用户活跃性、用户权威性和帖子影响力的信息熵 e 和权重系数 w，计算结果如表 5-12、表 5-13 和表 5-14 所示。

由表 5-12 可知，对用户活跃性贡献最大的数据项分别是用户打赏数和收藏数，贡献最小的数据项分别是用户关注数和在线时长。上述现象表明，相较于其他数据项，用户打赏数和收藏数离散性更大，包含的信息量大且信息的不确定性小，而用户关注数和在线时长则与之相反。由此，为提高用户活跃性，社区管理者应重点鼓励用户打赏行为和收藏行为。由表 5-13 可知，相比于其他数据项，对用户权威性贡献最大的数据项分别是用户得票数和粉丝数，贡献最小的数据项分别为精华帖数和丁当数。由此，为提升自身权威性，用户应提升发帖质量，进而提升浏览帖子用户的感知有用性和感知易用性，以获取社区内其他成员对发帖者观点的认同感[①]，获得更多投票，增加帖子的被收藏数。除此之外，社区用户应了解学术动态，在第一时间发布资讯，进而吸引更多粉丝。由表5–14可知，相比于其他数据项，对帖子影响力贡献最大的数据项是帖子被收藏数，贡献最小的是帖子积分。

表5–12　　用户活跃性数据项信息熵与权重系数

数据项	关注数（a1）	发帖数（a2）	收藏数（a3）	打赏数（a4）	在线时长（a5）
w	0.146	0.193	0.225	0.366	0.069
e	0.890	0.855	0.831	0.726	0.948

表5–13　　用户权威性数据项信息熵与权重系数

数据项	得票数（a6）	精华贴数（a7）	积分（a8）	粉丝数（a9）	丁当数（a10）
w	0.308	0.110	0.173	0.291	0.117
e	0.699	0.893	0.830	0.715	0.885

表5–14　　帖子影响力数据项信息熵与权重系数

数据项	帖子被收藏数（a11）	帖子被浏览数（a12）	帖子积分（a13）
w	0.553	0.243	0.204
e	0.818	0.920	0.933

根据熵权法公式可得到用户活跃性、用户权威性和帖子影响力的权重和，为消除量纲差异，须对其权重之和取对数。本书将丁香园论坛5个板块的投入冗余值作为被解释变量，各环境因素作为自变量，

[①] Y. Shang and J. Liu, "Health Literacy: Exploring Health Knowledge Transfer in Online Healthcare Communities", 49th Hawaii International Conference on System Sciences (HICSS), 2016.

利用 Frontier 4.1 软件进行相似 SFA 回归，回归结果如表 5-15 所示。似 SFA 回归的对数似然函数值（log likelihood function）、似然比检验（LR test）均通过了显著性检验，估计效果较好。各环境因素的系数均不同程度地通过 t 检验，说明环境因素对各投入变量的冗余值有所影响。丁香园论坛两个投入变量的松弛变量 γ 值分别为 0.517 和 0.900，且分别在 5% 和 1% 水平上通过 t 检验，说明用户数和发帖数影响因子方程中管理无效率占主要影响地位。由此可见，相对于随机干扰，管理无效率对丁香园论坛的知识交流效率影响更大。

表 5-15　　　　　　　　第二阶段似 SFA 回归结果

类别	lnX1 冗余值	t 统计值	lnX2 冗余值	t 统计值
常数项	-0.759	-1.687*	4.800	2.610***
lnE1	0.070	1.971**	0.680	5.070***
lnE2	0.189	3.939***	-0.590	-7.640***
lnE3	-0.216	-2.674***	-0.280	-2.040**
σ^2	0.182	3.314***	0.650	3.640***
γ	0.517	2.001**	0.900	9.460***
log likelihood function	—	-32.941***	—	-66.050***
LR test	—	1.725*	—	2.040**

在研究环境因素对投入变量的影响时，如果环境因素的系数为正值，则表明环境因素的提高会使松弛变量增长，即产出降低，因而对知识交流效率产生负向影响。若环境因素的系数为负值，则表明环境因素的提高会使松弛变量降低，即产出提升，因而对知识交流效率产生正向影响。

由表 5-15 可知，SFA 模型估计的环境因素系数均不同程度通过检验。以用户发帖数为松弛变量的 SFA 模型为例，用户活跃性、用户权威性和帖子影响力三个环境因素的系数分别为 $\beta_1 = 0.68, \beta_2 = -0.59, \beta_3 = -0.28$。在其他条件不变的情况下，用户活跃性系数为

第五章　学术虚拟社区知识交流效率评价

正数，表明用户活跃性的增加会使用户数松弛变量增长，即产出降低，因而对知识交流效率产生负向影响。用户权威性的系数为负数，表明用户权威性的增加会使用户数松弛变量降低，即产出增加，但用户权威性在两个投入变量冗余值所对应的回归系数符号不同，不考虑两个投入变量在丁香园论坛知识交流效率评估时的权重差异时，由于用户权威性所对应的用户数冗余值系数的绝对值小于发帖数冗余值系数的绝对值，故用户权威性对提升丁香园论坛知识交流效率有促进作用。文献调研发现，本节研究结果与郭博等人提出的丁香园论坛核心用户是信息传播过程中的权威起源者，也是信息的主要扩散者[①]的观点相符，认为具有较强权威性的用户在丁香园论坛知识交流中发挥着至关重要的作用。同理，帖子影响力系数为负数，表明高质量帖子能够提升丁香园论坛的知识交流效率。丁香园论坛是一个对成员专业水平要求较高的虚拟社区，相比于提升用户活跃性，社区管理者更应设法吸引高质量用户的加入，鼓励高质量发帖行为，进而提高丁香园论坛的知识交流效率。

（三）调整后丁香园论坛知识交流技术效率分析

本书根据公式（3-5）对初始投入变量进行调整，并使用Deap2.1软件对调整后的投入变量和原始产出变量进行分析，得到第三阶段丁香园论坛知识交流情况，如表5-16所示。调整后丁香园论坛的知识交流效率变化如图5-7所示。

由表5-16可知，总体来看，调整后丁香园论坛的平均效率值由0.912下降到0.905，由此，环境因素对丁香园论坛知识交流技术效率的提高有反向作用。调整前后丁香园论坛5个板块的技术效率均值均未达到1，处于决策单元无效状态。调整前丁香园论坛技术效率的取值范围为[0.878, 0.962]，调整后丁香园论坛技术效率的取值范围为[0.879, 0.939]，调整后各板块的技术效率差距缩小。"内分

[①] 郭博等：《知乎平台用户影响力分析与关键意见领袖挖掘》，《图书情报工作》2018年第20期。

泌与代谢病""肿瘤医学"板块知识交流技术效率值下降较为明显，其余3个板块知识交流技术效率变化甚微，这表明"内分泌与代谢病""肿瘤医学"的技术效率受环境影响较大，其他3个板块的知识交流技术效率受环境影响较小。调整后的丁香园论坛5个板块技术效率排名并未发生变化，由此可知，丁香园论坛用户对内分泌与代谢病、肿瘤疾病较为关注。

表5-16　　　　2002—2019年丁香园论坛5个板块
第三阶段知识交流技术效率变化

年份	内分泌与代谢病	急救与危重	呼吸与胸部疾病	心血管	肿瘤医学	平均值
2002	0.992	0.973	0.903	0.859	1.000	0.945
2003	0.920	0.862	0.859	0.839	0.897	0.875
2004	0.924	0.878	0.884	0.868	0.887	0.888
2005	0.925	0.891	0.924	0.894	0.879	0.903
2006	0.914	0.912	0.874	0.896	0.895	0.898
2007	0.932	0.892	0.866	0.885	0.883	0.892
2008	0.938	0.891	0.857	0.896	0.877	0.892
2009	0.940	0.890	0.847	0.897	0.895	0.894
2010	0.918	0.909	0.919	0.879	0.895	0.904
2011	0.937	0.924	0.860	0.887	0.926	0.907
2012	0.965	0.892	0.854	0.886	0.899	0.899
2013	0.949	0.896	0.870	0.886	0.893	0.899
2014	0.946	0.895	0.849	0.913	0.921	0.905
2015	0.956	0.903	0.856	0.906	0.952	0.915

续表

年份	内分泌与代谢病	急救与危重	呼吸与胸部疾病	心血管	肿瘤医学	平均值
2016	0.896	0.895	0.871	0.894	0.940	0.899
2017	0.914	0.905	0.881	0.895	0.937	0.906
2018	0.940	0.916	0.923	0.924	0.939	0.928
2019	1.000	0.916	0.919	0.922	0.978	0.947
平均值	0.939	0.902	0.879	0.890	0.916	0.905
排序	1	3	5	4	2	—

由图 5-7 可知，调整后，相比于丁香园论坛知识交流规模效率对知识交流技术效率的影响，丁香园论坛知识交流的纯技术效率与知识交流的技术效率变化更趋于一致。由此可知，调整后丁香园论坛知识交流的纯技术效率对知识交流的技术效率影响较大。

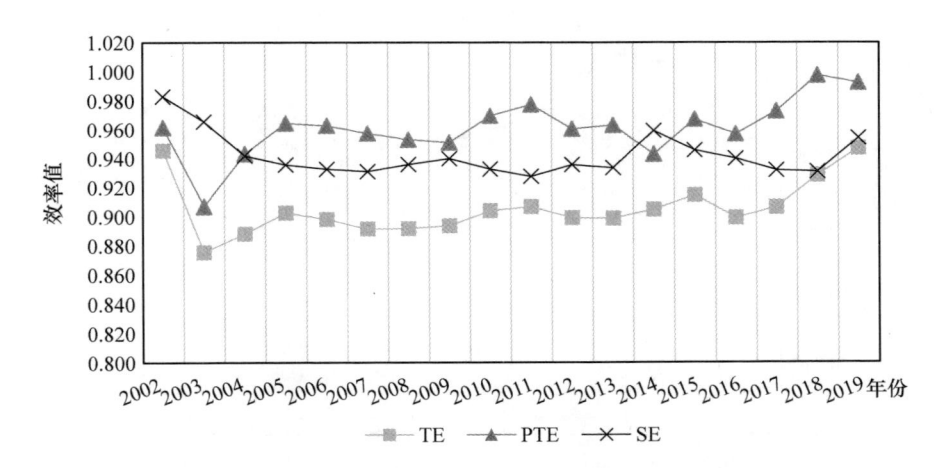

图 5-7 调整后丁香园论坛知识交流效率变化

通过对比丁香园论坛调整前后的知识交流技术效率，更易观测到剔除环境因素、随机干扰和管理无效率后丁香园论坛 5 个板块知识交

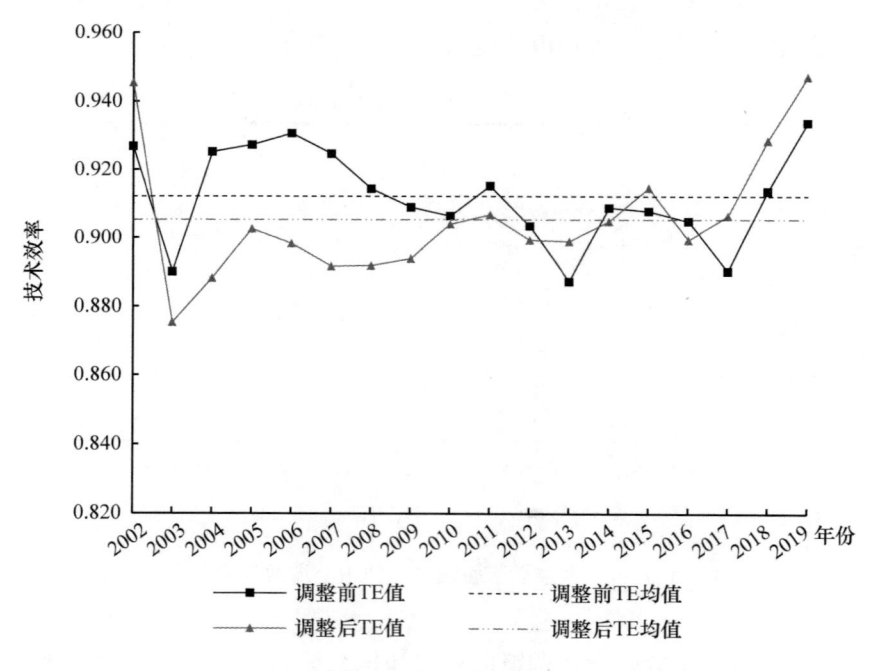

流效率的变化。调整前后丁香园论坛知识交流技术效率变化如图 5-8 所示。

  总体而言，调整前后丁香园论坛的知识交流技术效率大体一致。调整前丁香园论坛的知识交流技术效率值在其均值上下浮动，而调整后 2003—2014 年丁香园论坛的知识交流技术效率值均在其均值以下，2017 年以后丁香园论坛的知识交流技术效率值在其均值以上且上升趋势明显。2016 年被定义为互联网医院的元年，据不完全统计，全球互联网医院的数量已经超过 40 家，其中超过 30 家互联网医院于 2016 年诞生。丁香园论坛在 2016 年已经生产了 2600 多万字的健康科普教育内容，取得了非常好的效果，并于 2017 年 3 月加入互联网医院的行列，为民众带来了极大的福利。在这一背景下，丁香园论坛的知识交流效率急速上升。

图 5-8 调整前后丁香园论坛知识交流技术效率变化

四 结论与建议

本节利用熵权法和三阶段 DEA 模型分析 2002—2019 年丁香园论坛知识交流效率的变化情况。研究结果显示：（1）在丁香园论坛总体效率方面，调整前丁香园论坛的知识交流技术效率均值变化区间为［0.878，0.962］，调整后丁香园论坛的知识交流技术效率均值变化区间为［0.879，0.939］。与调整前相比，调整后各板块的知识交流技术效率差距缩小，表明环境因素、随机干扰和管理无效率的存在会导致丁香园论坛知识交流技术效率均值的变化幅度增大。（2）丁香园论坛 5 个板块的知识交流效率方面，剔除外生因素的影响后，"内分泌与代谢病"和"肿瘤医学"知识交流技术效率值下降较为明显，其余 3 个板块知识交流技术效率几乎没有发生变化。调整前后 5 个板块的知识交流技术效率的排序未发生变化，但均未达到决策单元有效。（3）环境因素对丁香园论坛知识交流效率的影响方面，用户活跃性对丁香园论坛知识交流效率产生负向影响，用户权威性和发帖质量对丁香园论坛知识交流效率有促进作用。（4）相比于丁香园论坛的知识交流规模效率，丁香园论坛的知识交流纯技术效率对知识交流技术效率的影响较大。

根据上述丁香园论坛知识交流效率的实证研究结果，本节从管理者的角度出发，为提高丁香园论坛知识交流效率、扩大知识传播范围和促进知识共享与知识创新提出以下四点建议：

（1）针对管理无效率以及知识交流技术效率不高的问题，社区管理者应重点提升丁香园论坛的资源配置水平，吸引高质量用户加入，筛选优质发帖内容，进而提升丁香园论坛单位投入的产出量。

（2）环境因素对丁香园论坛知识交流效率影响的结果显示，用户权威性和帖子影响力对丁香园论坛知识交流效率有促进作用。丁香园论坛管理者应邀请、聘任有威望的专家、学者在社区平台提供知识内容，并尝试开辟直播板块。除此之外，作为知识提供平台，丁香园论坛需要严格把握内容，健全内容审核机制，严禁低俗媚俗内容，提升内容质量，鼓励和号召用户参与知识交流。

（3）针对调整前后丁香园论坛知识交流技术效率值与纯技术效率值变化趋势一致的结果，社区管理者应加大对社区基础设施和技术应用的投入。比如改进丁香园论坛的推送算法，结合用户等级系统，进行精准化、个性化知识推送；不断完善、实时更新社区知识库，满足用户文档、图表、视频、音频等下载需求；提升界面美观性，向用户提供个性化界面定制服务，满足古典、简约、清新等不同需求。

（4）丁香园论坛管理者应改善社区文化氛围。按学科分类合理组织内容、建立完善的社区规范制度，形成社区独有的文化氛围，增强丁香园论坛用户的归属感和认同感，使用户能够快速融入社区，积极融洽地参与丁香园论坛知识交流活动，培养社区用户交流互动的意识，在知识交流过程中能够实现自我价值。

第四节　经管之家知识交流效率实证研究

一　数据来源

本节选择经管之家中受关注度较高的"经济金融数学专区""信息经济学""宏观经济学""马克思主义经济学"4个板块作为研究的决策单元，编写 Python 爬虫程序获取 2009—2019 年经管之家 4 个板块的用户数、发帖数、浏览数、再回复数、用户粉丝数、用户关注数、空间访问量、回帖数、积分、经验值、论坛币等数据项。所用数据的采集时间范围为 2020 年 3 月 8—15 日。为反映学术虚拟社区知识交流效率的真实情况，本节根据以下规则对采集到的发帖、回帖数据进行筛选：

（1）同一主题帖中，发帖人在该主题帖下反复发帖，且没有其他用户回应，则记为一次发帖；

（2）同一主题帖中，同一回帖人多次回帖，且没有其他用户回

应,则记为一次回帖;

(3) 同一主题帖中,不同回帖人回复内容相同,则记为一次回帖。

二 环境因素

已有研究发现,环境因素对学术虚拟社区知识交流效率的准确测定有所影响。本节综合考虑数据的可获取性及学术虚拟社区自身的特点,将影响经管之家知识交流效率的环境因素归纳为用户粉丝数、关注数、空间访问量、回帖数、积分、经验值、论坛币7种,如表5-17所示。

表5-17 影响经管之家知识交流效率的环境因素

影响因素	指标含义
粉丝数(E1)	用户的粉丝人数
关注数(E2)	用户关注人数
空间访问量(E3)	用户空间被浏览次数
回帖数(E4)	用户解答他人问题次数
积分(E5)	用户所获积分
经验值(E6)	用户在平台的累计经验
论坛币(E7)	用户发帖所获论坛金币

三 结果分析与讨论

(一) 传统DEA模型分析

为消除投入产出单位差异对经管之家知识交流效率的影响,本节将所有投入产出变量做取对数处理。为检验所选指标是否合理,本节对经管之家的投入产出指标进行"同向性"条件检验,如表5-18所示。2009—2019年经管之家投入与产出指标的Pearson相关系数均为正值,且在1%水平下显著相关,符合模型的"同向性"假设。

表 5-18　　　　　　　经管之家投入产出的相关性检验

变量	lnX1	lnX2	lnY1	lnY2	lnY3
lnX1	1	0.444***	0.471***	0.497***	0.810***
lnX2	0.444***	1	0.929***	0.897***	0.585***
lnY1	0.471***	0.929***	1	0.947***	0.493***
lnY2	0.497***	0.897***	0.947***	1	0.490***
lnY3	0.810***	0.585***	0.493***	0.490***	1

本节采用 Deap2.1 软件对经管之家知识交流效率的初始值进行计算，计算结果如表 5-19 所示，调整前经管之家的知识交流效率变化如图 5-9 所示。由表 5-19 可知，2009—2019 年经管之家 4 个板块第一阶段的知识交流效率平均值为 0.973，表明经管之家 4 个板块的知识交流效率在学术虚拟社区中处于较高水平。同时可以看出，仅"马克思主义经济学"板块的年均知识交流效率超过了平均值，其效率值为 0.986，"宏观经济学"板块知识交流效率最低为 0.967。由此可见，经管之家不同板块间的知识交流效率差异明显。

表 5-19　　　　　　2009—2019 年经管之家 4 个板块
第一阶段知识交流效率变化

年份	经济金融数学专区	信息经济学	宏观经济学	马克思主义经济学	平均值
2009	1.000	1.000	1.000	1.000	1.000
2010	1.000	0.919	1.000	1.000	0.980
2011	0.924	1.000	0.960	0.991	0.969
2012	1.000	1.000	0.974	0.970	0.986
2013	1.000	1.000	0.945	0.925	0.968
2014	0.914	0.953	1.000	0.970	0.959
2015	0.947	0.927	0.950	1.000	0.956

续表

年份	经济金融数学专区	信息经济学	宏观经济学	马克思主义经济学	平均值
2016	0.937	0.970	0.897	1.000	0.951
2017	0.934	0.928	0.937	1.000	0.950
2018	0.987	1.000	0.980	0.994	0.990
2019	1.000	0.976	1.000	1.000	0.994
平均值	0.968	0.970	0.967	0.986	0.973
排序	3	2	4	1	—

由图 5-9 可知，经管之家知识交流的纯技术效率值与技术效率值变化趋势基本一致，由此可知，在剔除外生因素的影响前，经管之家知识交流的纯技术效率对技术效率变化的影响较大。但该结果未剔除外生因素的干扰，不能准确反映学术虚拟社区知识交流效率变化的实际情况，因而需在剔除外生因素的影响后，再次对学术虚拟社区知识交流效率进行测定。

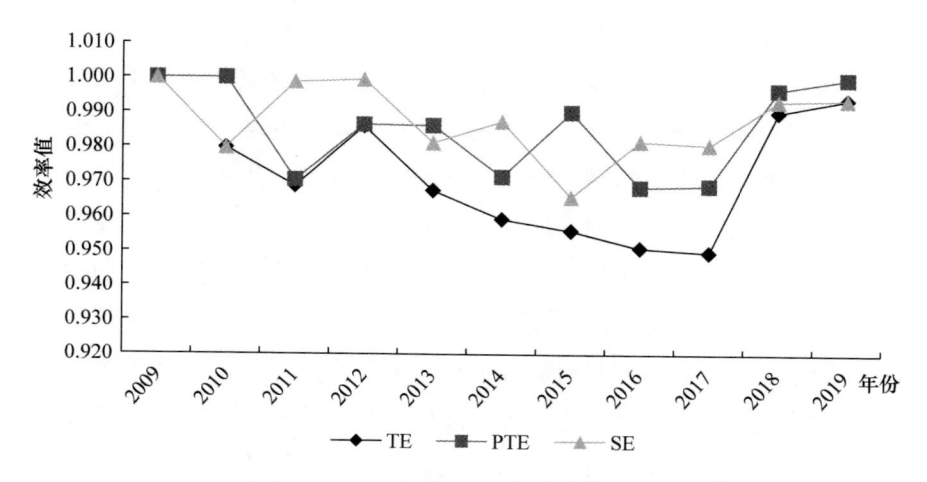

图 5-9 调整前经管之家知识交流效率变化

(二) 相似 SFA 估计

本节主要依据 Cobb-Douglas 型函数计算相应指标, 且考虑到环境因素的单位影响和某些环境因素值可能为 0 的情况, 因此将环境因素的原始数据增加 1 后, 再对其做对数化处理。本书将经管之家 4 个板块的投入冗余值作为被解释变量, 各环境因素作为自变量, 利用 Frontier 4.1 软件进行相似 SFA 回归, 回归结果如表 5-20 所示。似 SFA 回归的对数似然函数值 (log likelihood function)、似然比检验 (LR test) 均通过了显著性检验, 估计效果较好。除空间访问量外, 各环境因素的系数均不同程度地通过 t 检验, 说明环境因素对各投入变量的冗余值有所影响。经管之家两个投入变量的松弛变量 γ 值分别为 0.999 和 0.802, 且均在 1% 水平上通过 t 检验, 说明用户数和发帖数影响因子方程中管理无效率占主要地位。由此可见, 相对于随机干扰, 管理无效率对经管之家的知识交流效率影响更大。

由表 5-20 可知, 除空间访问量外, SFA 模型估计的环境因素系数均不同程度通过检验。以用户发帖数松弛变量的 SFA 模型为例, 用户粉丝数、关注数、空间访问量、回帖数、积分、经验值、论坛币 7 个环境因素的系数分别为 $\beta_1 = -0.508, \beta_2 = 0.686, \beta_3 = 0.167, \beta_4 = -4.261, \beta_5 = 2.384, \beta_6 = 1.742, \beta_7 = -0.107$。在其他条件不变的情况下, 用户粉丝数系数为负数, 表明用户粉丝数的增加会使用户数松弛变量降低, 即产出提高, 因而对知识交流效率产生正向影响。用户关注数的系数为正数, 表明用户关注数的增加会使用户数松弛变量升高, 即产出降低, 但用户关注数在两个投入变量冗余值所对应的回归系数符号不同, 不考虑两个投入变量在经管之家知识交流效率评估时的权重差异时, 由于用户粉丝数所对应的用户数冗余值系数的绝对值小于发帖数冗余值系数的绝对值, 故用户粉丝数对提升经管之家知识交流效率有促进作用。用户空间访问量未通过 t 检验。用户回帖数系数为负值, 表明用户回帖数的增加会使用户数松弛变量降低, 即产出增加, 因而对知识交流效率产生正向影响。用户积分数系数为正数,表明用户积分数的增加会使用户数松弛变量升高,即产出降低,因而对知识交流效率产生负向影响。用户论坛币的系数为负,对知识交流效率有促进作用。

表 5-20 第二阶段似 SFA 回归结果

类别	lnX1 冗余值	t 统计值	lnX2 冗余值	t 统计值
常数项	-10.557	-5166.530***	5.154	5.358***
lnE1	-0.508	-1.919*	0.137	1.665*
lnE2	0.686	5.521***	-0.687	-4.423***
lnE3	0.167	1.025	0.190	0.684
lnE4	-4.261	-4.744***	0.629	1.713*
lnE5	2.384	1.866*	1.188	1.819*
lnE6	1.742	4.647***	-1.310	-2.530***
lnE7	-0.107	-3.203***	-0.287	-2.396***
σ^2	2.498	1.780*	1.462	1.756*
γ	0.999	7190618.400***	0.802	2.408***
log likelihood function	—	-52.144***	—	-54.366***
LR test	—	20.350***	—	3.437***

(三)调整后经管之家知识交流技术效率分析

本书根据公式(3-5)对初始投入变量进行调整,并使用 Deap2.1 软件对调整后的投入变量和原始产出变量进行分析,得到第三阶段经管之家的知识交流效率变化情况,如表 5-21 所示,调整后经管之家的知识交流效率变化如图 5-10 所示。

由表 5-21 可知,总体来看,调整后经管之家的平均效率值由 0.973 下降到 0.964,由此,总体而言,环境因素对经管之家知识交流技术效率有反向作用。调整前后经管之家 4 个板块的技术效率均值均未达到 1,处于决策单元无效状态。调整前经管之家技术效率的取值范围为 [0.950,1.000],调整后经管之家技术效率的取值范围为 [0.927,0.998],调整后各板块的技术效率差距增大。除"经济金融数学专区"板块的知识交流技术效率保持不变外，其余3个板块知识交流技术效率均有所降低，其中，"马克思主义经济学"板块知识交流技术效率值下降最为明显，但该板块调整前后知识交流技术效率均排第一，这表明环境因素对"经济金融数学专区"几乎没有影响，而对"信息经济学""宏观经济学""马克思主义经济学"的知识交流技术效率有负向影响。调整后的经管之家4个板块技术效率排名发生了显著的变化，其中，"经济金融数学专区"排名由第三上升为与"马克思主义经济学"并列第一，由此可知，经管之家用户对马克思主义经济学和经济金融数学较为关注。

表5-21　　　　　2002—2019年经管之家4个板块
第三阶段知识交流技术效率变化

年份	经济金融数学专区	信息经济学	宏观经济学	马克思主义经济学	平均值
2009	1.000	0.870	1.000	1.000	0.968
2010	1.000	0.798	0.990	1.000	0.947
2011	0.972	0.903	0.959	0.996	0.958
2012	1.000	1.000	0.967	0.966	0.983
2013	1.000	0.980	0.939	0.917	0.959
2014	0.898	1.000	0.997	0.935	0.958
2015	0.966	0.974	0.950	0.998	0.972
2016	0.919	0.966	0.892	0.929	0.927
2017	0.920	1.000	0.933	0.949	0.951
2018	0.987	1.000	0.980	0.956	0.981
2019	0.990	1.000	1.000	1.000	0.998
平均值	0.968	0.954	0.964	0.968	0.964
排序	1	3	2	1	—

由图5-10可知，调整后，相比于经管之家知识交流规模效率对知识交流技术效率的影响，经管之家知识交流的纯技术效率与知识交流的技术效率变化更趋于一致，由此可知，调整后经管之家知识交流

第五章　学术虚拟社区知识交流效率评价

的纯技术效率对知识交流的技术效率影响较大。

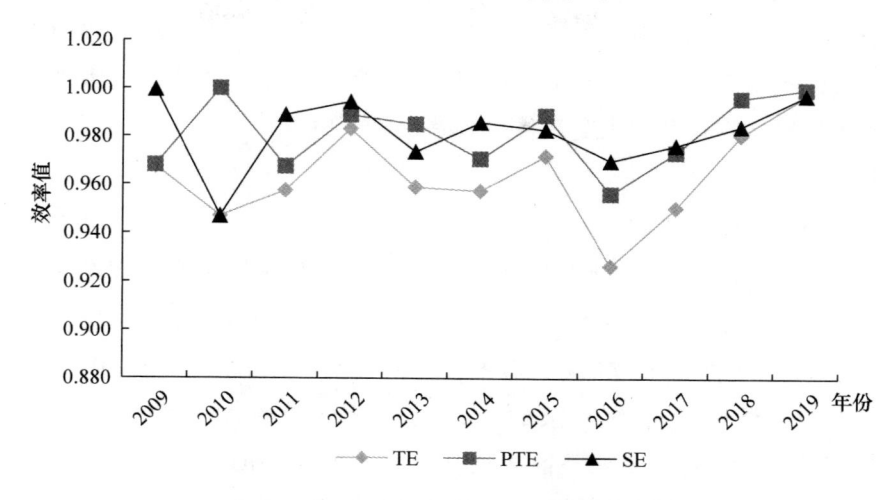

图 5-10　调整后经管之家知识交流效率变化

通过对比经管之家调整前后的知识交流技术效率，更易观测到剔除环境因素、随机干扰和管理无效率后经管之家 4 个板块知识交流效率的变化。调整前后经管之家知识交流技术效率变化如图 5-11 所示。

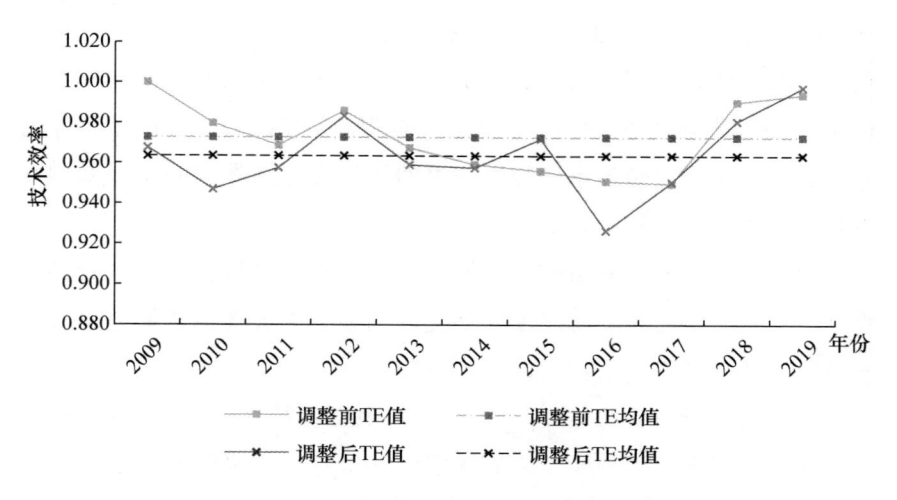

图 5-11　调整前后经管之家知识交流技术效率变化

— 159 —

总体而言，调整前经管之家的知识交流技术效率均值高于调整后经管之家的知识交流技术效率均值。且除2014年以外，调整后的知识交流技术效率均在调整前知识交流技术效率之上，表明环境因素不利于经管之家提升知识交流技术效率。

四 结论与建议

本节利用三阶段DEA模型分析2009—2019年经管之家知识交流效率的变化情况。研究结果显示：（1）在经管之家总体效率方面，调整前经管之家的知识交流技术效率均值变化区间为［0.950，1.000］，调整后经管之家的知识交流技术效率均值变化区间为［0.927，0.998］。与调整前相比，调整后各板块的知识交流技术效率差距扩大，表明环境因素、随机干扰和管理无效率会导致经管之家技术效率均值的变化幅度减小。（2）经管之家4个板块的知识交流效率方面，在剔除外生因素的影响后，除"经济金融数学专区"板块的知识交流技术效率保持不变外，其余3个板块知识交流技术效率均有所降低，其中，"马克思主义经济学"板块知识交流技术效率值下降最为明显，且调整前后各决策单元均未达到决策单元有效。（3）环境因素对经管之家知识交流效率的影响方面，用户粉丝数、关注数、回帖数和论坛币对经管之家知识交流效率产生正向影响，用户积分和经验值对经管之家知识交流效率有促进作用。（4）相比于经管之家的知识交流规模效率，经管之家的知识交流纯技术效率对知识交流技术效率的影响较大。

根据上述经管之家知识交流效率的实证研究结果，本节从管理者的角度出发，为提高经管之家知识交流效率、扩大知识传播范围和促进知识共享与知识创新提出以下三点建议：

（1）针对管理无效率的存在以及知识交流技术效率不高的问题，社区管理者应重点提升经管之家的资源配置水平，吸引高质量用户的加入，筛选优质发帖内容，进而提升经管之家单位投入的产出量。

（2）环境因素对经管之家知识交流效率影响的结果显示，用户粉丝数、关注数、回帖数和论坛币对经管之家知识交流效率有促进作用。经管之家管理者应鼓励用户之间的交互。除此之外，作为知识提供平台，经管之家需要严格把握内容，健全内容审核机制，严禁低俗媚俗内容，提升内容质量，鼓励和号召用户参与知识交流。

（3）针对调整前后经管之家知识交流技术效率值与纯技术效率值变化趋势一致的结果，社区管理者应加大对社区基础设施和技术应用的投入。比如改进经管之家的推送算法，结合用户等级系统，进行精准化、个性化知识推送；不断完善、实时更新社区知识库，满足用户文档、图表、视频、音频等下载需求；提升界面美观性，可以向用户提供个性化界面定制服务，满足古典、简约、清新等不同需求。

第五节　三个学术虚拟社区知识交流效率对比

一　三个学术虚拟社区知识交流效率的相同点

（1）在学术虚拟社区知识交流技术效率方面，调整前后各学术虚拟社区知识交流技术效率均未达到决策单元有效。

（2）在学术虚拟社区知识交流效率变化方面，调整前后，三个学术虚拟社区的知识交流纯技术效率与其知识交流技术效率变化趋势基本一致，因此，相比于学术虚拟社区的知识交流规模效率，学术虚拟社区的知识交流纯技术效率对其知识交流技术效率影响较大。

（3）环境因素对三个学术虚拟社区知识交流技术效率的影响程度不同。调整前，小木虫社区知识交流技术效率变化区间为[0.946，0.988]，调整后小木虫社区的知识交流技术效率均值区间变为[0.971，0.991]。与调整前相比，调整后的学术虚拟社区 TE 均值的变化区间缩小，表明环境因素、随机干扰和管理无效率会导致小木虫社区知识交流技术效率的均值变化幅度增大。调整前丁香园论坛知识交流技术效率的均值区间为[0.878,0.962]，调整后丁香园论坛的知识交流技术效率均值变化区间为[0.879,0.939]。与调整前相比，调整后各板块的技术效率差距缩小，表明环境因素、随机干扰和管理无效率会导致在线健康社区技术效率均值的变化幅度增大。同理，调整前经管之家的知识交流技术效率均值区间为[0.950,1.000]，调整后经管之家的知识交流技术效率均值变化区间为[0.927,0.998]。与调整前相比，调整后各板块的知识交流技术效率差距增大，表明环境因素、随机干扰和管理无效率会导致经管之家技术效率均值的变化幅度减小。因此，环境因素会使学术虚拟社区知识交流效率的变化幅度增大。

二　小木虫社区、丁香园论坛、经管之家知识交流效率的不同点

环境因素对三个学术虚拟社区知识交流技术效率的影响不同，剔除环境因素、随机干扰和管理无效率的影响后，小木虫社区的平均效率值由0.963上升到0.973，丁香园论坛的平均效率值由0.912下降到0.905，经管之家的平均效率值由0.973下降到0.964。由此可知，环境因素对不同类型的学术虚拟社区所起的作用有所不同。

第六节　本章小结

本章利用三阶段DEA模型分别测算小木虫社区、丁香园论坛和经管之家三个学术虚拟社区知识交流效率值，分析这三个学术虚拟社区知识交流效率的影响因素，并测算这三个学术虚拟社区知识交流效率的真实值。通过研究可以发现以下结论：

（1）在学术虚拟社区知识交流技术效率方面，调整前后各学术虚拟社区知识交流技术效率均未达到决策单元有效；

（2）相比于学术虚拟社区的知识交流规模效率，学术虚拟社区的知识交流纯技术效率对其知识交流技术效率影响较大；

（3）环境因素会使学术虚拟社区知识交流效率的变化幅度增大，但不同的学术虚拟社区受环境影响的程度不同，学术虚拟社区应该严格把好质量关，健全内容审核机制，提升内容质量，鼓励和号召用户参与知识交流。

第六章　学术虚拟社区知识交流仿真模型构建

第一节　数据来源与处理

本研究选取小木虫社区作为数据收集的平台。该社区成立于2001年，主要的讨论内容是理工学科的相关知识，在一定程度上满足了科研人员之间的知识交流和资源共享。目前，有生物医药区、化学化工区、人文经济区等16个一级讨论区，有新药研发、有机交流、材料综合等131个二级板块。据相关统计，当前该社区主题超过440万个，帖子约144万条，平均每天新增47861条帖子，已注册的会员有2184647人[①]，功能完善，内容丰富，是国内较有影响力的学术虚拟社区之一。小木虫社区的组织方式是按照板块进行的，其中的专业板块是知识交流和创新的重要板块，知识特征最为明显。在某个专业板块中，社区成员通过主题帖发起话题，同时也围绕感兴趣的专业问题展开讨论，就主题帖中的观点发表自己的意见，对主题帖中的问题提供自己的回答，或直接对评论中某些成员的看法进行回复。考虑到板块规模、学科差异、社区成员特征差异的影响，经过细致筛选，发现"有机交流"和"人文社科"两个板块交流的内容学术性较强，并且用户相对较为活跃，具有一定的代表性。因此，本研究最终选定小木虫社区化学化工区的"有机交流"板块和人文经济区的"人文社科"板块作为数据获取的来源。

---

① 吴佳玲：《虚拟学术社区知识交流效率研究》，硕士学位论文，西南科技大学，2019年。

第六章　学术虚拟社区知识交流仿真模型构建

本研究按照时间序列，以月为周期，通过 Python 爬虫程序获取了这两个板块 2019 年全年的数据，内容主要包括知识交流的主题、内容、交流成员之间的关系。最终共获取数据 39762 条，数据获取后以数据表形式存储在关系型数据库 PostgreSQL 中。经过初步统计，共获取主题帖数据 10134 条，其中"有机交流"板块 9914 条，"人文社科"板块 220 条；评论和回复数据 29628 条，其中"有机交流"板块 29308 条，"人文社科"板块 320 条。

在数据清理过程中，首先删除了数据中的重复项，其次对因网络状况导致的不完整数据进行了补全或清理。例如，删除了由于网页解析导致的作者为空的主题帖和主题帖不存在的评论等脏数据。通过数据的清洗和整理，共保留数据 38017 条，包括主题帖数据 9680 条，其中"有机交流"板块 9460 条，"人文社科"板块 220 条；评论和回复数据 28337 条，其中"有机交流"板块 28032 条，"人文社科"板块 305 条。数据清理后，为便于后续的处理和分析，数据以表形式存储在 CSV 文件中。抓取到的主帖原始数据字段包括：帖子编号（此处编号为数据库中主键）、板块 ID、分类标签、标题、悬赏金币、评论数、浏览数、发帖用户、发帖时间、最后评论用户、最后评论时间。表 6-1 为主帖数据部分样本，其中，189 为"有机交流"板块 ID，453 为"人文社科"板块 ID，发帖用户名和评论用户名为避免隐私问题做了去标示处理。

在对清理后的数据进行社会网络分析之前，本研究通过 Python 程序将数据表转换成了邻接矩阵的形式。为了去除自我评论数据和自我回复数据对后续知识交流效率测度的影响，在数据转换过程中去除了自环；同样，为了方便对清理后的数据进行描述性统计分析，本研究也通过 Python 程序对所需的数据进行提取和整理，以供下一步研究使用。表 6-2 为评论与回复数据部分样本，其中，帖子编号为该评论或回复所在的主帖编号，引用楼层如果为 0，则该条记录为评论；如果为非 0，则该记录为回复，数值为该评论或回复引用的楼层。该表主要包括评论编号（此处编号为数据库的主键）、帖子编号、楼层、

表6-1 获取到的主帖原始数据结构

帖子编号	板块ID	分类标签	标题	悬赏金币	评论数	浏览数	发帖用户	发帖时间	最后评论用户	最后评论时间
2274	189	有机合成	Title1	40	8	121	Posting User1	2019-01-18	Comment user1	2019-11-22 15:02:30
2485	189	波谱分析	Title2	20	6	93	Posting User2	2019-01-05	Comment user2	2019-08-15 16:19:08
…	…	…	…	…	…	…	…	…	…	…
3858	453	学术研究	Title3	5	9	109	Posting User3	2019-01-30	Comment user3	2020-01-04 08:55:19
7893	453	中外史学	Title4	0	4	171	Posting User4	2019-01-17	Comment user4	2020-01-09 07:13:01

表6-2 提取后的评论与回复原始数据结构

评论编号	帖子编号	楼层	评论用户	评论时间	引用楼层	评论内容	收到的赞
15308	2727	6	User1	2019-02-27 14:29:02	0	Comment1	0
19013	3443	6	User2	2019-02-14 14:55:19	5	Comment2	2
…	…	…	…	…	…	…	…
194855	29810	3	User3	2019-02-04 18:33:57	0	Comment3	0
194856	29810	4	User4	2019-02-16 07:12:33	3	Comment4	0

第六章 学术虚拟社区知识交流仿真模型构建

评论用户、评论时间、引用楼层、评论内容、收到的赞。提取后的数据格式如表6-2所示。

第二节 数据的统计与分析

一 数据总体分析

对数据的总体分析主要从人群统计和活动统计（发帖、评论、回复和浏览行为）两个方面出发，探寻整体数据的变化趋势和特点。

（一）"有机交流"板块

本研究以月为周期分别对两个板块的主要数据进行了统计和整理，其中活跃用户为发帖人数、评论人数和回复人数的并集，浏览人数为总用户数减去活跃用户数。"有机交流"板块每个周期的总用户数在42005—105284波动，活跃用户数在640—1395波动，浏览人数在41365—104001波动，发帖人数在376—875波动，评论人数在313—654波动，回复人数在157—348波动，如图6-1所示（其中

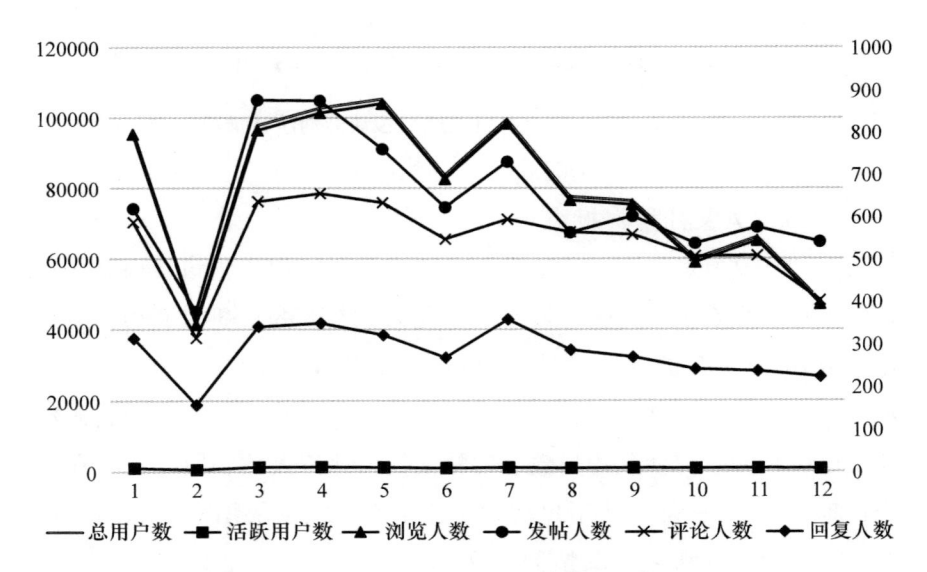

图6-1 2019年"有机交流"板块人群统计情况

总用户数、活跃用户数、浏览人数按照主坐标轴显示，发帖人数、评论人数、回复人数在次坐标轴显示）。另外，在这12个周期内，用户的总浏览数在43891—109097波动，总发帖数在436—1092波动，总评论数在766—2105波动，总回复数在338—978波动，如图6-2所示（其中浏览数在主坐标轴显示，发帖数、评论数、回复数在次坐标轴显示）。

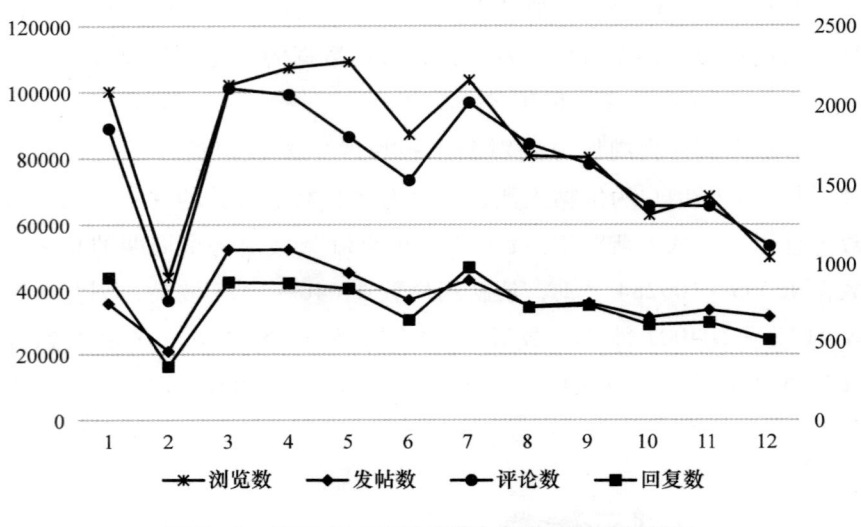

图6-2 2019年"有机交流"板块活动统计情况

(二)"人文社科"板块

在"人文社科"板块中，通过对人群统计可以发现该板块每个周期的总用户数在848—3388波动，浏览人数在838—3348波动，活跃用户数在10—42波动，发帖人数在7—22波动，评论人数在3—30波动，回复人数在0—9波动，如图6-3所示（总用户数、浏览人数在主坐标轴显示，活跃用户数、发帖人数、评论人数、回复人数在次坐标轴显示）。另外，从用户活动特征来看，该板块用户的总浏览数在987—3591波动，总发帖数在7—26波动，总评论数在3—54波动，总回复数在0—50波动，具体情况如图6-4所示（浏览数在主

第六章　学术虚拟社区知识交流仿真模型构建

坐标轴显示，发帖数、评论数、回复数在次坐标轴显示）。

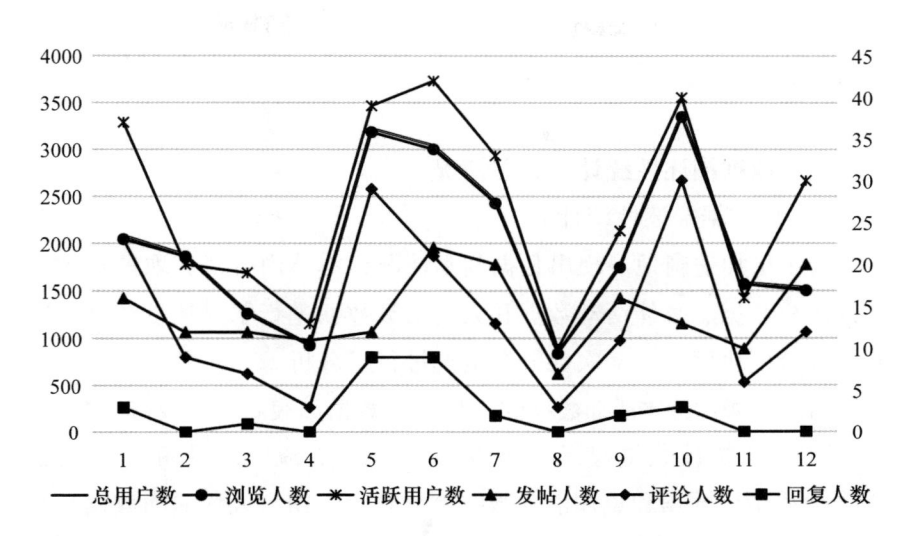

图 6-3　2019 年"人文社科"板块人群统计情况

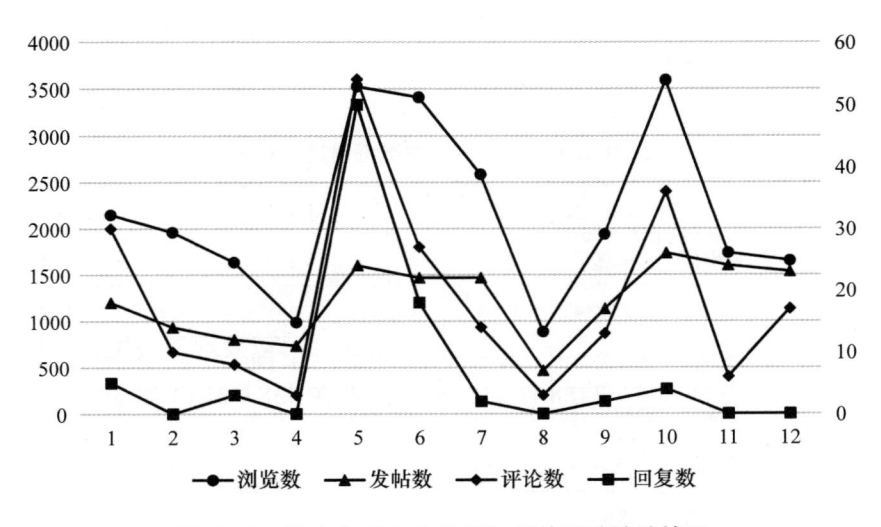

图 6-4　2019 年"人文社科"板块活动统计情况

综合"有机交流"和"人文社科"两个板块的人群统计和活动统计情况，不难发现各个周期的数据虽有所波动，但整体上趋于稳定，波动很大程度上受到社区用户主观因素影响。相对而言，"人文社科"板块的发帖数、评论数和回复数波动范围较大，这与"人文社科"板块的用户结构有一定关系。

二 数据描述性统计与分布情况

（一）数据描述性统计分析

为了更加清晰地展现出数据基本情况，本节内容对获取的小木虫社区用户数据、总体活动数据和人均活动数据进行了描述性统计，以及对部分板块用户活动次数分布情况进行了分析。

用户数据、总体活动数据和人均活动数据如表6-3、表6-4、表6-5所示。统计数据显示，2019年"有机交流"板块和"人文社科"板块用户数据和总体活动数据差异较大，用户人均活动数据存在一定程度的区别，这与板块自身的结构性差异有关，也受到不同因素的影响，在接下来的章节中将会详细讨论影响用户知识交流的主要因素以及影响程度。

表6-3　　2019年小木虫社区用户数据描述性统计

统计指标		总用户数	活跃用户数	发帖人数	评论人数	回复人数	浏览人数
有机交流	最小值	42005	640	376	313	157	41365
	最大值	105284	1395	875	654	357	104001
	均值	79625.250	1084.000	638.670	541.170	279.250	78541.250
	标准差	21777.118	214.728	146.299	99.574	59.716	21578.280
人文社科	最小值	848	10	7	3	0	838
	最大值	3388	42	22	30	9	3348
	均值	2003.250	26.920	14.250	13.920	2.420	1976.330
	标准差	861.502	11.325	4.575	9.558	3.288	851.294

表6-4　　2019年小木虫社区用户总体活动数据描述性统计

统计指标		发帖数	评论数	回复数	浏览数
有机交流	最小值	436	766	338	43891
	最大值	1092	2105	978	109097
	均值	788.330	1614.580	721.420	82993.750
	标准差	189.148	406.370	188.587	22573.750
人文社科	最小值	7	3	0	885
	最大值	26	54	50	3591
	均值	18.330	18.420	7.000	2171.580
	标准差	6.140	15.500	14.441	927.033

表6-5　　2019年小木虫社区用户人均活动数据描述性统计

统计指标		发帖数	评论数	回复数	浏览数
有机交流	最小值	1.160	2.447	2.153	1.049
	最大值	1.295	3.400	2.923	1.067
	均值	1.231	2.946	2.556	1.058
	标准差	0.032	0.285	0.208	0.006
人文社科	最小值	1.000	1.000	0.000	1.052
	最大值	2.400	1.862	5.556	1.298
	均值	1.334	1.215	1.296	1.102
	标准差	0.496	0.243	1.658	0.067

(二) 数据分布情况

本节内容选择"有机交流"板块用户发帖数、评论数、回复数以及浏览数的分布情况进行展示，从而发现了一些规律。由于"人文社科"板块用户活动数据分布特征与"有机交流"板块相似，仅挑选"人文社科"板块浏览数分布情况进行说明。2019年"有机交流"板块用户发帖数、评论数和回复数分布情况如图6-5、图6-6、图6-7所示。

分析统计数据可以得出，2019年小木虫社区"有机交流"板块参与知识交流的用户共有 13008 个。从图 6-5、图 6-6、图 6-7 可以得出，就单个用户而言，用户的发帖数、评论数和回复数，都呈现出明显的幂律分布。从图 6-5 中可以得出，有发帖行为的用户共 7664 个，约占全部用户的 58.92%；其中绝大多数的用户发帖数在 5 次以下，发帖数在 5 次（含 5 次）以上的用户仅有 63 个，仅占全体用户的 0.48%；用户发帖数最多的为 19 次。

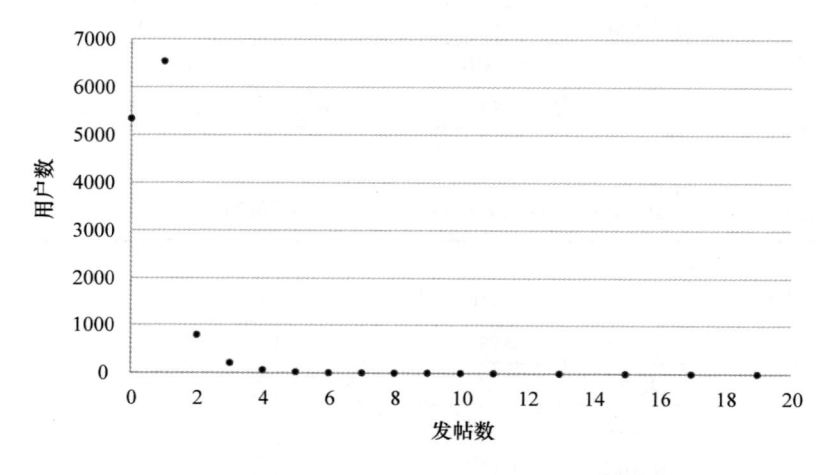

图 6-5　2019 年"有机交流"板块用户发帖数分布

从图 6-6 中可以得出，有评论行为的用户共 6494 个，约占全部用户的 49.92%；其中绝大多数的用户评论数在 30 次以下，评论数在 30 次（含 30 次）以上的用户仅有 57 个，仅占全体用户的 0.44%；评论数最多的为 265 次，仅有 1 个用户。

从图 6-7 中可以看出，有回复行为的用户有 3351 个，约占全部用户的 25.76%；其中绝大多数的用户回复数在 20 次以下，回复数在 20 次（含 20 次）以上的用户仅有 28 个，仅占全体用户的 0.22%；回复数最多的为 64 次，仅有 1 个用户。

用户活动频数的幂律分布现象在小木虫社区的"人文社科"板块数据统计结果中也很明显。在 2019 年"人文社科"板块参与知识交

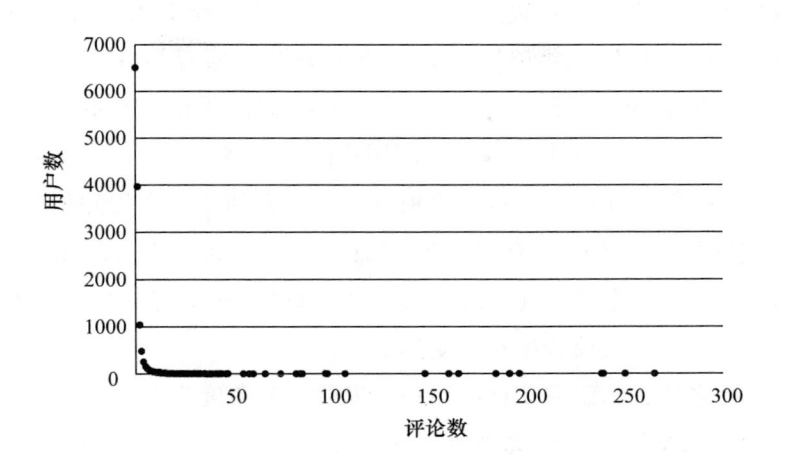

第六章 学术虚拟社区知识交流仿真模型构建

图 6-6 2019 年"有机交流"板块用户评论数分布

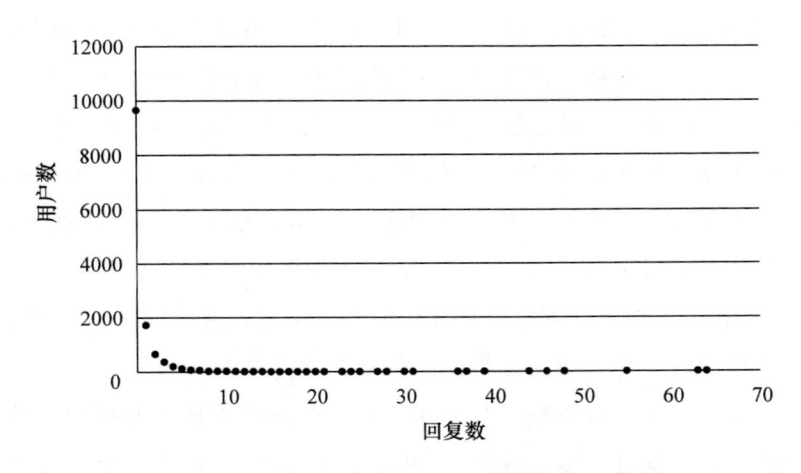

图 6-7 2019 年"有机交流"板块用户回复数分布

流活动的 323 个用户中，有发帖行为的用户为 171 人，约占全部用户的 52.94%，发帖数在 3 次（含 3 次）以上的仅有 8 人，约占全部用户的 2.48%，发帖数在 5 次（含 5 次）以上的用户有 3 人，约占全部用户的 0.93%；评论用户有 171 人，约占全部用户的 52.94%，评论数在 3 次（含 3 次）以上的有 9 人，约占全部用户的 2.79%，评论数在 5 次（含 5 次）以上的用户有 4 人，约占全部用户的 1.24%；回复用户有 29 人，约占全部用户的 8.98%，回复数在 3 次（含 3 次）以上的有 8 人，约占全部用户的 2.48%，回复数在 5 次（含 5 次）以上的用户有 3 人，约占全部用户的 0.93%。

以上数据分布表明，在小木虫社区中，大部分用户的知识交流参与程度较低。虽然在"有机交流"板块中参与知识交流的用户数量远远多于"人文社科"板块，但就活跃用户占比而言，"人文社科"板块的用户知识交流程度相对更高。

除此之外，本研究从社区用户已发帖子的角度出发，对"有机交流"和"人文社科"板块浏览、评论和回复数的分布情况进行分析后发现，每个帖子的评论数和回复数也呈现出明显的幂律分布状态。在"有机交流"板块的 9460 个帖子中，有评论的帖子有 6743 个，约占全部帖子的 71.28%，评论数在 10 次（含 10 次）以上的帖子仅有 179 个，仅占全部帖子的 1.89%；有回复的帖子有 3281 个，约占全部帖子的 34.68%，回复数在 10 次（含 10 次）以上的帖子仅有 69 个，仅占全部帖子的 0.73%。在"人文社科"板块的 220 个帖子中，有评论的帖子有 98 个，约占全部帖子的 44.55%，评论数在 10 次（含 10 次）以上的帖子有 3 个，仅占全部帖子的 1.36%；有回复的帖子有 23 个，约占全部帖子的 10.45%，回复数在 10 次（含 10 次）以上的帖子有 2 个，仅占全部帖子的 0.91%。

从以上数据可以看出，"有机交流"板块中有评论和回复的帖子在占比上都要高于"人文社科"板块，两个板块的帖子评论数和回复数的分布总体上都呈现出幂律分布的状态。更值得注意的是，在帖子的浏览数分布上，两个板块之间显示出了较大差异性。"有机交流"板块的帖子浏览数最多的有 3624 次，最少的仅有 3 次；帖子浏览次数呈现出泊松分布的状态，其中在浏览数为 50 次的时候，出现了明显的尖峰，在浏览数为 [0—100] 的区间内涵盖了 6463 个帖子，约占所有帖子的 68.32%，如图 6-8 所示。

第六章 学术虚拟社区知识交流仿真模型构建

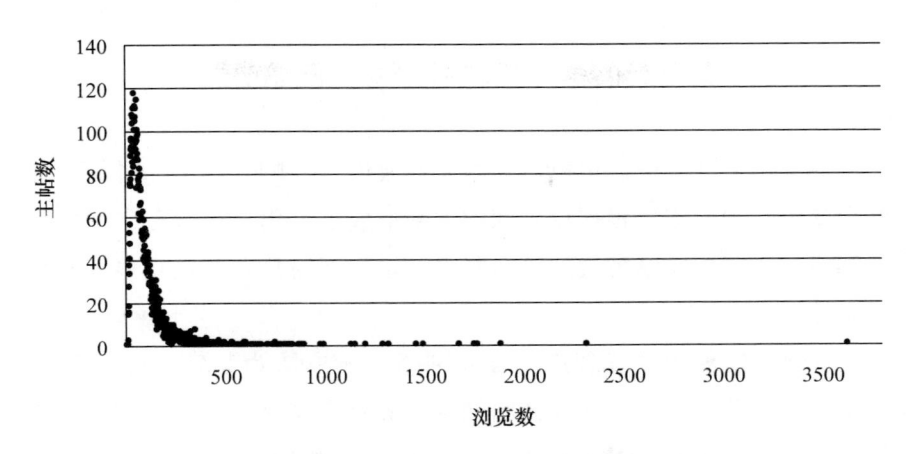

图 6-8 2019 年"有机交流"板块帖子浏览数分布

而在"人文社科"板块的 220 个帖子中，浏览数呈现出了较为均匀的分布状态。浏览数最多的有 1684 次，最少的有 14 次，绝大多数的帖子浏览数都在 300 次以下均匀分布，只有极少数的帖子浏览数在 300 次以上；其中浏览数在 200 次以下的帖子有 198 个，占全部帖子的 90%；浏览数在 300 次以下的帖子有 208 个，约占所有帖子的 94.55%，如图 6-9 所示。

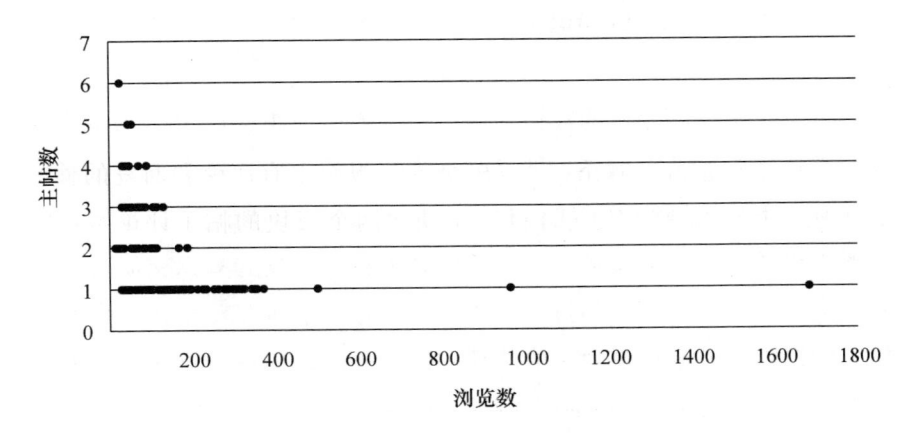

图 6-9 2019 年"人文社科"板块帖子浏览数分布

第三节　学术虚拟社区社会网络分析

在小木虫社区中，用户之间的关系通过"发帖—评论—回复"的知识交流行为形成，根据用户间的关系形成了以用户为节点、用户间的知识交流行为关系为边的复杂网络，这类网络具有节点众多、关系复杂的特点。

本研究以复杂系统理论与社会网络分析方法为基础，选择2019年1月1日至12月31日为时间周期，并按月为单位划分为12个数据周期，获取小木虫社区化学化工区的"有机交流"板块与人文经济区的"人文社科"板块中的数据作为样本数据。以小木虫社区中的用户作为网络节点，以用户间"发帖—评论—回复"知识交流关系作为网络中的边，构建小木虫社区知识交流网络。通过对知识交流网络的观察与计算，发现学术虚拟社区中知识交流网络整体特征以及用户个体间知识交流行为所展现出来的特征与规律，为下一步的模拟仿真模型的验证过程提供支持。

一　学术虚拟社区知识交流网络的基本要素

（一）节点

节点是指所要分析的社会网络中的个人或组织，还包括一些能够作为整体进行分析的群体，即参与网络行为的主体，每个主体在网络中被称为节点。网络中的主体根据研究者的研究问题确定，本研究以学术虚拟社区中知识交流效率测度研究为目的，发起知识交流行为的用户为知识交流网络中的行动主体，即节点。本研究对获取用户的数据去标识化后，通过自动生成的唯一标识来标识知识交流网络中的唯一节点，节点的大小代表节点度的大小。

（二）关系

在网络中，主体之间的相互联系称为关系，如果主体间通过某种关系相互关联，就将主体之间的关系抽象为网络中的边，表示主体之间的关系。其中，关系又被分为无向关系和有向关系，将对称性的关系称为无向关系，将非对称性或有方向性的关系称为有向关系。本研究根据学术虚拟社区中知识交流行为的特征与规律，将"发帖—评论—回复"抽象为用户之间的行为，用户知识交流行为存在用户评论和回复方向特征，故将小木虫社区中用户间的知识交流行为表征为有向关系，依据用户间"评论—回复"的知识交流行为，生成节点间的连线，连线的粗细代表节点间知识交流的强弱程度。

二 知识交流网络矩阵构造

小木虫社区中的知识交流关系是指用户之间的"评论—回复"关系。在小木虫社区中，帖子内部存在评论关系、回复关系，用户间知识交流关系构成了用户间不同的知识交流纽带，进而形成了用户间"评论"与"回复"的有向关系网络。本研究将 Python 爬虫获取的帖子内容中的用户信息、评论、回复关系抽取出来，利用 Python 自编程序对用户间的交流关系进行匹配，并根据用户间的交流情况构建知识交流矩阵，网络中的方向是评论（回复）者指向被评论（回复）者。在矩阵中，Z_{ij} 取值为 1，表示在帖子中第 i 列的用户对第 j 列的用户进行一次评论，如表 6-6 所示。

表 6-6　　　　　　部分用户评论关系矩阵

	User1	User2	User3	User4	User5
User1	0	0	1	1	0
User2	0	0	0	0	0
User3	0	0	0	0	0
User4	0	0	0	0	0
User5	0	0	0	0	0

三 整体网络结构分析

根据后续研究需要,将所获取的化学化工区中"有机交流"板块与人文经济区中"人文社科"板块数据,分别以月划分为12个周期,分别将整体数据与每一周期数据处理成矩阵格式,导入 Gephi 工具,进行可视化以及相关网络特征值计算。本部分从知识交流网络整体特征和个体特征两个方面来讨论。

将整体矩阵导入 Gephi 中,布局格式选择 Yifan hu,节点的大小根据点的度来设定,节点颜色根据模块化设置。模块化是根据点与点之间的关系对节点进行分类的方法,通常用来检测网络中的社区。图6-10为2019年小木虫社区中"有机交流"板块网络关系图,图6-11为小木虫社区中"人文社科"板块网络关系图。

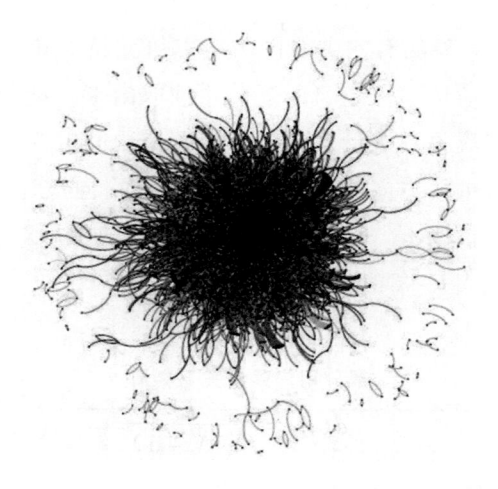

图6-10 2019年小木虫社区中"有机交流"板块网络关系

(一)整体网络规模与网络密度分析

网络规模是指网络中所有网络节点的数量,网络规模的大小表示网络节点数的多少。一般来说,网络的规模越大,网络中节点的数量越多,节点间的关系越多,网络结构也就越复杂,网络越难以测度。

图 6-11 2019 年小木虫社区中"人文社科"板块网络关系

网络密度用于刻画网络中节点间相互连接边的密集程度，在社交网络中常常用来测量社交关系的密集程度以及演化趋势。网络密度是衡量整个关系网络中个体之间的相互关联程度的指标，体现出了网络中个体与个体之间关联的比例。在学术虚拟社区知识交流网络中，网络密度说明了社区成员间的平均互动程度，代表成员彼此间相互交流的平均强度，网络的密度越大，说明用户间进行知识交流的可能性越大，知识交流的范围越广，社区内成员之间的关系越紧密。有向网络密度计算公式如下：

$$d(G) = \frac{L}{N(N-1)} \quad (6-1)$$

公式（6-1）中，L 为社区网络中的边数，N 为社区网络中的节点数，$d(G)$ 为社区网络的密度。

通过表 6-7 对比"有机交流"与"人文社科"板块网络规模发现，不同板块间用户参与知识交流的人数存在极大差异，参与人数的多少影响知识交流网络的规模大小。通过对网络密度的计算发现，"有机交流"各周期密度相差不大，约为 0.002，说明虽然"有机交流"板块参与知识交流的用户人数众多,但用户彼此间进行知识交流很少,资源比较分散,用户大都只关注于和自己有关的问题,对自己没有帮助或无关的帖子不愿意参与讨论。因此"有机交流"板块整体网络规模虽大,但用户间的交流并不频繁,主体间保持着比较稳定的知识交流频率。"人文社科"板块参与知识交流的用户人数相对较少,但用户间知识交流相对频繁,各个周期整体网络密度均大于"有机交流"板块,说明参与用户数虽少,但用户可能更能够聚焦于某几个问题产生相对深入的交流。

表6-7 网络规模与密度

周期	有机交流			人文社科		
	节点数	边数	密度	节点数	边数	密度
1	963	2196	0.002	28	25	0.033
2	531	861	0.003	13	9	0.058
3	1125	2318	0.002	4	2	0.083
4	1155	2291	0.002	4	2	0.041
5	1059	1994	0.002	35	49	0.041
6	883	1661	0.002	32	38	0.038
7	1027	2236	0.002	22	16	0.035
8	874	1890	0.002	6	3	0.100
9	912	1853	0.002	15	12	0.057
10	808	1516	0.002	35	34	0.029
11	823	1523	0.002	10	6	0.067
12	738	1296	0.002	23	15	0.030

(二)聚类系数与平均路径长度分析

聚类系数是用来描述一个图中节点之间结成团的程度的数值,具体来说,是一个点与邻接点之间相互连接的程度,是网络团体化的程

第六章 学术虚拟社区知识交流仿真模型构建

度表现。取值范围为 [0, 1]，取值越大则表明网络中的节点间的联系越紧密，网络中知识交流的传递更迅速。公式为：

$$C_i = \frac{2E_i}{k_i(k_i-1)} \quad (6-2)$$

其中 E_i 为小木虫社区用户节点 i 进行知识交流实际存在的边数，$k_i(k_i-1)/2$ 为小木虫社区用户节点 i 进行知识交流的最大连边数量，C_i 为节点 i 的聚类系数。小木虫社区知识交流网络的聚类系数为所有节点聚类系数的平均值：

$$C = \frac{1}{N}\sum_{i=1}^{N} C_i \quad (6-3)$$

平均路径长度是指网络中所有节点间最短路径长度的平均值，是衡量网络中连接紧密程度与信息传播速度的重要指标，平均路径长度越长，表明网络中节点间的跨度越大，网络的凝聚性越低。[1] 公式为：

$$L = \frac{1}{\frac{1}{2}N(N-1)}\sum_{i \geq j} d_{ij} \quad (6-4)$$

其中，N 为知识交流网络中用户数，d_{ij} 为连接用户 i 与用户 j 的最短路径上的边数。

通过表 6-8 分析结果发现，"有机交流"板块知识交流网络各个周期的平均路径长度约为 4.709，表示在整个网络中任意两个用户个体之间的距离为 4.709，任意一个用户平均通过 4.709 个人就能与另一个用户进行知识交流；各周期平均聚类系数为 0.0519，说明群体内部关系松散，凝聚力不强。"人文社科"板块知识交流网络各个周期的平均路径长度为 1.568，表示在整个网络中任意两个用户个体之间的距离为 1.568，任意一个用户平均通过 1.568 个人就能与另一个用户进行知识交流；各周期平均聚类系数为 0.0516，表明群体内部联系不紧密的特征。

---

[1] 汪小帆等：《复杂网络理论及其应用》，清华大学出版社 2006 年版。

表 6-8　　　　　　　　聚类系数与平均路径长度

周期	有机交流 C	有机交流 L	人文社科 C	人文社科 L
1	0.088	4.383	0.000	1.815
2	0.032	5.478	0.000	1.000
3	0.025	4.598	0.000	1.353
4	0.041	4.581	0.213	2.710
5	0.055	4.667	0.273	2.710
6	0.061	4.772	0.000	1.800
7	0.064	4.557	0.000	2.000
8	0.026	5.028	0.000	1.000
9	0.039	4.555	0.000	1.143
10	0.027	4.718	0.134	1.171
11	0.131	4.468	0.000	1.000
12	0.034	4.712	0.000	1.118

为验证小木虫社区信息传播是否具有小世界特征，随机抽取"有机交流"板块第7周期作为样本数据，通过 Gephi 生成具有1027个节点、连边概率为0.002的随机图，通过比较聚类系数与平均路径长度，发现小木虫社区具有小世界效应，表明主体之间可以畅通地进行信息的传递与交流。

四　个体网络结构分析

个体网络结构分析主要是针对网络中的单个主体进行的，在本节中，笔者对2019年全年数据中观测到的"有机交流"板块与"人文社科"板块的个体特征，从点度中心性、接近中心性、中间中心性三个角度进行分析。

第六章　学术虚拟社区知识交流仿真模型构建

（一）点度中心性分析

点度中心性是在网络中刻画节点中心性的最直接的度量指标，包括入度与出度，入度表示节点在网络中接受信息的能力，出度表示节点在网络中输出信息的能力。在网络中一个节点的点度中心性越高，表明该节点在网络中与其他节点的交互关系越强，在网络中越重要。在本研究，点度中心性反映用户在网络中参与知识交流频繁程度，度数高表明该用户在小木虫社区中能与其他用户产生频繁的知识交流。

通过对两板块点度中心性的分析，如表6-9和表6-10所示，可以发现"有机交流"板块点度中心度平均值为6.246，"人文社科"板块点度中心度平均值为2.191。经过统计，"有机交流"板块中有20%用户点度中心性高于平均值，"人文社科"板块中有56%用户点度中心性高于平均值。在"有机交流"板块用户间知识交流呈现出明显的"核心—边缘"分布特征，即在"有机交流"板块多数用户进行着较低程度的知识交流，少数用户成为该板块用户间进行知识交流的核心用户。"人文社科"板块可能由于网络规模小，一半以上的用户间均能相对活跃地在社区中进行交流。从入度与出度分析，在"有机交流"板块中，用户"User1"的入度与出度均排名第一，且出度大于入度，说明该用户在"有机交流"板块中积极地与其他用户进行交流并获得了良好的回复情况，是该板块中具有影响力的用户。在"人文社科"板块中，用户"User1"入度为22，出度为0，说明该用户获得了较多用户的评论，但没有对其他用户回复，没有产生良好的知识交流，同时对其他用户的点度中心度进行分析，发现在该板块中并没有明显的核心用户。

表6-9　　"有机交流"板块点度中心性分析

用户	Degree	Indegree	Outdegree
User1	2121	573	1548
User2	499	110	389

续表

用户	Degree	Indegree	Outdegree
User3	416	108	308
User4	390	117	273
User5	320	68	252
User6	315	125	190
User7	312	79	233
User8	238	65	173
…	…	…	…
均值	6.246	3.123	3.123

表 6-10　"人文社科"板块点度中心性分析

用户	Degree	Indegree	Outdegree
User1	22	22	0
User2	16	14	2
User3	22	11	11
User4	16	10	6
User5	9	9	0
User6	11	7	4
User7	11	6	5
User8	24	5	19
…	…	…	…
均值	2.191	1.095	1.095

（二）接近中心性分析

接近中心性是网络中反映某一节点与其他节点之间的接近程度，通常对于一个节点而言，它与其他节点之间的距离越近，那么它的接近中心性越高。在本研究中，接近中心性用于反映某一节点与其他节点之间的交互能力，接近中心度越大，说明节点与其他节点之间的距离越近,在网络空间上处于中心位置。

通过对两个板块接近中心度的分析发现,如表6-11所示,"有机交流"板块接近中心度平均值为0.264,有33.5%的用户超过该平均值,"人文社科"板块接近中心度平均值为0.496,有42.7%的用户超过该平均值,说明在两个板块中用户之间的交互强度较低,少数用户在板块中有较强的互动强度,而大多数用户在该板块知识交流过程中多数时间扮演着"浏览者"的角色。

表6-11 部分接近中心度

有机交流		人文社科	
用户名	接近中心度	用户名	接近中心度
User1	1	User1	1
User2	1	User2	1
…	1—0.8…	…	…1—0.8
User3	0.857143	User3	0.8
User4	0.8	User4	0.727273
…	0.8—0.2	…	0.7—0.2
User5	0.200175	User5	0.233945
User6	0.200116	User6	0.203620
…	0.2—0	…	0.2—0
…	0	…	0
均值	0.264147	均值	0.495653

(三)中间中心性分析

中间中心性是由美国社会学家林顿·弗里曼提出的概念,它是用来测量一个点在多大程度上位于图中其他"点对"的"中间"。弗里曼认为,如果一个行动者处于多对行动者之间,那么它的度数一般较低，而这个点可能起到重要的"中介"作用，因而处于网络的中心。[①] 在本研究中，中间中心性用于反映一个节点担任其他两个节点之间最短路径的桥梁次数，体现为网络中该节点对其他节点的影响力。

结合点度中心度对中间中心度分析发现，如表 6-12 所示，不论"有机交流"板块还是"人文社科"板块，中间中心度排名较高的用户相应地也拥有较高的点度中心度排名。表明在小木虫论坛中，点度中心度排名靠前不仅能够大量接收其他用户的信息，而且发表在论坛中的帖子能够引起其他用户的响应，同时向其他用户传递更多的信息。说明点度中心度排名靠前的用户不仅是板块中的核心用户，而且还是其他用户间进行沟通交流的桥梁。

表 6-12　　　　　　　部分中间中心度

有机交流		人文社科	
用户名	中间中心度	用户名	中间中心度
User1	9076432.705	User1	1415.500
User2	2931241.499	User2	1324.500
User3	1347121.270	User3	1064
User4	1298935.317	User4	816.500
User5	914028.382	User5	606
User6	864680.371	User6	302
User7	798083.203	User7	249
User8	611791.458	User8	213.500
User9	493029.390	User9	186
…	…	…	…
均值	8478.491	均值	32.930

---

① 刘军编著：《整体网分析——UCINET 软件实用指南》（第二版），格致出版社、上海人民出版社 2014 年版。

第四节 多智能体仿真模型构建

多 Agent 建模方法已经广泛应用于复杂社会系统的研究，成为社会科学领域解决问题的主流方法之一。[①] 多 Agent 理论认为一个复杂系统由一个个具有智能的 Agent 组成，Agent 之间的交互行为涌现出系统整体的行为，它是一种自下而上地通过刻画 Agent 个体及其相互之间（包括环境等）行为来观察系统整体动态变化规律的建模方法，以此来解释现实世界中的具体现象，描述复杂系统的宏观行为。[②] 多 Agent 建模方法一般包括系统抽象、属性提取、交互机制、演化机制和结果分析五个主要步骤。[③] 目前，也有一些学者将多 Agent 方法用于研究虚拟社区和网络论坛，对参与者属性及其行为进行建模，通过仿真模拟虚拟社区中的用户行为来探索其行为特征和规律。本研究在此基础上对前人的研究进行修正和完善，并对学术虚拟社区知识交流行为规律和特征进行探索，从而识别影响学术虚拟社区知识交流效率的显著影响因素和影响程度，为改善学术虚拟社区非正式交流氛围提供定量依据。

一 Agent 的抽象与分类

学术虚拟社区作为一个由若干主体构成的复杂自适应系统，主要包括知识交流的主体——社区成员、客体——知识信息、社区环境等。不同主体具有不同的属性，并在不同环境下相互作用产生不同的

[①] 关鹏等：《基于多 Agent 系统的科研合作网络知识扩散建模与仿真》，《情报学报》2019 年第 5 期。

[②] 郭勇陈等：《基于意见领袖的网络论坛舆情演化多主体仿真研究》，《情报杂志》2015 年第 2 期；张明新：《国内网络舆情建模与仿真研究综述》，《系统仿真学报》2019 年第 10 期。

[③] 盛昭瀚等：《社会科学计算实验理论与应用》，上海三联书店 2009 年版，第 124—128 页。

选择和行为。在对学术虚拟社区进行多Agent建模之前需要对学术虚拟社区进行主体抽象和分类，用数学方式描述主体的行为和规则。通过第二章对学术虚拟社区知识交流过程和机理的研究我们可以得出，学术虚拟社区知识交流的主要行为方式包括发帖、评论、浏览、回复（针对评论进行的再次评论），因此本章根据学术虚拟社区主体的知识交流行为类型，将主体划分为浏览者（Browser）、发帖者（Poster）、评论者（Commenter）和回复者（Replier）四种类型。不同类型主体的主要行为如下：

浏览者：主要对社区内容进行单纯的浏览；

发帖者：通过发起主题帖在社区中参与知识交流，处于积极发帖状态；

评论者：通过对主题帖的内容进行评论参与知识交流，处于对主题帖积极发表评论的状态；

回复者：通过对回帖进行回复参与知识交流，处于对回帖的积极评论状态。

通过上述社会网络分析，可以很明显地看到，四种不同类型的Agent分别对应学术虚拟社区知识交流网络中的不同节点：浏览者对应入度和出度均低于平均值的节点；发帖者对应出度高于平均值、入度低于平均值的节点；评论者对应入度和出度均高于平均值的节点；回复者对应出度低于平均值、入度高于平均值的节点。

二 Agent的属性描述

根据复杂适应系统理论，学术虚拟社区的成员是拥有主动性、目的性的智能适应主体，他们各自拥有自己的特性和行为，并且在不断地相互作用和演变，从而使得学术虚拟社区系统自身涌现出一定的特性，这也正是学术虚拟社区不断演化的动力。学术虚拟社区知识交流中的适应主体，通过不同知识交流行为，参与系统的演化。因此，在对Agent的类别进行划分后，需要进一步对学术虚拟社区主体行为选

第六章 学术虚拟社区知识交流仿真模型构建

择的影响因素进行定量的刻画和描述。徐美凤等对学术虚拟社区知识共享行为的影响因素进行理论研究和实证分析[1]，并得出了如下结论：成员之间的熟悉程度、成员的级别对单纯的浏览行为有积极影响；信息性动机、成员的利他心理、知识共享自我效能对发帖行为具有显著影响；知识共享自我效能、成员对社区管理的信任、社区激励以及互惠规范对回帖行为具有显著影响；成员对社区管理的信任、社区激励对成员的信息性动机、基于认同因素的共享动机有显著的积极影响，并在学术虚拟社区知识共享行为建模分析中进一步提出了社区成员Agent建模的属性集合[2]。本研究认为，上述属性集合中用于描述社区激励制度对社区成员的作用程度的属性，应该作为Agent的外部环境因素，即环境变量。因此本节在综合以上研究成果的基础上，建立如下Agent属性集合。

KSSE：刻画Agent知识交流行为的自我效能强度，设置1—5个级别。该属性值的提高会提升Agent的发帖、评论和回复的行为动机水平，从而使得学术虚拟社区中的发帖数、评论数、回复数随之增加。

IM：刻画Agent知识交流行为的信息性动机，设置1—5个级别。该属性值的提高会提升Agent的发帖和回复的行为动机水平，从而使得学术虚拟社区中的发帖数和回复数随之增加。

AL：刻画Agent知识交流行为的利他因素强度，设置1—5个级别。该属性值的提高会使得Agent的发帖和回复的行为动机水平相应提升，学术虚拟社区中的发帖数和回复数也随之增加。

TR：刻画Agent对社区管理的信任程度，设置1—15个级别。该属性值的提高会使得Agent的评论和回复的行为动机水平相应提升，从而增加学术虚拟社区中评论数和回复数。

---

[1] 徐美凤、叶继元：《学术虚拟社区知识共享行为影响因素研究》，《情报理论与实践》2011年第11期。

[2] 徐美凤、孔亚明：《基于多主体建模的学术社区知识共享行为仿真分析》，《情报杂志》2013年第4期。

IN：刻画 Agent 受社区激励的强度，设置 1—10 个级别。该属性值的提高会使 Agent 的发帖和回复的行为动机水平相应提升，从而增加学术虚拟社区中的评论数和回复数。

三 多 Agent 模型的演变

时间的推移、模型环境的变化，以及处于模型中的 Agent 行为选择，都会引起 Agent 内在属性和模型的变量的变化。由于每个 Agent 所代表的主体行为具有较大的主观性、随机性，并且存在调查困难的特点，因此本书对 Agent 初始状态的属性值使用正态分布确定。模型中 Agent 行为触发的阈值使用各个仿真周期中 Agents 集合中各属性的均值，当某个 Agent 的属性值高于对应属性 Agents 集合该属性的均值时会倾向于采取相应的知识交流行为。学术虚拟社区多 Agent 模型演变过程中涉及的变量如表 6-13 所示。

表 6-13　　　　　　学术虚拟社区多 Agent 模型变量

变量类型	变量	变量说明
属性变量	KSSE	成员的知识共享效能值，设置 1—5 个级别
	IM	成员的信息性动机值，设置 1—5 个级别
	AL	成员的利他因素强度值，设置 1—5 个级别
	TR	成员对社区管理的信任程度，设置 1—15 个级别
	IN	社区激励机制对成员作用程度，设置 1—10 个级别
统计变量	Browses	社区中所有浏览数
	Posts	社区中所有发帖数
	Comments	社区中所有评论数
	Replies	社区中所有回复数

根据以上模型和 Agent 的属性，可以进一步设定社区成员采取知

识交流行为和社区中各个统计量的变化条件。

(1) 某个社区成员采取发帖行为和对社区中发帖数的影响的判断条件为：

IF：

Agent. KSSE > Avg (Agents. KSSE) and Agent. IM > Avg (Agents. IM) and Agent. AL > Avg (Agents. AL)

THEN：

Agent. Post

Posts + = E (Agent. Post)

其中，采取发帖行为的 Agent 数量为 Agents 集合中所有满足以上判断条件的 Agent，E (Agent. Post) 为根据当前 Agent 在属性分布中所处的位置确定的发帖数。

(2) 某个社区成员采取评论行为和对社区中评论数的影响的判断条件为：

IF：

Agent. KSSE > Avg (Agents. KSSE) and Agent. TR > Avg (Agents. TR) and Agent. IN > Avg (Agents. IN)

THEN：

Agent. Comment

Comments + = E (Agent. Comment)

其中，采取评论行为的 Agent 数量为 Agents 集合中所有满足以上判断条件的 Agent，E (Agent. Comment) 为根据当前 Agent 在属性分布中所处的位置确定的评论量。

(3) 某个社区成员采取回复行为和对社区中回复数的影响的判断条件为：

IF：

Agent. KSSE > Avg (Agents. KSSE) and Agent. IM > Avg (Agents. IM) and Agent. AL > Avg (Agents. AL) and Agent. TR > Avg

(Agents. TR) and Agent. IN > Avg（Agents. IN）

　　THEN：

　　Agent. Reply

　　Replies ＋ ＝ E（Agent. Reply）

其中，采取回复行为的 Agent 数量为 Agents 集合中所有满足以上判断条件的 Agent，E（Agent. Reply）为根据当前 Agent 在属性分布中所处的位置确定的回复数。

（4）某个社区成员未采取任何知识交流行为，仅作为单纯浏览者对社区中浏览数的影响的判断条件为：

　　IF NOT：

　　Agent. Post or Agent. Comment or Agent. Reply

　　THEN：

　　Agent. Browse

　　Browses ＋ ＝ E（Agent. Browse）

即如果一个 Agent 未满足以上任何一种采取知识交流行为的判断条件时，则该 Agent 在社区中是作为一个单纯浏览者的。其中，E（Agent. Browse）为根据当前 Agent 在属性分布中所处的位置确定的浏览量。

多 Agent 仿真模型的设计与实现一般需要借助面向 Agent 的仿真程序开发环境和工具，这些开发工具中既有免费开发工具包、开源软件，也有付费商业软件。免费开发工具包的优势在于灵活，可定制程度高，缺点在于对仿真模型的设计和编写的技术要求较高；开源软件的优势在于免费，可以自由下载使用，但缺点在于文档说明不够完善，使用难度相对较大；商业软件的优势在于教程和使用说明完善，案例库丰富，支持服务好，但缺点在于集成度高，学习成本大。本研究在综合权衡了模型的设计与实现对灵活性、学习成本、开发难度等的要求以后，决定选用 Python 程序设计语言，基于面向对象的程序设计思想，自行设计实现小木虫社区知识交流仿真模型。模型开发完成后，随机生成［10000，15000］区间的 Agents 个数和一组 Agents 属

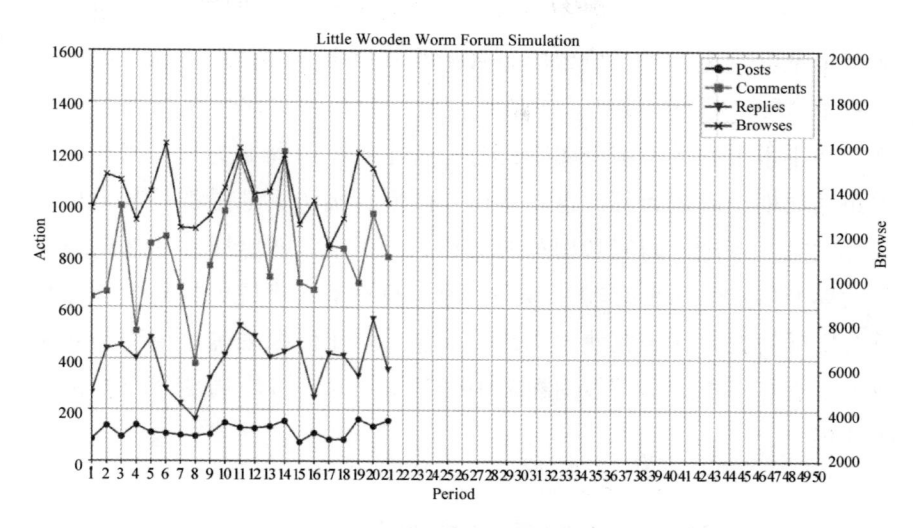

性参数，可以看到模型的运行，如图 6-12 所示：

图 6-12　模型运行示意图

在小木虫社区知识交流仿真模型中，随着时间的推移，系统中各个 Agents 在每个时间周期内的属性都会发生改变，从而对整个学术虚拟社区知识交流的各项指标产生影响。从图 6-12 可以看出，随着时间的变化，每个周期的发帖数、评论数、回复数和浏览数也在逐渐波动变化。

四　模型验证

在以上理论模型的基础之上，本研究采用 Python 语言将该模型模拟出来并通过调整不同属性参数来观测学术虚拟社区知识交流过程的演化规律，根据不同集合人数变化的比例来研究知识交流行为的产生机制和演化过程。

（一）仿真模型初始值的选定

模型的初始条件需要根据学术虚拟社区中的实际数据统计确定，本模型选取小木虫社区"有机交流"和"人文社科"两个板块的数据进行模拟,在小木虫社区仿真模型实现后,需要对选定的两个板块中的 Agents 的初始属性进行选定,由于每个成员的个体的各项属性参数确定难度较大,所以模型使用 Agents 集合各个属性的总体分布来确定每个 Agent 的初始属性。本研究在数据收集和描述性统计分析中发现,在小木虫社区中用户属性和行为变化明显的周期为月,因此模型的仿真周期也确定为月,也就是说,模型每次仿真结果都是某个板块某月发帖、评论、回复和浏览的次数。由于用户初始属性的选定对于后续模型仿真的结果有较大影响,为了使模型构建得更加科学合理且符合实际情况,本研究使用实证数据作为对比依据来确定模型的初始参数。表 6-14 为实证数据在 2019 年 12 个月内各个周期每个指标的统计值。

表 6-14　　2019 年小木虫社区样本板块知识交流指标统计

板块	周期	用户数	发帖数	评论数	回复数	浏览数
有机交流	2019 年 1 月	96424	748	1853	912	100134
	2019 年 2 月	42005	436	766	338	43891
	2019 年 3 月	97819	1090	2105	884	102061
	2019 年 4 月	102773	1092	2066	879	107275
	2019 年 5 月	105284	943	1801	844	109097
	2019 年 6 月	83643	770	1503	637	87170
	2019 年 7 月	99528	896	2016	978	103573
	2019 年 8 月	77588	728	1757	719	80788
	2019 年 9 月	76348	747	1631	731	80327
	2019 年 10 月	59934	653	1368	605	62955
	2019 年 11 月	66089	700	1367	620	68635
	2019 年 12 月	48068	657	1115	510	50019
	均值	79625	788	1615	721	82994

续表

板块	周期	用户数	发帖数	评论数	回复数	浏览数
人文社科	2019 年 1 月	2083	18	30	5	2152
	2019 年 2 月	1883	14	10	0	1961
	2019 年 3 月	1279	12	8	3	1635
	2019 年 4 月	938	11	3	0	987
	2019 年 5 月	3225	24	54	50	3524
	2019 年 6 月	3044	22	27	18	3410
	2019 年 7 月	2459	22	14	2	2586
	2019 年 8 月	848	7	3	0	885
	2019 年 9 月	1773	17	13	2	1939
	2019 年 10 月	3388	26	36	4	3591
	2019 年 11 月	1586	24	6	0	1737
	2019 年 12 月	1533	23	17	0	1652
	均值	2003	18	18	7	2171

使用实证数据中的用户数作为模型的输入，调整模型中各个属性的初始值，通过多次重复实验，对比 12 个周期内的各个指标的统计量后，确定两个板块的初始属性参数取值，如表 6-15 所示。

表 6-15　　　　　两个板块各属性初始参数

属性	有机交流	人文社科
知识交流自我效能（KSSE）	2	2
信息性动机（IM）	1	1
利他因素（AL）	2	1
对社区管理的信任（TR）	2	1
社区激励因素（IN）	1	1

（二）模型验证与结果分析

仿真模型的验证主要考虑模型的信度和效度情况，而模型的信度通过逻辑性推断可以验证，模型的可靠性通过与实际数据的对比可以得出。

1. 模型的逻辑性验证

本模型是在徐美凤和孔亚明构建的学术社区知识共享模型[①]的基础上设计的，并严格遵守多 Agent 主体建模的各项步骤，模型的系统抽象、属性提取、交互机制、演化机制和结果分析均清晰地呈现在报告中。

2. 模型的可靠性验证

为了验证模型的可信性和稳定性，本研究使用实证数据中各个周期的用户数作为 Agents 数量，使用上述确定的模型初始参数，进行了 20 次仿真实验，并将 20 次实验输出结果的各项指标的均值与实证数据 12 个周期的均值进行对比，如表 6-16 所示。

从表 6-16 中可以看出，在 20 次仿真实验中，实证数据和模型输出的各项指标误差均在 5% 以下，说明模型的可信性和稳定性都较好。

表 6-16　　小木虫社区实证数据和模型输出误差对比

指标	有机交流			人文社科		
	实证数据	模型输出	误差比例	实证数据	模型输出	误差比例
发帖数	788.330	813.230	3.160%	18.330	18.250	0.430%
评论数	1614.580	1589.670	1.540%	18.420	18.920	2.710%
回复数	721.420	756.580	4.870%	7.000	7.340	4.820%
浏览数	82993.750	80704.260	2.760%	2171.580	2112.120	2.740%

第五节　模拟结果的指标量分析

一　模拟结果

（一）研究不同量级的用户数量对学术虚拟社区知识交流中不

[①] 徐美凤、孔亚明：《基于多主体建模的学术社区知识共享行为仿真分析》，《情报杂志》2013 年第 4 期。

第六章　学术虚拟社区知识交流仿真模型构建

同指标产出的影响

本研究分别将"有机交流"板块中的 Agents 的数量设置为 50000、100000、150000，Agents 属性参数设置为初始参数，进行 36 个周期的仿真实验，并将实验输出的各项指标数据记录后对比，结果如图 6-13 至图 6-20 所示。

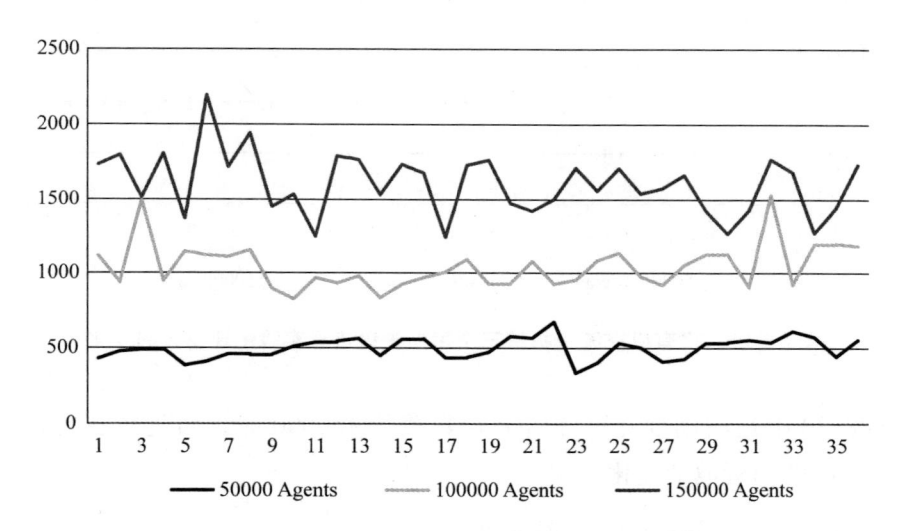

图 6-13　"有机交流"板块三个用户量级仿真实验中发帖数的变化

从图 6-13 可以看出，当 Agents 数量为 50000 时，发帖数在均值 497.49 附近波动变化；当 Agents 数量为 100000 时，发帖数在均值 1043.94 附近波动变化；当 Agents 数量为 150000 时，发帖数在均值 1603.14 附近波动变化。

从图 6-14 可以看出，当 Agents 数量为 50000 时，评论数在均值 1000.89 附近波动变化；当 Agents 数量为 100000 时，评论数在均值 1988.86 附近波动变化；当 Agents 数量为 150000 时，评论数在均值 2992.64 附近波动变化。

从图 6-15 可以看出，当 Agents 数量为 50000 时，回复数在均值 468.33 附近波动变化；当 Agents 数量为 100000 时，回复数在均值

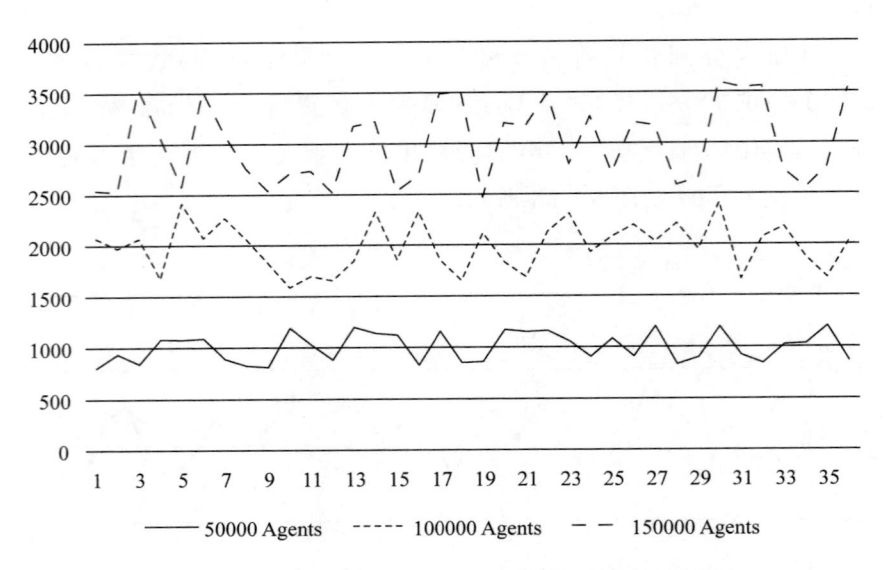

图 6-14 "有机交流"板块三个用户量级仿真实验中评论数的变化

988.33 附近波动变化；当 Agents 数量为 150000 时，回复数在均值 1529.92 附近波动变化。

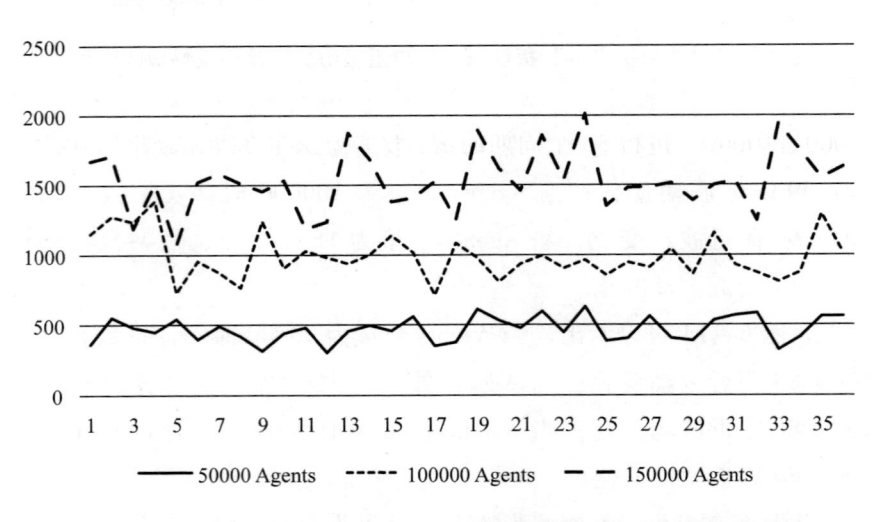

图 6-15 "有机交流"板块三个用户量级仿真实验中回复数的变化

第六章 学术虚拟社区知识交流仿真模型构建

从图 6-16 可以看出，当 Agents 数量为 50000 时，浏览数在均值 51417.53 附近波动变化；当 Agents 数量为 100000 时，浏览数在均值 100803.67 附近波动变化；当 Agents 数量为 150000 时，浏览数在均值 150368.67 附近波动变化。

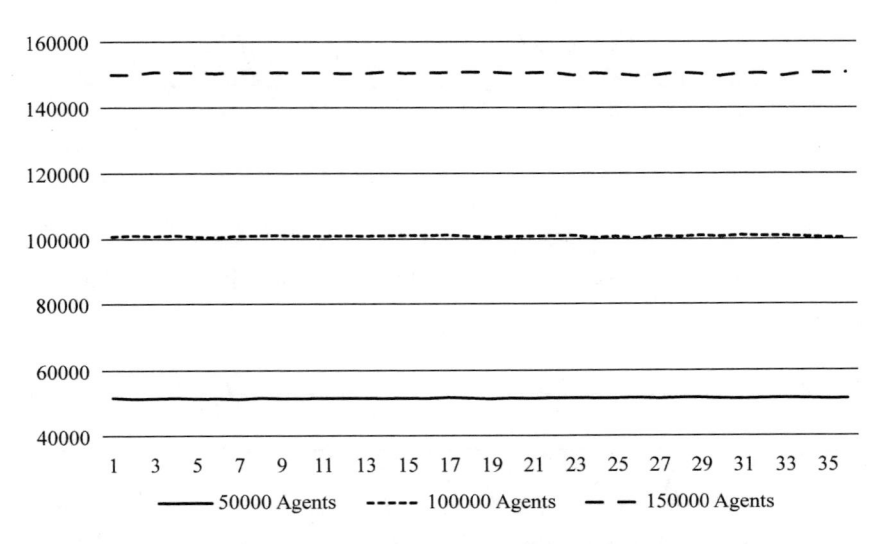

图 6-16 "有机交流"板块三个用户量级仿真实验中浏览数的变化

下一步分别将"人文社科"板块中 Agents 的数量设置为 3000、5000、10000，进行 36 个周期的仿真实验，并将实验输出的各项指标数据记录后对比。

从图 6-17 可以看出，当 Agents 数量为 3000 时，发帖数在均值 26.75 附近波动变化；当 Agents 数量为 5000 时，发帖数在均值 45.5 附近波动变化；当 Agents 数量为 10000 时，发帖数在均值 91.31 附近波动变化。

从图 6-18 可以看出，当 Agents 数量为 3000 时，评论数在均值 24.94 附近波动变化；当 Agents 数量为 5000 时，评论数在均值 34.47 附近波动变化；当 Agents 数量为 10000 时，评论数在均值 62.69 附近波动变化。

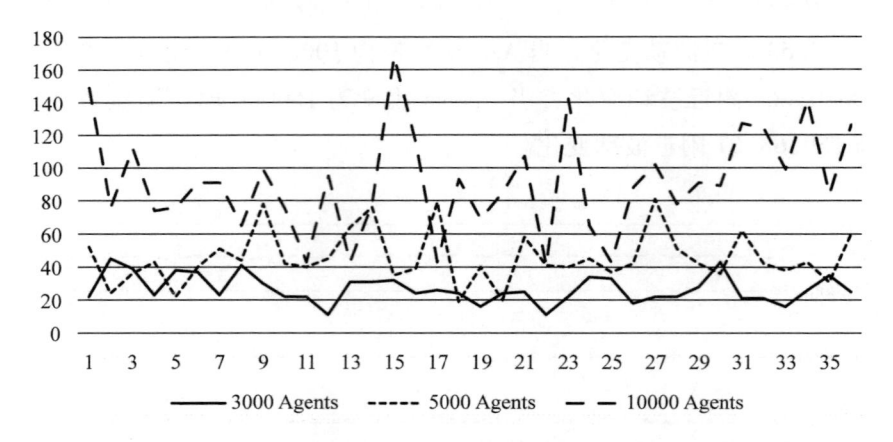

图 6-17　"人文社科"板块三个用户量级仿真实验中发帖数的变化

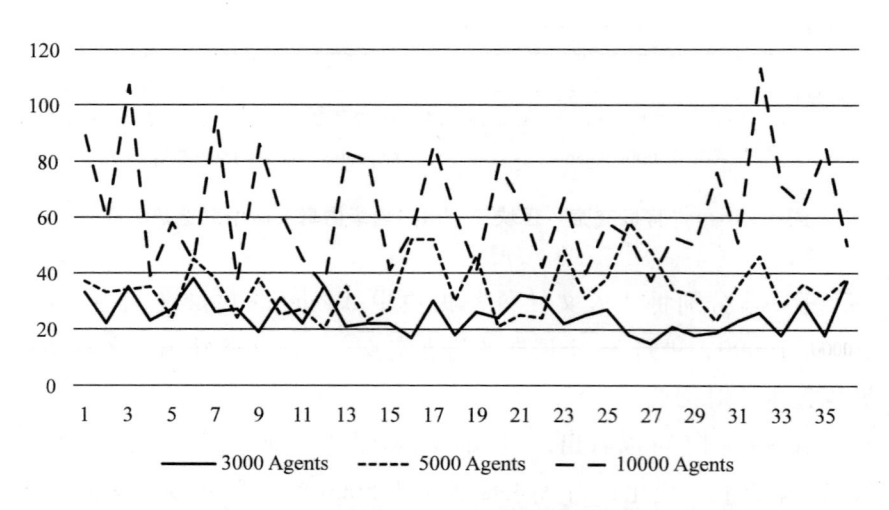

图 6-18　"人文社科"板块三个用户量级仿真实验中评论数的变化

从图 6-19 可以看出，当 Agents 数量为 3000 时，回复数在均值 5.94 附近波动变化；当 Agents 数量为 5000 时，回复数在均值 6.08 附近波动变化；当 Agents 数量为 10000 时，回复数在均值 8.39 附近波动变化。

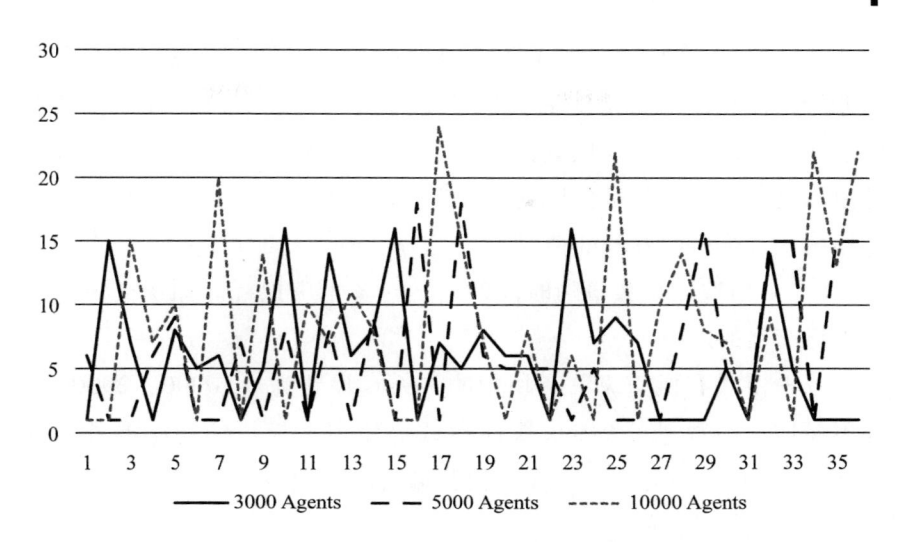

图 6-19 "人文社科"板块三个用户量级仿真实验中回复数的变化

从图 6-20 可以看出，当 Agents 数量为 3000 时，浏览数在均值 3161.08 附近波动变化；当 Agents 数量为 5000 时，浏览数在均值 5272.81 附近波动变化；当 Agents 数量为 10000 时，浏览数在均值 10536.75 附近波动变化。

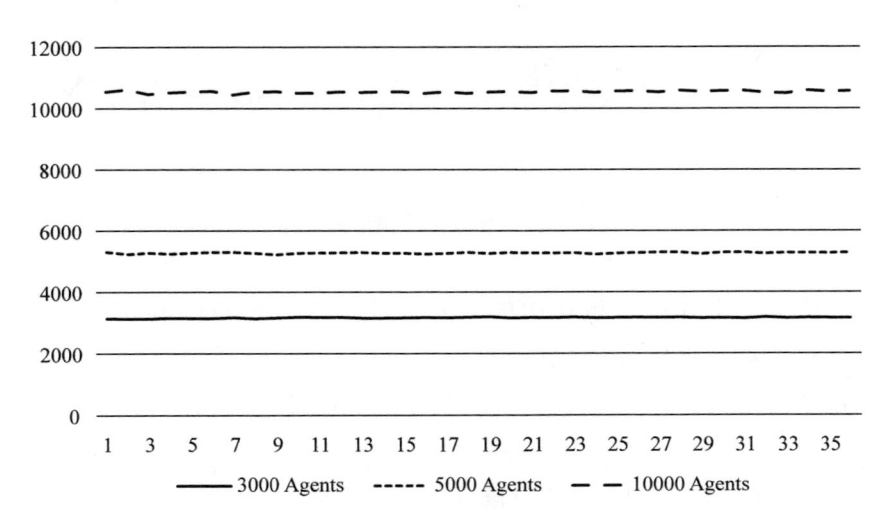

图 6-20 "人文社科"板块三个用户量级仿真实验中浏览数的变化

学术虚拟社区知识交流效率测度研究

总体来看，两个板块在用户量级较大时，发帖、评论、回复和浏览四个指标在绝对量上都有大幅度的提升。在整个仿真过程中的发帖、评论和回复量的变化上，"人文社科"板块比"有机交流"板块的波动更为明显，两个板块浏览量变化都非常平稳，这也符合在实证数据的统计分析中看到的情况。

（二）研究用户数量随时间的增加对学术虚拟社区知识交流中不同指标产出的影响

首先将"有机交流"板块中的Agents设置为[50000，200000]并不断增长的数量，Agents属性参数仍使用该板块的初始参数，进行36个周期的仿真实验，并将实验输出的各项指标数据记录，得到图6-21。

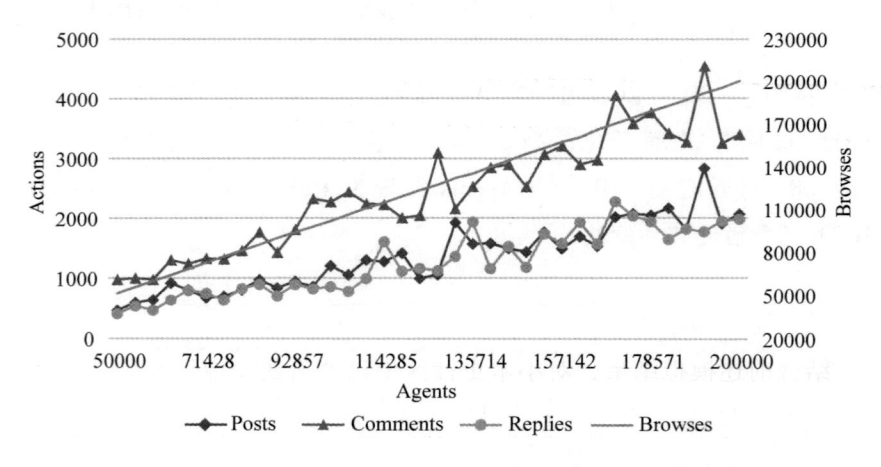

图6-21　"有机交流"板块用户量随时间增加的仿真结果

将"人文社科"板块中的Agents设置为[3000，50000]并不断增长的数量，Agents属性参数仍使用该板块的初始参数，进行36个周期的仿真实验，并将实验输出的各项指标数据记录，如图6-22所示。

从图6-21和图6-22可以看出，无论是"有机交流"板块还是"人文社科"板块，当用户量随着时间增加时，发帖、评论和回复数

— 202 —

第六章 学术虚拟社区知识交流仿真模型构建

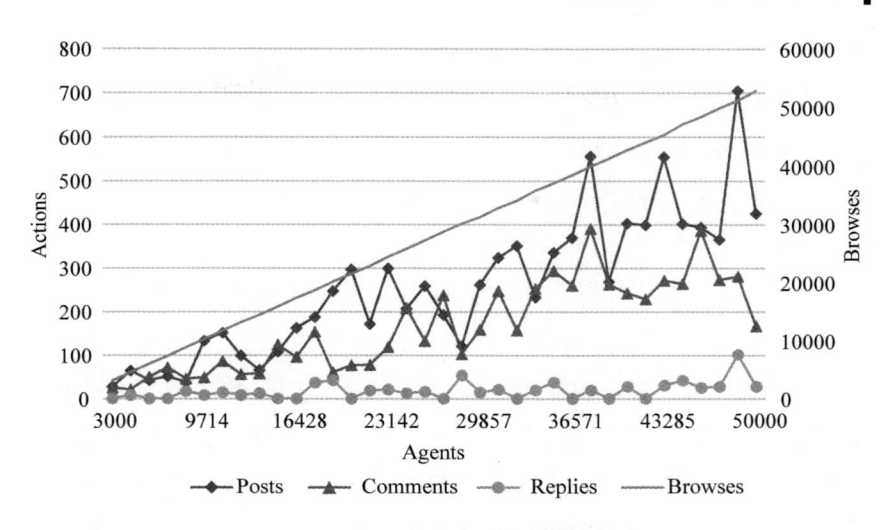

图 6-22 "人文社科"板块用户量随时间增加的仿真结果

都呈现出波动上涨的趋势，且"人文社科"板块比"有机交流"板块的波动幅度更大。两个板块的仿真结果中，随着用户的增加，"有机交流"板块的评论数上涨幅度最大，"人文社科"板块发帖数上涨幅度最大，两个板块的浏览数都呈现出线性增长的趋势。

二 现状与趋势

结合前述模拟结果，对小木虫社区中以"有机交流"板块为代表的理工学科社区和以"人文社科"板块为代表的人文社科社区的知识交流特征进行如下分析。

（一）以"有机交流"板块为代表的理工学科社区

首先是社区中的浏览数最多，其次是评论数和发帖数，数量最少的是回复数。由此可以发现，社区中的大多数成员主要进行帖子的浏览，部分成员会在浏览的基础上发表自己的见解，引起其他成员的注意和讨论，从而产生较多的评论行为。因此，首先可以预测出未来该板块的知识交流相对较为频繁，社区成员间的联系也更为密切。其次随着时间变化用户量逐渐增加，浏览数和评论数增长幅度较大，浏览数上下波动，回复数和发帖数较为接近，变化幅度也较为相似，可见社区成员评论较为积极。最后根据图中的知识交流趋势，可以预测未来在合理的外部环境刺激和社区管理下，理工学科社区将会呈现出较好的交流状态，用户积极参与社区的讨论，共同解决问题，碰撞出新的知识火花。

（二）以"人文社科"板块为代表的人文社科社区

在"人文社科"板块中，首先可以看到浏览数遥遥领先于发帖数、评论数和回复数，发帖数又高于评论数和回复数，数量最少的为回复数。可见只有用户进行发帖后才能吸引其他社区成员的注意，但是对评论的回复数较少，大多数成员对帖子和评论浏览完毕后很难再进行知识的交流。当然也可能是因为在浏览的过程中得到了自己想知道的答案，解决了自己的疑惑和问题。除此之外，随着时间的推移用户数量逐渐增加，浏览数和发帖数增长幅度较大，评论数一度和发帖数持平，变化幅度也呈现出一定的相似性。因此，本研究预测未来"人文社科"板块的知识交流效率将会得到一定提升，但如果想要增加知识交流的深度则需要采取一定措施改善社区氛围。

综合来看，"有机交流"板块和"人文社科"板块在增加一定用户数量的前提下浏览数的波动较为平缓，而发帖数、评论数和回复数的波动较为明显，可见用户的发帖、评论和回复行为更多受到用户自身内部因素的影响。未来社区的建设和发展更多需要考虑用户自身的知识交流意愿和影响因素，从而制定相应的管理办法和规定，提升用户参与意愿和知识交流的效率。

第六节　知识交流效率分析

一　知识交流效率模型

熵权法是一种以信息熵为权重标准，对各指标权重进行计算的方法。熵是表征系统无序程度的一个度量，香农最早将其引入信息论

第六章 学术虚拟社区知识交流仿真模型构建

中。根据信息论的基本原理,信息是系统有序程度的一个度量,因此称熵的度量值为信息熵。信息熵可用于度量随机指标的不确定程度,以解决信息量度量的问题。某一指标的信息熵越小,该指标提供的信息量越大,在综合评价中的作用越大,权重越高。因而,可利用熵权法确定各指标的权重,以减少主观因素对指标权重的影响,进而使评价结果更为客观。

本书利用熵权法确定各指标权重的过程如下:

(1) 原始数据标准化。对原始数据的标准化处理见公式:

$$y_{ij} = \frac{x_{ij} - \min(x_{ij})}{\max(x_{ij}) - \min(x_{ij})} \tag{6-5}$$

公式(6-5)中,x_{ij} 表示原始数据第 i 个评价对象的第 j 个评价指标;y_{ij} 表示标准化后第 i 个评价对象在第 j 个指标之上的值。

(2) 计算指标 j 的熵值,见公式:

$$e_j = -k \sum_{i=1}^{m} z_{ij} \ln z_{ij} \, (i = 1,2,\cdots,m, j = 1,2,\cdots,n) \tag{6-6}$$

公式(6-6)中:$z_{ij} = \dfrac{y_{ij}}{\sum_{i=1}^{m} y_{ij}}$,$k = \dfrac{1}{\ln m}$,此处假定 $z_{ij} = 0$ 时对应的 $z_{ij} \ln z_{ij} = 0$。

(3) 计算指标 j 的权重。e_j 值越小,表明指标效用价值越高,在评价指标体系中所起的作用越大,权重也就越高。指标 j 的权重见公式:

$$w_j = (1 - e_j)/(n - \sum_{j=1}^{n} e_j) \tag{6-7}$$

公式(6-7)中:$0 \leq w_j \leq 1$,$\sum_{j=1}^{n} w_j = 1$。

(4) 各指标加权计算综合得分。利用加权和公式计算样本的得分或评价值,见公式:

$$S = \sum_{j=1}^{n} x_{ij} w_j \tag{6-8}$$

其中,S 为综合得分,w_j 为第 j 个指标的权重。

二 知识交流效率模型结果分析

(一) 改变用户量对仿真结果的影响

为研究不同量级的用户量对学术虚拟社区知识交流效率变化的影响,本研究分别对两个板块使用三个量级的 Agents 数量进行实验,并对实验结果进行对比。本研究将"有机交流"板块的 Agents 数量分别设置为 50000、100000、150000,将 Agents 属性参数设置为初始参数。在此基础上,进行 36 个周期的仿真实验,并根据实验输出结果计算学术虚拟社区的知识交流效率,实验结果如图 6-23 所示。

由图 6-23 可知,当"有机交流"板块的 Agents 数量为 50000 个时,知识交流效率变化曲线在均值 0.767 附近上下波动;将 Agents 数量提升为 100000 个时,知识交流效率变化曲线在均值 0.752 附近上下波动,相比于 Agents 数量为 50000 个时,跌幅为 1.96%;将 Agents 数量提升至 150000 个时,知识交流效率的变化曲线在均值 0.748 附近上下波动,相比于 Agents 数量为 100000 个时,跌幅为 0.53%。由以上分析过程可知,当和 Agents 相关的评论、回复行为水平不变时,

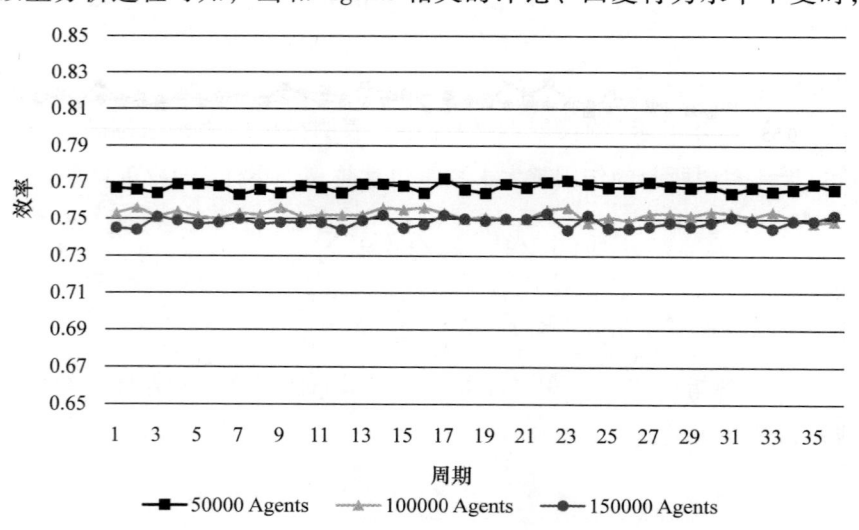

图 6-23 "有机交流"板块不同用户量级的知识交流效率

提高 Agents 的数量，"有机交流"板块的知识交流效率呈现出整体下降的趋势。

同时，将"人文社科"板块的 Agents 数量分别设置为 3000、5000、10000，将 Agents 属性参数设置为初始参数。在此基础上，进行 36 个周期的仿真实验，并根据实验输出结果计算"人文社科"板块的知识交流效率，实验结果如图 6-24 所示。

由图 6-24 可知，当"人文社科"板块的 Agents 数量为 3000 个时，知识交流效率变化曲线在均值 0.567 附近上下波动；将 Agents 数量提升为 5000 个时，知识交流效率变化曲线在均值 0.566 附近上下波动，相比于 Agents 数量为 3000 个时，跌幅为 0.18%；将 Agents 数量提升至 10000 个时，知识交流效率变化曲线在均值 0.565 附近上下波动，相比于 Agents 数量为 5000 个时，跌幅也为 0.18%。由以上分析过程可知，当和 Agents 相关的评论、回复行为水平不变时，提高 Agents 的数量，"人文社科"板块的知识交流效率呈现出整体下降的趋势。

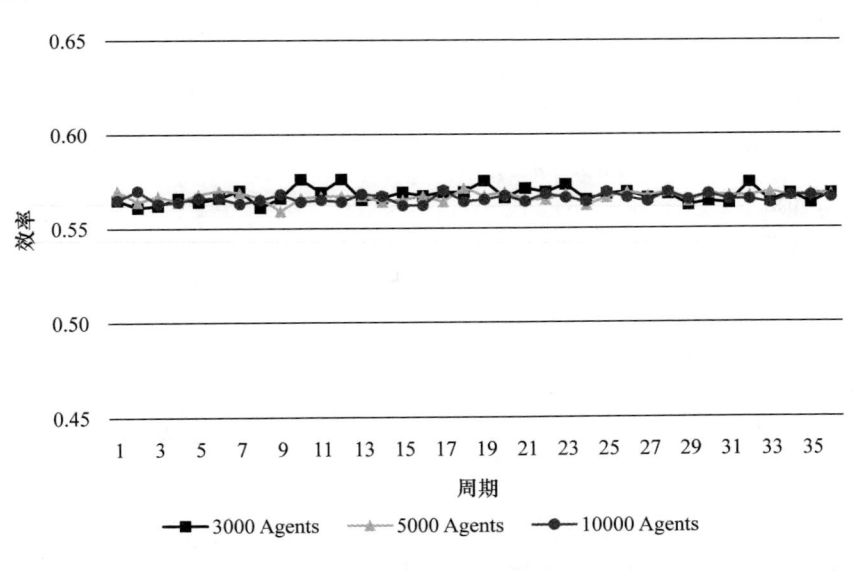

图 6-24 "人文社科"板块不同用户量级的知识交流效率

由于学术虚拟社区的用户量在不断增长，为研究用户数量随时间

学术虚拟社区知识交流效率测度研究

变化对学术虚拟社区知识交流效率的影响，本研究分别不断增加 Agents 数量进行仿真实验。在仿真过程中，本研究将"有机交流"板块中的 Agents 设置为 [50000，200000]，在此过程中，使用图 6-23 对应的初始参数，不断增加 Agents 的数量，进行 36 个周期的仿真实验，并根据实验输出结果计算"有机交流"板块的知识交流效率，实验结果如图 6-25 所示。

由图 6-25 可知，在"有机交流"板块保持产出水平不变的前提下，随着用户量的增加，"有机交流"板块的知识交流效率呈现逐渐下降的趋势。在 36 个仿真实验周期内，当用户量从 50000 增长到 200000 时，"有机交流"板块的知识交流效率从 0.766 下降到 0.743，跌幅为 3.00%。

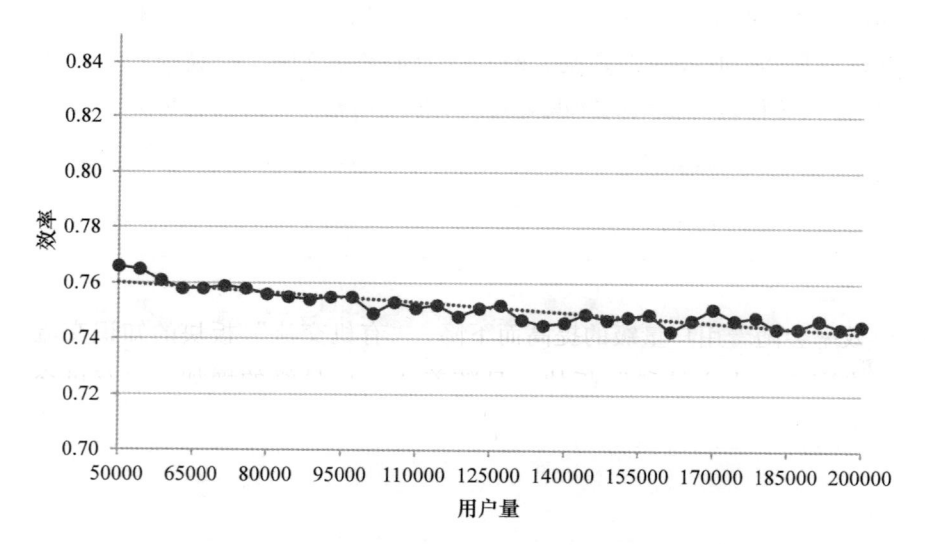

图 6-25 "有机交流"板块知识交流效率变化趋势

同理，本研究将"人文社科"板块中的 Agents 设置为 [3000，50000]，在此过程中，使用图 6-23 对应的初始参数，不断增加 Agents 的数量，进行 36 个周期的仿真实验，并根据实验输出结果计算"人文社科"板块的知识交流效率，实验结果如图 6-26 所示。

— 208 —

第六章 学术虚拟社区知识交流仿真模型构建

由图 6-26 可知，在"人文社科"板块保持产出水平不变的前提下，随着用户量的增加，"人文社科"板块的知识交流效率呈现逐渐下降的趋势。在 36 个仿真实验周期内，当用户量从 3000 增长到 50000 时，"人文社科"板块的知识交流效率从 0.570 下降到 0.561，跌幅为 1.58%。

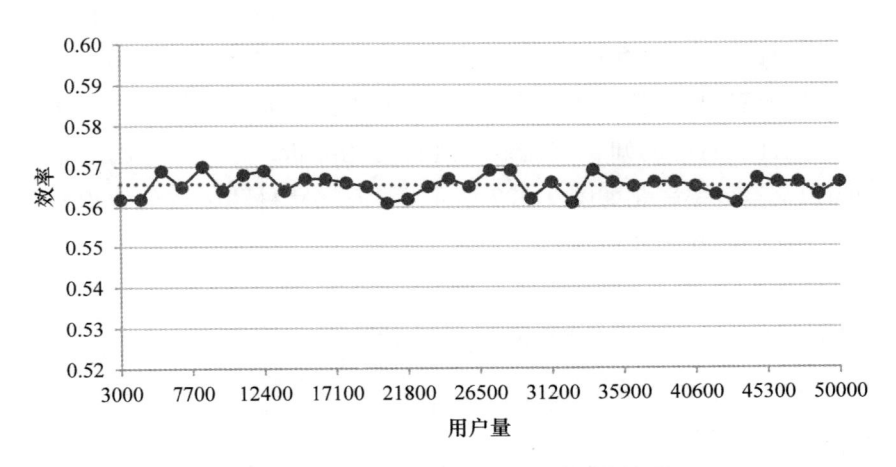

图 6-26 "人文社科"板块知识交流效率变化趋势

整体而言，在保持用户产出指标不变时，学术虚拟社区的知识交流效率会随着用户量级的提高而下降，"有机交流"板块的知识交流效率高于"人文社科"板块，且随着 Agents 量级的增加，"有机交流"板块的知识交流效率下降幅度更为明显。由此，在不改变学术虚拟社区知识交流效率产出水平的前提下，单纯增加用户量会对学术虚拟社区的知识交流效率产生负向影响，导致学术虚拟社区知识交流效率下降。

（二）改变每个属性对仿真结果的影响

为对比分析每种用户属性对学术虚拟社区知识交流效率的影响幅度，本研究在控制两个板块用户数量的基础上，分别将各属性提高相同的幅度，观察模型输出效率值的变化幅度。

学术虚拟社区知识交流效率测度研究

1. KSSE 属性的影响

在学术虚拟社区知识交流效率仿真模型中,KSSE 的变化会同时影响发帖数、评论数、回复数和浏览数的变化,即 KSSE 的变化会影响学术虚拟社区的投入和产出水平。将"有机交流"板块和"人文社科"板块的 Agents 数量分别设置为 25000 和 2000,KSSE 属性值分别依次设置为三个不同的等级,各等级间相差幅度一致,两个板块的 KSSE 属性取值如表 6-17 所示。同时将其他属性分别设置为两个板块对应的模型初始值,进行 36 个周期的仿真实验,并将不同等级的 KSSE 属性值对应的知识交流效率进行对比分析,"有机交流"板块的知识交流效率变化如图 6-27 所示,"人文社科"板块的知识交流效率变化如图 6-28 所示。

表 6-17　　　　　　两个板块 KSSE 属性取值

属性	有机交流	人文社科
Agents 数量	25000	2000
知识交流自我效能(KSSE)	{1, 3, 5}	
信息性动机(IM)	1	1
利他因素(AL)	2	1
对社区管理的信任(TR)	2	1
社区激励因素(IN)	1	1

由图 6-27 可知,在"有机交流"板块中,当 KSSE 属性值从 1 提高到 3 时,学术虚拟社区的知识交流效率均值由 0.805 下降到 0.774,降幅约为 3.85%;将 KSSE 属性值提高到 5 时,学术虚拟社区的知识交流效率均值由 0.774 下降到 0.773,降幅较小,约为 0.13%。

由图 6-28 可知,在"人文社科"板块中,当 KSSE 属性值由 1 提高到 3 时,学术虚拟社区的知识交流效率均值由 0.574 下降到了 0.547,降幅约为 4.70%;将 KSSE 属性值提高到 5 时,学术虚拟社区的知识交流效率均值从 0.547 上升到 0.549,涨幅约为 0.37%。

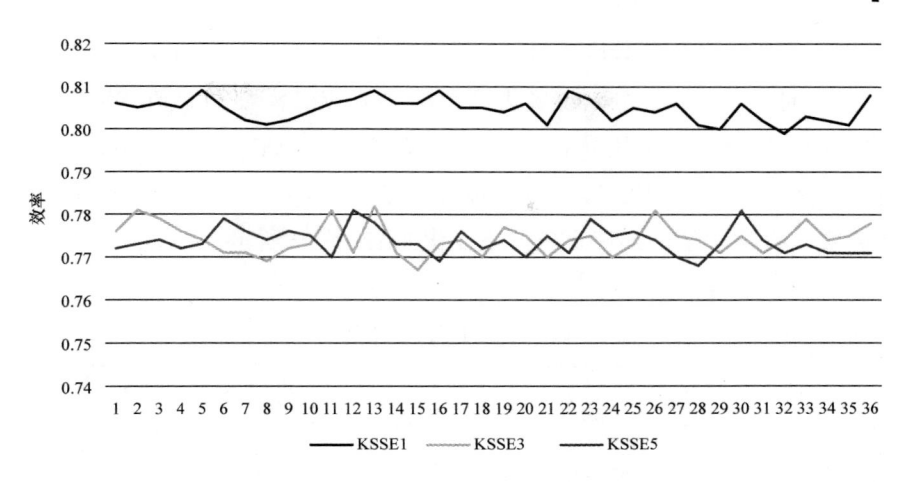

图 6-27　KSSE 变化时"有机交流"板块知识交流效率变化

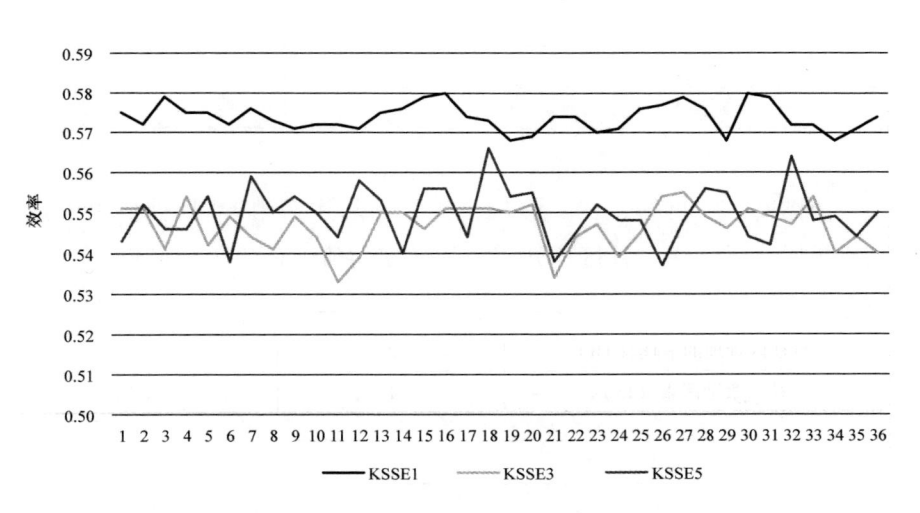

图 6-28　KSSE 变化时"人文社科"板块知识交流效率变化

2. IM 属性的影响

在学术虚拟社区知识交流效率仿真模型中，IM 的变化会同时引起发帖数、回复数和浏览数的变化，即 IM 的变化会影响学术虚拟社区的投入和产出水平。将"有机交流"板块和"人文社科"板块的 Agents 数量分别设置为 25000 和 2000，IM 属性值分别依次设置为三个不同的等级，各等级间相差幅度一致，两个板块的 IM 属性取值如表 6-18 所示。同时将其他属性分别设置为两个板块对应的模型初始值，进行 36 个周期的仿真实验，并将不同等级的 IM 属性值对应的知识交流效率进行对比分析，"有机交流"板块的知识交流效率变化如图 6-29 所示，"人文社科"板块的知识交流效率变化如图 6-30 所示。

表 6-18　　　　　　两个板块 IM 属性取值

属性	有机交流	人文社科
Agents 数量	25000	2000
知识交流自我效能（KSSE）	2	2
信息性动机（IM）	{1, 3, 5}	
利他因素（AL）	2	1
对社区管理的信任（TR）	2	1
社区激励因素（IN）	1	1

由图 6-29 可知，在"有机交流"板块中，当 IM 属性值由 1 提高到 3 时，学术虚拟社区的知识交流效率均值由 0.797 下降到 0.771，

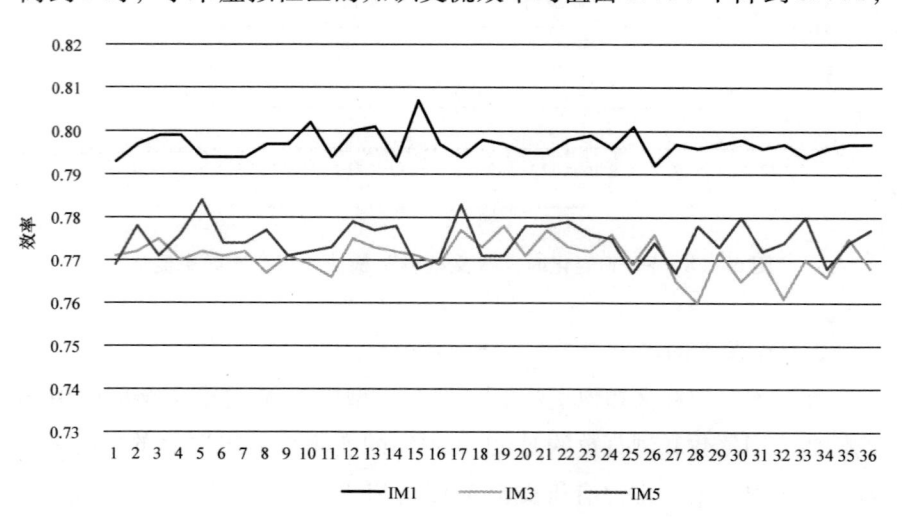

图 6-29　IM 变化时"有机交流"板块知识交流效率变化

降幅约为 3.26%;将 IM 属性值提高到 5 时,学术虚拟社区的知识交流效率均值从 0.771 上升到 0.775,涨幅约为 0.52%。

由图 6-30 可知,在"人文社科"板块中,当 IM 属性值由 1 提高到 3 时,学术虚拟社区的知识交流效率均值由 0.568 下降到 0.548,降幅约为 3.52%;将 IM 属性值提高到 5 时,学术虚拟社区的知识交流效率均值从 0.548 上升到 0.549,涨幅约为 0.18%。

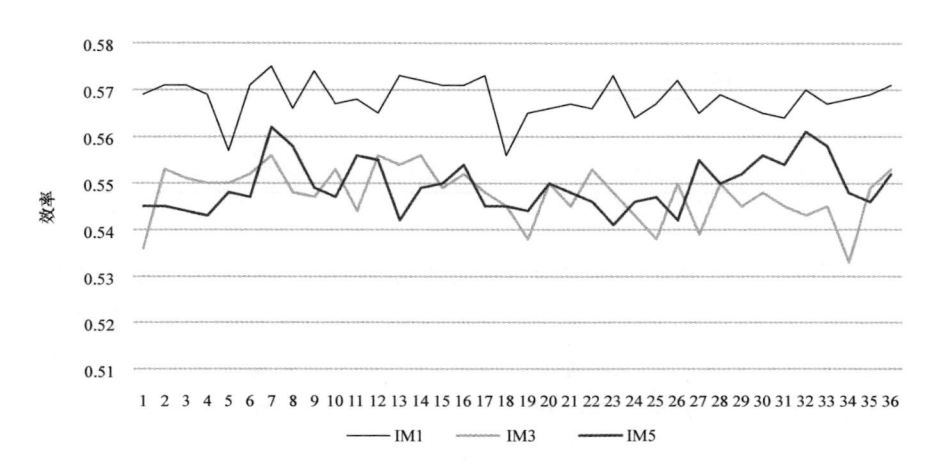

图 6-30 IM 变化时"人文社科"板块知识交流效率变化

3. AL 属性的影响

在学术虚拟社区知识交流效率仿真模型中,AL 的变化会同时引起发帖数、回复数和浏览数的变化,即 AL 的变化会影响学术虚拟社区的投入和产出水平。将"有机交流"板块和"人文社科"板块的 Agents 数量分别设置为 25000 和 2000,AL 属性值分别依次设置为三个不同的等级,各等级间相差幅度一致,两个板块的 AL 属性取值如表 6-19 所示。同时将其他属性分别设置为两个板块对应的模型初始值,进行 36 个周期的仿真实验,并将不同等级的 AL 属性值对应的知识交流效率进行对比分析,"有机交流"板块的知识交流效率变化如图 6-31 所示,"人文社科"板块的知识交流效率变化如图 6-32 所示。

表 6-19　　两个板块 AL 属性取值

属性	有机交流	人文社科
Agents 数量	25000	2000
知识交流自我效能（KSSE）	2	2
信息性动机（IM）	1	1
利他因素（AL）	{1, 3, 5}	
对社区管理的信任（TR）	2	1
社区激励因素（IN）	1	1

由图 6-31 可知，在"有机交流"板块中，当 AL 属性值由 1 提高到 3 时，学术虚拟社区的知识交流效率均值由 0.800 下降到 0.780，降幅约为 2.50%；将 AL 属性值提高到 5 时，学术虚拟社区的知识交流效率均值从 0.780 上升到 0.781，涨幅约为 0.13%。

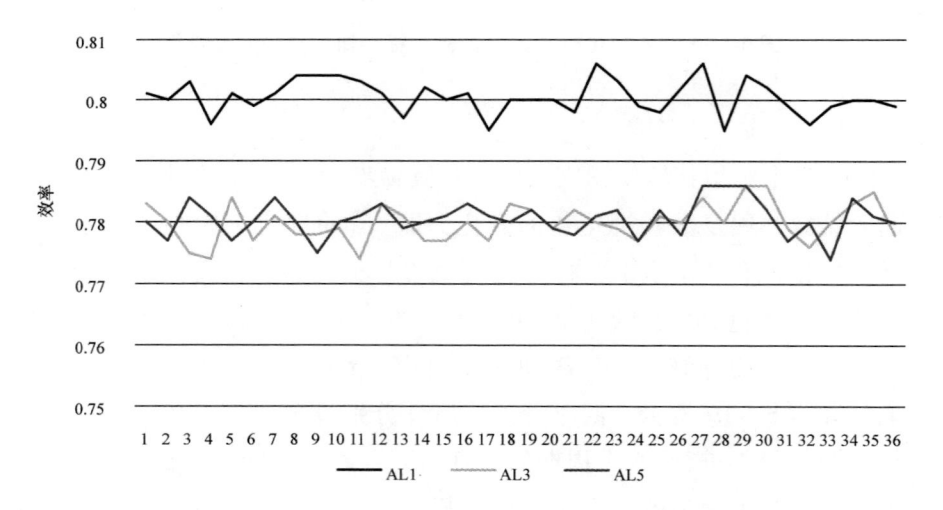

图 6-31　AL 变化时"有机交流"板块知识交流效率变化

第六章 学术虚拟社区知识交流仿真模型构建

由图6-32可知,在"人文社科"板块中,当AL属性值由1提高到3时,学术虚拟社区的知识交流效率均值由0.569下降到0.548,降幅约为3.69%;将AL属性值提高到5时,学术虚拟社区的知识交流效率均值从0.548上升到0.549,涨幅约为0.18%。

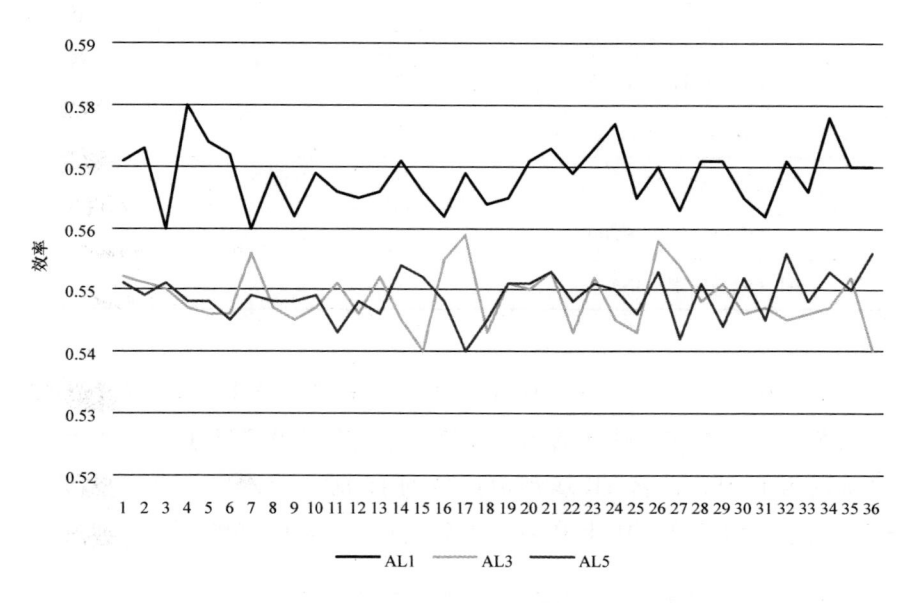

图6-32 AL变化时"人文社科"板块知识交流效率变化

4. TR属性的影响

在学术虚拟社区知识交流效率仿真模型中,TR的变化会同时引起评论数、回复数和浏览数的变化,即TR的变化会影响学术虚拟社区的投入和产出水平。将"有机交流"板块和"人文社科"板块的Agents数量分别设置为25000和2000,TR属性值分别依次设置为三个不同的等级,各等级间相差幅度一致,两个板块的TR属性取值如表6-20所示。同时将其他属性分别设置为两个板块对应的模型初始值,进行36个周期的仿真实验,并将不同等级的TR属性值对应的知识交流效率进行对比分析,"有机交流"板块的知识交流效率变化如图6-33所示,"人文社科"板块的知识交流效率变化如图 6-34 所示。

表 6-20　　　　　　两个板块 TR 属性取值

属性	有机交流	人文社科
Agents 数量	25000	2000
知识交流自我效能（KSSE）	2	2
信息性动机（IM）	1	1
利他因素（AL）	2	1
对社区管理的信任（TR）	{1, 8, 15}	
社区激励因素（IN）	1	1

由图 6-33 可知，在"有机交流"板块中，当 TR 属性值由 1 提高到 8 时，学术虚拟社区的知识交流效率均值由 0.793 上升到 0.801，涨幅约为 1.01%；将 TR 属性值提高到 15 时，学术虚拟社区的知识交流效率均值从 0.801 上升到 0.807，涨幅约为 0.75%。

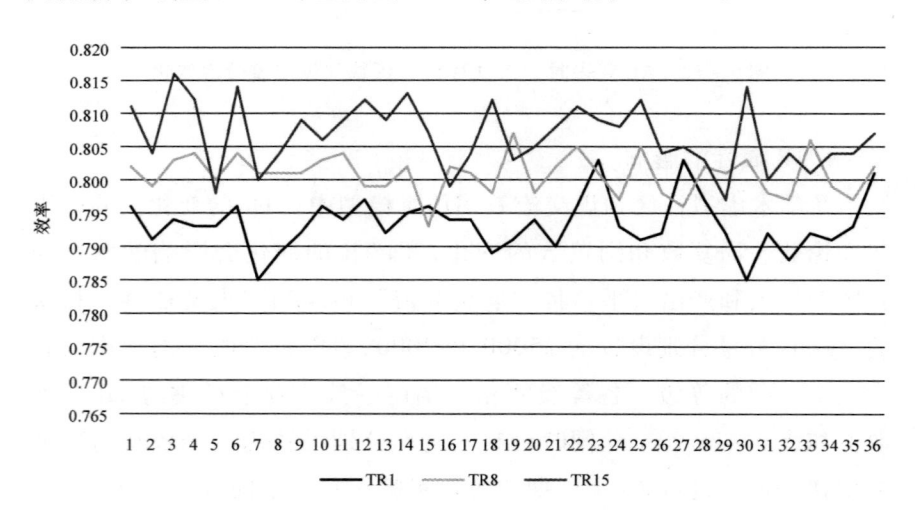

图 6-33　TR 变化时"有机交流"板块知识交流效率变化

第六章 学术虚拟社区知识交流仿真模型构建

由图 6-34 可知,在"人文社科"板块中,当 TR 属性值由 1 提高到 8 时,学术虚拟社区的知识交流效率均值由 0.552 上升到 0.558,涨幅约为 1.09%;将 TR 属性值提高到 15 时,学术虚拟社区的知识交流效率均值从 0.558 上升到 0.572,涨幅约为 2.51%。

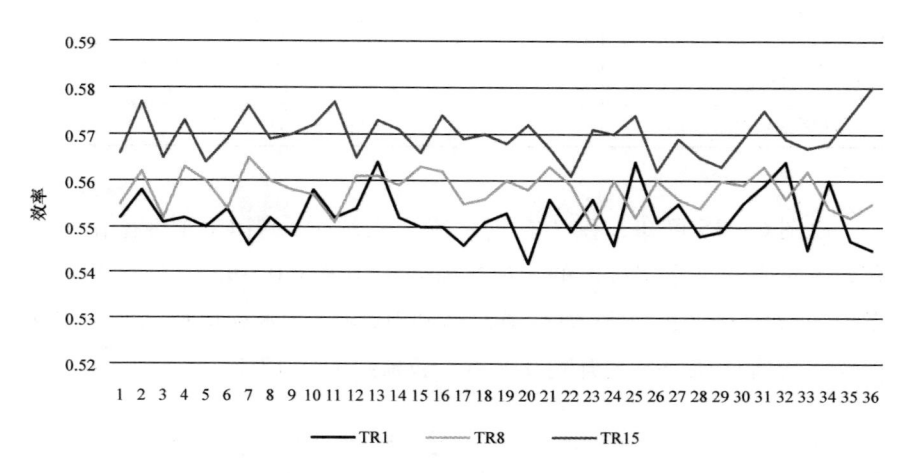

图 6-34　TR 变化时"人文社科"板块知识交流效率变化

5. IN 属性的影响

在学术虚拟社区知识交流效率仿真模型中,IN 的变化会同时引起评论数、回复数和浏览数的变化,即 IN 的变化会影响学术虚拟社区的投入和产出水平。将"有机交流"板块和"人文社科"板块的 Agents 数量分别设置为 25000 和 2000,IN 属性值分别依次设置为三个不同的等级,各等级间相差幅度一致,两个板块的 IN 属性取值如表 6-21 所示。同时将其他属性分别设置为两个板块对应的模型初始值,进行 36 个周期的仿真实验,并将不同等级的 IN 属性值对应的知识交流效率进行对比分析,"有机交流"板块的知识交流效率变化如图 6-35 所示,"人文社科"板块的知识交流效率变化如图 6-36 所示。

表 6-21　　　　　　　两个板块 IN 属性取值

属性	有机交流	人文社科
Agents 数量	25000	2000
知识交流自我效能（KSSE）	2	2
信息性动机（IM）	1	1
利他因素（AL）	2	1
对社区管理的信任（TR）	2	1
社区激励因素（IN）	{1，5，10}	

由图 6-35 可知，在"有机交流"板块中，当 IN 属性值由 1 提高到 5 时，学术虚拟社区的知识交流效率均值由 0.792 上升到 0.795，涨幅约为 0.38%；将 IN 属性值提高到 10 时，学术虚拟社区的知识交流效率均值从 0.795 上升到 0.796，涨幅约为 0.13%。

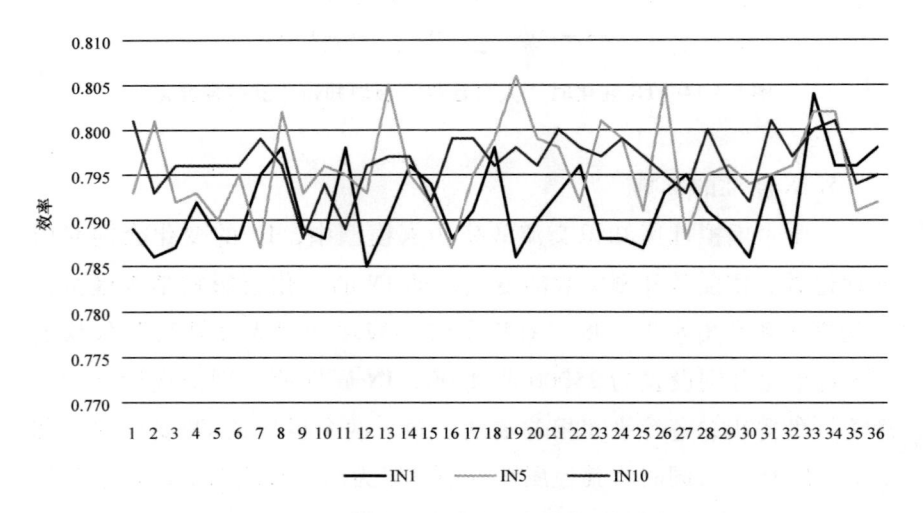

图 6-35　IN 变化时"有机交流"板块知识交流效率变化

由图 6-36 可知，在"人文社科"板块中，当 IN 属性值由 1 提高到 5 时，学术虚拟社区的知识交流效率均值由 0.552 上升为 0.557，涨幅约为 0.91%；将 IN 属性值提高到 10 时，学术虚拟社区的知识交

第六章 学术虚拟社区知识交流仿真模型构建

流效率均值从 0.557 上升到 0.569，涨幅约为 2.15%。

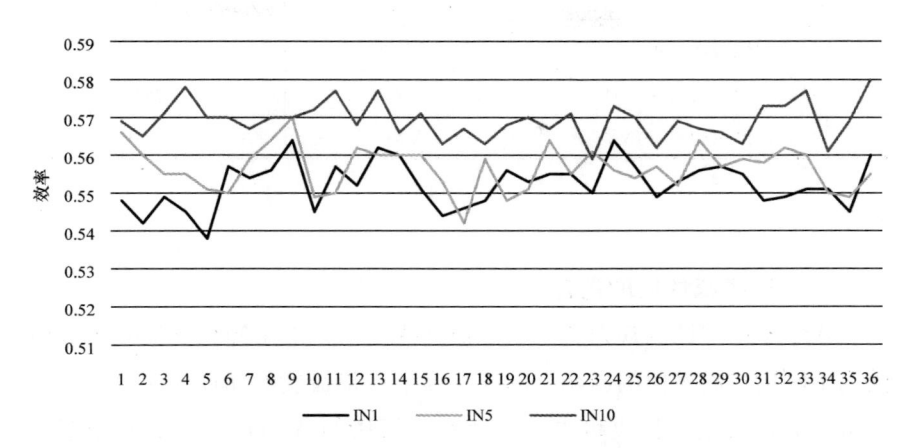

图 6-36 IN 变化时"人文社科"板块知识交流效率变化

由以上实验结果可得出在两个板块中各个属性对学术虚拟社区知识交流效率的影响幅度，如表 6-22 所示。

由表 6-22 可知，不同属性对"有机交流"板块知识交流效率的影响幅度差异较大，其中自我效能和信息性动机对学术虚拟社区知识交流效率的影响幅度最大，而社区激励因素的影响幅度最小。对于"人文社科"板块，除自我效能对学术虚拟社区知识交流效率的影响幅度较大外，其余属性对知识交流效率的影响幅度差异较小。就两个板块而言，学术虚拟社区中用户的自我效能、信息性动机、利他因素以及用户对社区管理的信任这四个内在因素对学术虚拟社区知识交流效率的影响较大，且均高于社区激励这个外部因素。

表 6-22　各属性对学术虚拟社区知识交流效率的影响幅度

属性	有机交流（%）	人文社科（%）
知识交流自我效能（KSSE）	3.980	5.070
信息性动机（IM）	3.780	3.700

续表

属性	有机交流（%）	人文社科（%）
利他因素（AL）	2.630	3.870
对社区管理的信任（TR）	1.760	3.600
社区激励因素（IN）	0.510	3.060

三　最优属性值的选择

在学术虚拟社区知识交流效率仿真模型中，由于知识交流效率同时受到不同用户属性值的影响，因此，为了获得最优的属性值组合，本研究将"有机交流"板块和"人文社科"板块的 Agents 数量分别设置为 25000 和 2000，对所有的 18750 种属性组合进行仿真实验，并分别将两个板块仿真结果中知识交流效率值的前 5% 所对应的属性组合中的各个属性均值作为该板块的最优属性值组合，如表 6-23 所示。

表 6-23　　　　两个板块各属性的最优取值

属性	有机交流	人文社科
知识交流自我效能（KSSE）	3	2
信息性动机（IM）	3	2
利他因素（AL）	3	2
对社区管理的信任（TR）	13	6
社区激励因素（IN）	8	4

在确定各板块的最优属性值组合后，将"有机交流"板块和"人文社科"板块的 Agents 数量分别设置为实证数据中每个周期的用户数量，属性值分别设置为初始属性值组合和最优属性值组合，在此基础上，进行 12 个周期的仿真实验，并将实验输出的学术虚拟社区知识交流效率进行对比，结果如表 6-24 所示。

第六章 学术虚拟社区知识交流仿真模型构建

表6-24　　2019年使用初始值和最优值的知识交流效率对比

周期	有机交流 初始值	有机交流 最优值	提高幅度（%）	人文社科 初始值	人文社科 最优值	提高幅度（%）
2019年1月	0.753	0.827	9.810	0.567	0.658	15.990
2019年2月	0.773	0.848	9.700	0.570	0.706	23.860
2019年3月	0.753	0.854	13.410	0.572	0.663	15.910
2019年4月	0.753	0.872	15.900	0.573	0.734	27.950
2019年5月	0.752	0.871	15.850	0.569	0.686	20.600
2019年6月	0.755	0.832	10.270	0.568	0.658	15.880
2019年7月	0.753	0.881	17.070	0.567	0.641	13.050
2019年8月	0.756	0.876	15.900	0.576	0.688	19.450
2019年9月	0.757	0.956	26.310	0.570	0.644	13.090
2019年10月	0.762	0.889	16.570	0.568	0.640	12.530
2019年11月	0.760	0.880	15.880	0.571	0.715	25.280
2019年12月	0.768	0.884	15.180	0.570	0.664	16.530
均值	0.758	0.873	15.150	0.675	0.570	18.350

由表6-24可知，在使用最优值时，学术虚拟社区知识交流效率仿真模型的输出结果比使用初始值的知识交流效率输出值有大幅度的提高。其中，"有机交流"板块平均提高幅度为15.150%，"人文社科"板块平均提高幅度为18.350%。由此，社区管理者应着重从用户的信息意识和知识共享两个维度提升学术虚拟社区的知识交流效率。在提升社区用户信息意识方面，社区用户信息检索和搜集能力不足，不知如何获取、辨别、利用信息以及缺乏将信息转化为知识的能力，而信息意识是知识交流的基础，因此，社区管理者可采取举办相关知识与技术讲座、定期发布相关信息知识等措施，帮助用户有意识、有目的地运用归纳、演绎、分析和综合等方法处理信息资源以提高用户的信息意识。在提升社区用户知识共享意识方面，社区管理者应对用户建立知识共享相关机制，营造良好的学习与交流氛围，让用

户知识得到有效存储与流动，以提升用户的知识交流意识，保障学术虚拟社区的知识交流质量。

第七节　本章小结

本章首先获取了 2019 年小木虫社区"有机交流"和"人文社科"两个板块的知识交流数据，在对数据进行处理和统计分析的基础上，分别进行了学术虚拟社区社会网络分析、构建学术虚拟社区知识交流多 Agent 仿真模型和知识交流效率模型及仿真实验，并在对实验结果进行分析后，针对提高学术虚拟社区知识交流效率给出了对策建议。

学术虚拟社区社会网络分析主要针对小木虫社区"有机交流"板块与"人文社科"板块用户间的知识交流网络结构进行分析，分别从整体网络特征与个体网络特征两个方面进行分析，包括网络密度、聚类系数、点度中心性、接近中心性、中间中心性等，从网络结构的特征出发，研究小木虫社区用户的知识交流特征，发掘用户在学术虚拟社区知识交流中的作用。研究发现，小木虫社区用户间知识交流网络具备小世界特征，网络整体密度不高，用户间知识交流程度较弱。

在学术虚拟社区知识交流效率仿真模型构建后，分别针对改变用户数量对学术虚拟社区知识交流效率的影响、改变单个用户属性对学术虚拟社区知识交流效率的影响，以及通过实验选定使学术虚拟社区知识交流效率最大化的用户属性三个方面进行研究。研究发现：（1）在不改变用户属性的情况下，无论是直接提高用户量级还是随时间周期逐渐增加用户数量都会导致学术虚拟社区知识交流效率的下降，但影响幅度较小；（2）在学术虚拟社区中，用户的内在因素如知识交流的自我效能、进行知识交流的信息性动机、知识交流的利他因素和对社区管理的信任程度对知识交流效率的影响幅度要高于社区激励这个外部因素，但在具体的影响幅度上，"有机交流"板块和"人文社

第六章 学术虚拟社区知识交流仿真模型构建

科"板块有所不同;(3)当前学术虚拟社区中知识交流效率较低,需要就用户属性的初始值和最优值的对比对症施策,以提高学术虚拟社区的知识交流效率。

根据对小木虫社区知识交流效率的仿真实验研究结果,分别从用户自身和社区管理者的角度出发,对提高学术虚拟社区知识交流效率提出了以下建议:用户要提高获取、辨别、分析和利用信息的意识,提高自身参与知识共享和知识交流活动的主动性和参与性,自发地增强信息检索和在社区中参与讨论的能力;社区管理者要帮助用户有意识地主动参与学术虚拟社区的讨论,通过提高学术虚拟社区的信息组织和服务水平,运用技术手段针对用户的兴趣点推荐信息服务,通过精准和启发式的信息服务刺激用户的知识交流行为动机,并拓宽学术虚拟社区知识交流的方式,提高用户参与知识交流的热情,从而提高学术虚拟社区的知识交流效率水平。

第七章 学术虚拟社区知识交流存在的问题及提升策略

在前面几个章节中,我们梳理了学术虚拟社区的相关研究、理论基础和研究方法,明确了学术虚拟社区知识交流的组成要素、交流动因、交流机制,调查了科研人员对学术虚拟社区知识交流效率的感知状况,设计了学术虚拟社区知识交流效率测度模型并以小木虫社区、丁香园论坛、经管之家为例进行了实证研究,构建并验证了学术虚拟社区知识交流网络模型,仿真模拟了学术虚拟社区知识交流状况并与社区中实际交流情况进行对比,通过不断调整相关参数改进学术虚拟社区知识交流效率。本章的主要目的是在上述工作的基础上,挖掘学术虚拟社区知识交流中存在的问题并提出相应的提升策略。

第一节 学术虚拟社区知识交流中存在的问题

一 知识交流主体存在的问题

(一)知识交流主体的背景差距使得学术虚拟社区中知识的不对称性显著

知识交流是人们围绕知识所进行的一切交往活动[①],强调知识的流动及知识交流主体之间的互动。在学术虚拟社区中,用户通过发帖

---

① 宓浩:《知识、知识材料和知识交流——图书馆情报学引论(纲要)之一》,《图书馆学研究》1983 年第 6 期。

第七章 学术虚拟社区知识交流存在的问题及提升策略

或问答等方式与其他成员进行沟通和交流，其行为由态度、感知行为控制和主观规范共同作用[1]，当用户感知到学术虚拟社区中的知识资源或知识主体能够帮助其实现目标时，会更愿意进行知识交流活动。知识交流主体的感知行为控制源于自身已有的知识积累和经验总结，极大地影响着其知识共享意愿[2]和知识交流行为。知识交流主体的水平、素质不同，对信息的理解可能不同，进而产生认知差异[3]，印证了本研究中调查问卷部分的结论，即学术虚拟社区的知识交流效率同知识交流主体的背景密切相关，科研时间、受教育程度、职称与知识交流效率大体上成正比。目前学术虚拟社区的注册门槛较低，无论用户是否为科研人员，只要有手机号（和/或邮箱）均可注册，这就使得用户间的知识水平、经历等差异巨大，在进行知识交流时，很容易产生理解偏差，影响知识交流主体的情绪与态度，导致交流中断或失去深入交流的兴趣。长此以往，知识交流主体将会质疑学术虚拟社区的有用性，对社区的信任感降低，影响交流氛围及用户活跃度，不利于社区发展。此外，一般而言，人们由于经历不同，会存在某些先入为主的观念或偏见，进而影响知识的接收与分享，导致沟通不畅。

（二）学术虚拟社区知识交流网络整体呈稀疏状态且"明星"节点较少

马歇尔·莫斯认为人们的交换行为受到社会或者群体的影响，并反过来强化社会规范结构[4]，也就是说，人们在社会中的地位不是一成不变的，是流动着的，当人们处于低地位群体时，会由于对高地位群体的偏爱和追求不断奋发向上，改变自己的不足之处，向高地位群

---

[1] I. Ajzen, "The Theory of Planned Behavior", *Organizational Behavior and Human Decision Processes*, Vol. 51, No. 2, 1991, pp. 179–211.

[2] 张乐：《学术虚拟社区中个体知识贡献意愿影响因素的实证研究》，硕士学位论文，山西财经大学，2016年。

[3] 唐承秀：《图书馆内部管理沟通实证研究》，博士学位论文，北京大学，2008年。

[4] 梁颖琳、向家宇：《现代社会交换理论思想渊源述评》，《今日南国》（理论创新版）2009年第5期。

体靠近①。前文研究表明核心用户和具有较强权威的用户在知识交流过程中发挥着至关重要的作用,他们能够活跃社区知识交流氛围、引导和激励社区成员积极参与讨论。目前,学术虚拟社区拥有庞大的用户群体,其中有一小部分是核心用户和权威用户,他们的知识交流内容和行为影响着成员间的信任及成员对社区的信任,进而影响社区成员的知识交流与共享意愿。但有很大一部分是"僵尸"用户或者"潜水"用户,是为了满足暂时需求而采取知识交流行为,不会主动回答问题、帮助他人,一旦社区帮助他们完成了任务需求,就不再继续访问,间接影响着和他们处于同一地位的社区成员的行为,不利于知识和成员地位的流动。社区归属感包括社区成员间的亲密感、成员感知到自己的重要性、成员的满意感,且成员对社区的认同感、归属感是一个良性/恶性循环。当成员经常在学术虚拟社区中浏览、发帖、评论时,才能体会到自己对于社区的重要性,才会投入更多精力到学术虚拟社区中②;反之,如果成员仅仅在社区中浏览需要的信息,而不参与成员间互动,社区就无法活跃起来、无法满足成员的需求,进而失去成员对社区的信任。一般而言,刚刚步入科研领域的青年学者或学生对现有学术虚拟社区参与感、归属感并不强,极其需要"明星"用户的引领。

二 学术虚拟社区存在的问题

(一) 社区管理制度不完善、管理人员水平不一致

社区管理者参与度与学术虚拟社区知识交流效率呈现正相关。高效合理的管理方式能够促进学术虚拟社区中知识的转化,营造良好的社区氛围,进而提升用户的知识交流体验。学术虚拟社区中只有小部

---

① 陈世平、崔鑫:《从社会认同理论视角看内外群体偏爱的发展》,《心理与行为研究》2015年第3期。

② 范晓屏:《非交易类虚拟社区成员参与动机:实证研究与管理启示》,《管理工程学报》2009年第1期。

第七章 学术虚拟社区知识交流存在的问题及提升策略

分成员会主动贡献自己的知识资源，大多数成员都是浏览者，较少进行知识交流，而社区要持续发展，就需要成员间保持真诚互动。这种互动是相互的，成员在社区中获取相关知识资源提高自身的同时贡献自己的知识帮助社区其他成员，所以，社区要科学管理成员和知识资源。本书对小木虫社区的实证研究证明，审核机制健全、流程严格、创建者、维护者具有威望，个性化推送精准，下载功能满足需求，精华内容推荐值得一看均对成员的感知有用性起积极作用。

目前，学术虚拟社区存在推送广告信息过多、知识推送服务不成熟、信息审核机制不健全等问题。例如，小木虫社区的网页版将广告放在醒目位置，不仅是首页、帖子详情页也推送广告。虽然广告为社区运营提供了支持，但过多的广告会消费用户好感，降低用户浏览频次。在知识推送方面，存在知识推送频率较低、知识质量不高、推送不及时、针对性较低等问题。目前学术虚拟社区中的知识极其丰富，用户所需的资源却是有限的，很难做到及时精准推送。例如，小木虫社区在为用户提供知识推送服务时，推送的知识资源与用户需要的不匹配，但用户使用学术虚拟社区是为了寻找到能够给他们解决问题的知识资源，如果不能将知识推送与用户需求匹配起来，那知识推送可能就不是一项服务，而是一项负担了。同时，学术虚拟社区中存在广告帖，需要完善信息审核机制，加强对管理人员的统一培训。小木虫社区就存在出售相关实验材料、学习资料、设备、课程等的帖子。小木虫社区通过用户的金币数定义用户级别，实行版主管理、版规约束制度。区长、版主和专家顾问管理领域内的成员及知识资源，维护知识交流的秩序，具有一定的主观性，由于知识背景不同，管理方式、评判标准都存在差距，因此应该制定详尽的信息审核标准，加强管理人员培训。此外，学术虚拟社区还存在问题响应不及时、信息审核效率低等问题。

（二）学术虚拟社区信息系统的设计未兼顾安全性与易用性

学术虚拟社区是指有一定数量科研人员参与的专业型、学术型虚

学术虚拟社区知识交流效率测度研究

拟网络社区平台，已有研究证明，信息系统的质量与服务是用户决定是否持续使用的关键。Szajna 评估了电子邮件系统使用新技术前后个体感知有用性和感知易用性的变化及对使用意愿的影响。[①] Teo 等指出系统的易操作性会提升用户使用社区的频率及参与互动的积极性，进而增强用户对社区的归属感；系统的安全性则是用户参与互动及互动过程中的重要保障。[②] Gefen 等认为网站设计的易用性在一定程度上反映了社区管理者对用户的重视程度[③]，如果用户在使用虚拟社区过程中感觉到不安全和不易操作，便会考虑使用社区的成本及收益，低于期望时可能产生抵触心理，甚至不愿意继续参与社区互动、分享知识和经验。因而，设计一个稳定性强、安全性高、界面美观、导航清晰的网站，能够减少用户使用社区获取知识的成本，提高用户在社区中的满足感与归属感，促进成员积极参与知识交流，主动分享知识与经验。学术虚拟社区信息系统的安全性是社区生存和发展的基础[④]，一般包含网站上显示的信息内容安全，网站上的重要信息不被出卖，网站上的信息不被非法篡改，社区成员的重要信息不被泄露。学术虚拟社区的易用性主要包含界面美观、内容组织合理、导航清晰、交互功能完备、检索功能完备等方面。

目前学术虚拟社区信息系统的设计既要保证安全性，又要兼顾易用性，不可顾此失彼。以小木虫社区为例来说，用户使用邮箱或手机号注册用户名和密码，登录时可以选择用户名和密码登录，或者输入邮箱账号后由网站给邮箱发送登录链接，如果是使用手机号注册而又

[①] B. Szajna, "Empirical Evaluation of the Revised Technology Acceptance Model", *Management Science*, Vol. 42, 1996, pp. 85 – 92.

[②] H. Teo, H. Chana, K. Weib, et al., "Evaluating Information Accessibility and Community Adaptivity Features for Sustaining Virtual Learning Communities", *International Journal of Human-Computer Studies*, Vol. 59, No. 5, 2003, pp. 671 – 697.

[③] D. Gefen, E. Karahanna and D. W. Straub, "Trust and TAM in Online Shopping: An Integrated Model", *Mis Quarterly*, Vol. 27, No. 1, 2003, pp. 51 – 90.

[④] 吴晓红等：《非交易类虚拟品牌社区互动、归属感与知识共享的关系》，《蚌埠学院学报》2015 年第 4 期。

第七章 学术虚拟社区知识交流存在的问题及提升策略

忘记用户名就很难再登录。以"忘记用户名"为关键词进行帖子搜索,共搜索到488个帖子(截至2020年5月21日),帖子标题主要是账号解封、忘记用户名、找回密码、找回账号,帖子内容主要是询问如何解决目前的问题或抱怨登录系统不好用。如果选择不登录社区,则无法浏览帖子的全部内容或跟帖,因此用户可能在寻找用户名或密码的途中对社区失去耐心。CSDN的使用界面对用户来说较为友好,用户不需登录即可浏览帖子详细内容,但回帖时必须登录。但在2011年年底,CSDN被爆出有600万用户隐私信息遭泄露,这对中国最大的IT社区来说何其讽刺。随后,某些网站社区的用户隐私信息也先后被泄露,研究表明,中国的许多网站都存在安全漏洞,即使是安全类网站[①]。迄今为止,人们经常在注册了某一网站之后便会接听到诈骗电话,因此,网站的安全性必须得到重视。

(三)社区成员质量不稳定

社区成员质量和信息质量影响着社区的生存与发展。李宇佳等认为社区成员和知识内容均对知识交流有显著影响。[②] 社区成员的积极性是推动知识交流的基础,交流的知识质量能否满足成员需求是持续交流和高效交流的关键。[③] 本书第五章对小木虫社区的实证研究也表明高质量用户占比对社区知识交流效率起到明显提升作用。当用户认为学术虚拟社区对学习或工作有帮助时,他们会愿意持续使用该学术虚拟社区。知识内容的科学性、创新性、权威性、时效性和真实性等反映其质量和学术价值,是影响社区成员讨论、收藏与分享的核心因素。若帖子内容围绕当前研究热点逻辑严谨且观点创新,则回帖、收藏、分享的次数通常较高。

---

① 张梦星:《我的信息谁维护?——由CSDN"泄密门"看网站信息安全建设》,《中国新时代》2012年第4期。

② 李宇佳等:《移动学术虚拟社区知识流转的影响因素研究》,《情报杂志》2017年第1期。

③ 许林玉、杨建林:《基于社会化媒体数据的学术社区知识共享行为影响因素研究——以经管之家平台为例》,《现代情报》2019年第7期。

学术虚拟社区中的知识交流包括成员间的知识交流和成员与社区的知识交流，主要形式是线上交流。在与社区的交流过程中，虚拟社区具有的开放性、自由性使得只要是注册用户就可以发表言论，约束性较弱，不可避免地产生了低质、无效信息。这些信息不仅降低了社区的可信性与权威性，增加了成员的时间与精力成本，还要求成员具有一定的知识素养，加大了社区成为学术主流的难度。在成员间的知识交流过程中，社区成员的知识结构、背景不统一，且无法通过表情、肢体等形式传递信息，成员间的信任需要通过很长时间才能建立。另外，学术虚拟社区中的成员通常出于兴趣或问题需要而进行知识交流，在交流过程中可能会隐藏自己的知识背景和真实想法，最终使知识交流停留在表层，很难进行深入交流。

第二节　学术虚拟社区知识交流效率提升策略

一　用户层面的改进策略

（一）不断积累科学知识，提高辨别知识的能力并树立正确的道德观念

对于用户来说，丰富的科学知识是在学术虚拟社区中辨别所需信息、提高效率的重要前提，帖子信息清晰完整、易于理解能极大提高知识交流效率，避免因沟通不畅而浪费彼此时间。发布高质量的帖子或信息是提高自己在社区中声誉及地位的重要手段，帖子的质量取决于用户的知识与经验积累，信息性动机是用户使用学术虚拟社区的重要影响因素，高质量的帖子有助于新用户少受误导。同时，用户需要树立正确的道德观念，文明使用社区，尊重他人劳动成果，感恩他人的帮助，并主动帮助他人。

（二）打破学术研究中的自娱自乐，培养科学交流意识

回顾历史，有许多因学术思想碰撞、研究方法与成果交流而推动科学进步的例证。如代替了"燃素说"的"氧化说"是在普利斯特

第七章　学术虚拟社区知识交流存在的问题及提升策略

列与拉瓦锡交流与实验后得到的;爱因斯坦在"奥林比亚科学院"这一团体时思想最为活跃、科学创造最多。目前,学科间的壁垒逐渐模糊,交叉趋势明显,研究者需要打破学术上的门户之见,积极与其他团体的成员进行交流,共同推动科学进步。

二　学术虚拟社区的改进策略

(一) 提高系统的稳定性与安全性

学术虚拟社区应该加大对社区基础设施和技术应用的投入,保障系统服务平稳运行、用户个人隐私和数据信息安全,根据用户反馈数据,优化网站设计。一方面,学术虚拟社区基础设施和技术应用决定了社区用户及各方资源能否有效地在社区内进行知识交流和资源共享,拥有一定技术优势的社区有助于加速信息、知识的传输,节约时间和成本;另一方面,社区平台操作界面的易用性和平台基础设施的成熟度会影响用户体验,进而影响用户再次参与知识交流的意愿。此外,学术虚拟社区应加强知识服务与个性化推荐服务。本书的实证研究证明,当小木虫社区、丁香园论坛的推送信息与用户知识分享意愿一致时,会引起社区成员与社区的共鸣,共鸣的产生会进一步激发用户的知识交流行为。为此,学术虚拟社区可以采取一些行动加强用户活跃度,如改进推送算法,结合用户等级系统,进行精准化、个性化知识推送;不断完善、实时更新社区知识库,满足用户文档、图表、视频、音频等下载需求;提升界面美观性,向用户提供个性化界面定制服务,满足古典、简约、清新等不同需求。

(二) 制定科学的社区管理制度,提高社区管理员的管理水平

完善学术虚拟社区的信任机制[①]。成员对社区及其他成员的信任是进行知识交流的基础,当成员认同社区及其他成员时,会倾向于主动进行知识交流,而不完善的信任机制会增加用户进行知识交流的顾

[①] 秦宜等:《基于主成分分析的虚拟学术社区科研人员合作影响因素研究——以"小木虫"论坛为例》,《情报探索》2020 年第 5 期。

虑。社区管理者应该从用户背景、用户偏好、研究领域等维度进一步细化板块区域，使用户能够快速找到所属分区，融入讨论；应该及时删除无效、虚假信息，不能私自将成员个人信息用作他途。社区的管理制度影响着社区成员的活跃度，研究表明，社区管理规范时，社区成员可能不会主动分享知识，但会积极参与社区活动。社区管理者可通过推送各类用户共同关注的事务，拉近用户之间的距离，加强用户间的沟通，使用户能够快速融入社区。除此之外，社区可设置管理者淘汰机制，对出勤率较低的社区管理者进行淘汰，以提升社区的管理水平，为用户营造更融洽的社区氛围。

（三）完善用户评价体系，加强社区的自我监督与改造机制

首先，学术虚拟社区可以通过问卷调查或访谈，深入了解用户对社区的使用感、满意度，倾听用户意见，吸引新用户，维护老用户。学术虚拟社区创立伊始，知名度不高，没有用户基础，社区成员以搜寻所需信息的游客居多，完成目标后就离开社区，参与感和归属感很低。对于新用户，社区可以通过丰富的信息资源、轻松有趣的氛围吸引其主动参与社区交流活动。对于老用户，可以通过级别、积分等维护其对社区的认同感及归属感。其次，针对社区实际运行数据，根据分析结果探讨改进意见。如本书第五章对丁香园论坛的实证研究证明，对用户活跃性贡献最大的数据项分别是用户打赏数和收藏数，贡献最小的数据项分别是用户关注数和在线时长；对用户权威性贡献最大的数据项分别是用户得票数和粉丝数，贡献最小的数据项分别为精华帖数和丁当数。根据这些结论，社区管理者就可以采取更具针对性的措施加强社区活力，如重点鼓励用户打赏和收藏行为以提高用户活跃性；通过提高帖子质量增加自身权威性，进而提升社区用户的感知有用性和感知易用性，以获取社区成员对社区的认同感[1]，发帖者也

---

[1] Y. Shang and J. Liu, "Health Literacy: Exploring Health Knowledge Transfer in Online Healthcare Communities", 49th Hawaii International Conference on System Sciences (HICSS), 2016.

会获得更多投票,并增加帖子的被收藏数。

(四)完善激励制度,增强社区成员的参与感与归属感

对于学术虚拟社区来说,完善的激励制度是吸引用户持续使用的关键,可以采取物质激励和精神激励两种手段。用户在社区进行知识交流与共享的过程中,需要消耗一定的时间与精力或财富,如果消耗大于预期的结果时,他们可能就会中断知识交流行为,降低后续使用学术虚拟社区的积极性,而物质激励能够弥补此过程中的部分消耗,因此物质激励是社区激励机制中必不可少的一部分。社区可以通过设置科学合理的等级权限和多样化的兑换政策激发用户的参与感,如达到某个等级以后可以使用积分兑换云盘空间、下载和发言权限;利用积分兑换社区中的礼品或合作商的优惠券等。对于新注册的用户,可以用新用户专享合作商优惠券、新用户升级任务与徽章、新用户免费有限下载次数等激励政策吸引他们成为社区的忠实用户。精神激励主要从等级、声望、勋章、名誉等方面展开,社区管理者应该根据社区情况不断调整激励机制。如社区老用户可能更注重在社区中的声望、排名、等级、权限;新用户可能更注重体验,如浏览一定数量帖子或发言之后有一个小成就。此外,用户等级还可用于区分用户提供的知识质量,等级越高知识质量越高。这一方面使知识交流者能够迅速识别高质量知识提供者并求助相关知识以提高知识交流效率,另一方面能够满足高等级用户的成就感、荣誉感,增强其对社区的归属感。同时,为了达到持续激励的目的,还应控制积分获取难度。用户的积分数量影响着其是否继续使用社区和在社区中的知识交流行为,可以通过调整积分策略来控制积分获取难度,但要避免频繁调整。

(五)健全内容审核机制,提升内容质量

信息性动机是用户使用学术虚拟社区的重要因素,用户只有在社区中寻找到所需的信息时,才会愿意付出相关的时间与精力。一般而言,用户从信息的及时性和有效性来感知信息质量,若社区中存在大

量过时、无效、重复的信息，则会降低用户对信息质量的感知，对社区产生失望、厌恶等情绪，进而降低用户持续使用社区的意愿。信息的及时性和有效性一方面需要用户积极高效地进行知识交流，知识分享者主动分享高质量信息并及时更新；另一方面要求社区管理者提高甄别信息的能力，抵制虚假垃圾信息，及时删除无效重复信息，做好用户调研，提供个性化知识推送服务。同时，制定相关措施提高社区中知识的真实性。具体来说，可从以下四个方面着手：（1）学术虚拟社区作为知识提供平台，需要严格把控内容，在引入社交、娱乐等元素内容的同时，健全内容审核机制，严禁低俗色情内容，提升内容质量，鼓励和号召用户参与知识交流；（2）邀请、聘任具有威望的专家、学者、大咖在社区平台提供知识内容，并尝试开辟直播板块；（3）改进虚拟社区的推送算法，结合用户等级系统，进行精准化、个性化知识推送；（4）不断完善、实时更新社区知识库，满足用户文档、图表、视频、音频等下载需求。

（六）明确建立社区的初衷与目标，打造和谐共享的社区文化

一个民族的发展离不开文化的支撑，企业、社区的发展也是如此。学术虚拟社区应改善社区文化氛围，明确建立社区的初衷与目标，按科学分类合理组织内容、建立完善的社区规范制度，形成社区独有的文化氛围，增强用户的归属感和认同感。阳春萍通过实证研究证明社区氛围极大地影响着社区成员知识交流与共享的主动性。[①] 友好互助、和谐友爱、公平有序的社区氛围能使用户快速融入社区，积极主动地参与社区知识交流活动，最终在知识交流过程中实现自我价值。

（七）采取有效的营销手段，提升社区知名度

网络时代，各种营销手段层出不穷。和百度、微博、科学网博客等网站建立合作关系，用户在这些网站上搜索的信息在学术虚拟社区

[①] 阳春萍：《虚拟社区知识共享影响因素实证研究》，硕士学位论文，太原科技大学，2009年。

中有相关帖子时,就会在搜索结果界面推送帖子。与淘宝、京东等建立合作,比如用户使用金币兑换商城优惠券、店铺优惠券,增设广告板块,挑选合作店铺(要与科学研究相关),提升店铺知名度的同时为学术虚拟社区引入流量。

第三节　本章小结

本章为问题解决篇,在前述研究的基础上归纳总结和凝练,分析了当前学术虚拟社区知识交流过程中存在的问题,这些问题包括两个方面。知识交流主体方面:(1)知识交流主体的背景差距使得学术虚拟社区中知识的不对称性显著;(2)学术虚拟社区知识交流网络整体呈稀疏状态且"明星"节点较少。学术虚拟社区方面:(1)社区管理制度不完善、管理人员水平不一致;(2)学术虚拟社区信息系统的设计未兼顾安全性与易用性;(3)社区成员质量不稳定。

为改善学术虚拟社区知识交流氛围,针对这两个方面的问题,分别提出了相应策略,为提升学术虚拟社区知识交流效率提供参考。用户层面:(1)不断积累科学知识,提高辨别知识的能力并树立正确的道德观念;(2)打破学术研究中的自娱自乐,培养科学交流意识。学术虚拟社区层面:(1)提高系统的稳定性与安全性;(2)制定科学的社区管理制度,提高社区管理员的管理水平;(3)完善用户评价体系,加强社区的自我监督与自我改造机制;(4)完善激励制度,增强社区成员的参与感与归属感;(5)健全内容审核机制,提升内容质量;(6)明确建立社区的初衷与目标,打造和谐共享的社区文化;(7)采取有效的营销手段,提升社区知名度。

第八章　总结与展望

第一节　研究总结

20世纪中叶，美国著名学者 Menzel 从信息载体的角度对信息交流的过程进行了深入的研究，提出了著名的"正式过程"与"非正式过程"交流理论，该理论经著名的苏联情报学家米哈伊诺夫整理后形成了体系严密的广义科学交流模式，该模式在以往的以纸为载体的科学交流过程中发挥了非常重要的作用。随着计算机技术与网络的蓬勃发展，科学交流中信息载体的多样化、信息交流的多渠道化以及信息传递与交流的便捷化优势明显，非正式科学交流作用日益凸显并逐渐成为正式交流的重要补充，从以往的直接交谈、书信及科学报告到QQ、Email 及博客论坛，科学交流方式随着技术的不断发展悄然改变。在发展的过程中，学术虚拟社区因其专业性、开放性、及时性、原创性、超时空性等优点成为主流的科学交流方式。然而随着科学交流方式的转变以及学术虚拟社区知识交流热度的不断提升，如何对学术虚拟社区知识交流效率进行测度，从定量角度提出社区知识交流效率的提升办法，进一步改善社区知识交流氛围，充分发挥非正式交流的作用，引起了笔者的关注。

综上，为探究学术虚拟社区知识交流效率，改善学术虚拟社区知识交流环境，提升学术虚拟社区知识交流效果，笔者以学术虚拟社区中的知识交流效率为研究对象，通过理论分析与实证研究相结合的方

第八章 总结与展望

式,运用定性与定量相结合的研究方法,以理论方法—特征表现—效率测度—模型构建及仿真为主要研究路线,运用多种研究方法,对学术虚拟社区知识交流效率进行深入研究,得到的研究结论主要包含以下五个方面。

（一）学术虚拟社区知识交流效率的理论与方法研究

学术虚拟社区知识交流效率的理论与方法研究是本书研究的基础。本书首先论述学术虚拟社区知识交流效率的研究背景、研究现状、目的与意义,并对学术交流的学术史进行梳理,提出本研究的目标、框架、思路与方法。其次论述学术虚拟社区知识交流的相关理论,在借鉴吸收前人研究的基础上,界定本研究中学术虚拟社区知识交流的定义,归纳学术虚拟社区知识交流的特点,描述学术虚拟社区知识交流的过程,剖析学术虚拟社区知识交流的内在机理,进而提炼出学术虚拟社区知识交流的表现形式与特征,对学术虚拟社区知识交流的内涵、特征和学术虚拟社区知识交流过程进行分析。将学术虚拟社区用户知识交流的过程归纳为知识发送、知识获取、知识利用、知识反馈。在此基础上,对学术虚拟社区用户知识交流行为的机理进行分析,构建学术虚拟社区用户知识交流行为的机理模型。另外还推断出学术虚拟社区知识交流的表现形式与特征,并识别出学术虚拟社区知识交流的效率测度指标主要为知识交流过程中产生的发帖、评论、浏览以及再评论等行为的数量。最后以学术虚拟社区知识交流效率测度为研究目标,梳理国内外有关学术虚拟社区知识交流效率测度方法以及理论基础,详细介绍本研究中用于学术虚拟社区知识交流效率的测度方法——DEA方法和学术虚拟社区知识交流效率测度模型验证方法——多Agent模拟仿真法,为后续实证研究过程提供理论支持。

（二）学术虚拟社区知识交流效率感知调查研究

针对学术虚拟社区知识交流效率感知调查研究运用调查问卷的方法,从定性的角度考察国内学者对学术虚拟社区知识交流效率的感知程度和影响因素,通过吸纳社会交换理论思想,构建学术虚拟社区知识交流效率测度模型，确定知识交流效率评价指标，采用熵权法确定指标权重，进而测算知识交流效率评价值，并以技术接受模型为研究框架，进一步探究影响学术虚拟社区知识交流效率的因素。研究发现，研究样本整体上呈现偏态分布，即得到存在多数科研人员知识交流效率低于平均水平的结论。通过研究影响学术虚拟社区知识交流效率的因素，发现感知有用性、感知易用性对知识交流效率有显著正向影响。

（三）学术虚拟社区知识交流效率评价研究

笔者基于以往研究的基础，从知识交流的广度与深度两个层面，着手构建学术虚拟社区知识交流效率指标体系，以小木虫社区、丁香园论坛、经管之家三个论坛为研究对象，运用三阶段 DEA 方法探究三个学术虚拟社区知识交流效率，发现其知识交流效率存在的相同点为：（1）在学术虚拟社区知识交流技术效率方面，调整前后各学术虚拟社区知识交流技术效率均未达到决策单元有效；（2）在学术虚拟社区知识交流效率变化方面，调整前后三个学术虚拟社区的知识交流纯技术效率与其知识交流技术效率变化趋势基本一致，因此，相比于学术虚拟社区的知识交流规模效率，学术虚拟社区的知识交流纯技术效率对其知识交流技术效率影响较大；（3）环境因素对学术虚拟社区知识交流技术效率的影响程度不同，剔除环境因素、随机干扰和管理无效率的影响后，小木虫社区的平均效率值由 0.963 上升到 0.973，丁香园论坛的平均效率值由 0.912 下降到 0.905，经管之家的平均效率值由 0.973 下降到 0.964。

（四）基于用户属性的学术虚拟社区知识交流仿真模型构建研究

本研究以小木虫社区"有机交流"板块与"人文社科"板块的知识交流数据为对象，针对研究对象分别进行了学术虚拟社区知识交流社会网络分析、构建学术虚拟社区知识交流多 Agent 仿真模型和知识交流效率模型并进行仿真实验。在社会网络分析部分，发现小木虫社区中用户知识交流具备小世界特征，整体网络密度不高，用户间知识交流程度较弱等。在学术虚拟社区知识交流效率模型构建与仿真研究部分，通过划分不同 Agent 类别，提炼出用户行为转变的影响因素并将用户属性融入模型的构建研究中，分别针对改变用户数量对学术虚拟社区知识交流效率的影响、改变单个用户属性对学术虚拟社区知识交流效率的影响，以及通过实验选定使学术虚拟社区知识交流效率最大化的用户属性三个方面进行了研究。研究发现：（1）在不改变用户属性的情况下，无论是直接提高用户量级还是随时间周期逐渐增加用户数量都会导致学术虚拟社区知识交流效率的下降，但影响幅度较小；（2）在学术虚拟社区中，用户的内在因素如知识交流的自我效能、进行知识交流的信息性动机、知识交流的利他因素和对社区管理的信任程度对知识交流效率的影响幅度要高于社区激励这个外部因素，但在具体的影响幅度上，"有机交流"板块和"人文社科"板块有所不同；（3）当前学术虚拟社区中知识交流效率较低，需要就用户属性的初始值和最优值的对比对症施策，以提高学术虚拟社区的知识交流效率。

（五）学术虚拟社区知识交流效率研究建议

本研究在学术虚拟社区知识交流效率的理论方法、感知调查、效率评价以及模拟仿真研究的基础上，结合理论分析与实证分析的结果，分别梳理出学术虚拟社区中用户主体与社区管理存在的问题。在用户主体层面，一是知识交流主体的背景存在差距，使得学术虚拟社区中知识呈现不对称显著特征；二是学术虚拟社区知识交流网络整体呈稀疏状态，"明星"节点较少，带头作用不明显，普通用户对社区的归属感不强。在社区管理层面，一是社区管理制度不完善、管理人员水平不一致；二是学术虚拟社区信息系统的设计要兼顾安全性与易用性；三是社区成员质量不稳定。根据以上存在的问题，笔者针对用户主体与社区管理提出以下改进策略：在用户层面，用户需不断积累科学知识，提高辨别知识的能力并树立正确的道德观念，打破学术研究中的自娱自乐，培养科学交流意识；在社区管理层面，社区管理者需提高系统的稳定性与安全性，制定科学的社区管理制度，提高社区管理员的管理水平，完善用户评价体系，加强社区的自我监督与自我改造机制，完善激励制度，增强社区成员的参与感与归属感，健全内容审核机制，提升内容质量，明确建立社区的初衷与目标，打造和谐共享的社区文化。

第二节　研究不足与展望

学术虚拟社区作为当前非正式科学交流的重要方式，因其专业性、即时性、原创性优点，近年来受到越来越多学者的关注，然而学术虚拟社区知识交流效率低是众多学术虚拟社区共同存在的问题，如何进一步提高学术虚拟社区知识交流效率，最大限度地发挥学术虚拟社区平台在科学交流中的作用仍值得进一步深入研究。本研究虽进行了尝试性的研究，但仍有许多可以进一步研究的空间，由于本人学术水平、研究精力与能力以及时间的限制，研究存在一定的局限与不足，许多方面的问题仍然值得进一步探索与发掘，主要体现在以下四个方面。

（1）由于学术虚拟社区具有多种类型，各个类型下的学术虚拟社区各有差异，本研究仅选取当前互联网环境下几个具有代表性的学术虚拟社区为研究对象，研究对象类型有待拓展；且由于研究对象整体数据体量庞大，加之设备限制，无法利用研究对象的全部数据进行计算分析，仅抽取具有代表性的板块进行计算分析，虽然样本在一定程度上反映出了总体的特征，但无法准确地计算整体数据，进而导致无法全面地描绘用户知识交流现状。在后续的研究中，应当借助当前大数据环境下的技术优势，进行超大数据体量的研究，进一步丰富研究对象、充实研究数据。

（2）学术虚拟社区是用户主体与信息知识之间不断作用的过程，且社区用户间的知识交流行为是一个动态发展的复杂系统，难以凭借

第八章　总结与展望

定量数据准确描绘出用户的行为、角色的转变以及用户间的知识交流规则，不能够准确模拟学术虚拟社区用户间复杂的知识交流过程，制定完善的学术虚拟社区用户知识交流效率模型交互规则。在模拟仿真过程中，对用户间行为关系的研究较浅，未能够完全体现出学术虚拟社区知识交流系统的复杂性。因此在未来的研究中，需要进一步研究多角色用户间行为规则并且融入用户特征属性，对于模型的构建需更加符合学术虚拟社区知识交流过程，体现出知识交流过程的复杂性，可以借助已有的模拟仿真工具进一步完善学术虚拟社区知识交流效率模型，优化研究过程，更加准确地判断学术虚拟社区用户间知识交流效率，完善研究结论。

（3）学术虚拟社区中存在大量的用户交互信息，包含不同研究领域的不同研究主题，用户间的相互交流行为让不同学科间的知识相互交融，产生了许多尚未被深入挖掘的文本信息，可能蕴含着海量的潜在知识。因此，借助人工智能与大数据分析技术，对学术虚拟社区中存在的大体量的文本信息进行深入发掘，发现潜在知识，也将会是未来重要的研究方向之一。

（4）2020年7月3日《中华人民共和国数据安全法（草案）》全文在全国人大网公开征求意见，意味着网络环境下隐私安全问题开始逐渐得到重视。虚拟社区作为网络环境下用户信息交互的重要平台，由于其信息传播的便捷性、开放性特点，在一定程度上导致用户主体不能自主决定其个人信息、行为信息的传播方式、传播范围，其信息可能会被第三方用于获取利益，不仅会导致用户隐私信息泄露，而且会导致用户对虚拟社区使用频次的降低和信息共享行为的减弱。因此如何针对学术虚拟社区的特点，研究有效保护学术虚拟社区用户隐私信息，从而增强学术虚拟社区用户信息共享行为，提高知识交流效率也将会是未来的研究方向之一。

参考文献

一 中文专著

陈郁：《企业制度与市场组织——交易费用经济学文选》，上海人民出版社 1996 年版。

郭世泽、陆哲明：《复杂网络基础理论》，科学出版社 2012 年版。

黄纯元：《知识交流与交流的科学》，北京图书馆出版社 2007 年版。

姜鑫：《社会网络分析方法在图书情报领域的应用研究》，知识产权出版社 2015 年版。

刘军：《社会网络分析导论》，社会科学文献出版社 2004 年版。

刘军编著：《整体网分析——UCINET 软件实用指南》（第二版），格致出版社、上海人民出版社 2014 年版。

马费成、宋恩梅：《信息管理学基础》，武汉大学出版社 2011 年版。

盛昭瀚等：《社会科学计算实验理论与应用》，上海三联书店 2009 年版。

汪小帆等：《复杂网络理论及其应用》，清华大学出版社 2006 年版。

卫志民：《经济学史话》，商务印书馆 2012 年版。

杨瑞仙：《Web2.0 环境下知识交流模式与规律研究》，郑州大学出版社 2013 年版。

杨思洛：《网络引证视角的知识交流规律研究》，湘潭大学出版社 2012 年版。

章志光、金盛华：《社会心理学》，人民教育出版社 1998 年版。

二　中文译著

［苏］А.И. 米哈伊诺夫等：《科学交流与情报学》，徐新民等译，科学技术文献出版社 1980 年版。

［美］P. 布劳：《社会生活中的交换与权力》，孙非等译，华夏出版社 1988 年版。

［美］约瑟夫·E. 斯蒂格利茨、卡尔·E. 沃尔什：《经济学》，黄险峰等译，中国人民大学出版社 2010 年版。

三　中文期刊

毕强等：《学术虚拟社区信息运动规律研究》，《图书馆学研究》2015 年第 7 期。

毕泗锋：《经济效率理论研究述评》，《经济评论》2008 年第 6 期。

陈红勤、曹小莉：《学术网络社区研究综述》，《科技广场》2010 年第 8 期。

陈世平、崔鑫：《从社会认同理论视角看内外群体偏爱的发展》，《心理与行为研究》2015 年第 3 期。

陈巍巍等：《关于三阶段 DEA 模型的几点研究》，《系统工程》2014 年第 9 期。

陈仙波：《扶持交叉学科学会的发展和开展横向学术交流》，《学会》1988 年第 3 期。

陈亦佳、赵星：《基于期刊引文网络视角研究国际图书馆学情报学知识交流》，《现代图书情报技术》2009 年第 6 期。

陈渝、杨保建：《技术接受模型理论发展研究综述》，《科技进步与对策》2009 年第 6 期。

陈云伟：《社会网络分析方法在情报分析中的应用研究》，《情报学报》2019 年第 1 期。

戴丹：《从功利主义到现代社会交换理论》，《兰州学刊》2005 年第 2 期。

戴俊、朱小梅：《团队组织的知识交流机制研究》，《科学学与科学技术管理》2004 年第 1 期。

邓君等：《社会网络分析工具 Ucinet 和 Gephi 的比较研究》，《情报理论与实践》2014 年第 8 期。

丁敬达等：《论学术虚拟社区知识交流模式》，《情报理论与实践》2013 年第 1 期。

范晓屏：《非交易类虚拟社区成员参与动机：实证研究与管理启示》，《管理工程学报》2009 年第 1 期。

付立宏、李帅：《虚拟学术社区的类型及特点比较分析》，《创新科技》2015 年第 7 期。

关鹏等：《基于多 Agent 系统的科研合作网络知识扩散建模与仿真》，《情报学报》2019 年第 5 期。

郭博等：《知乎平台用户影响力分析与关键意见领袖挖掘》，《图书情报工作》2018 年第 20 期。

郭勇陈等：《基于意见领袖的网络论坛舆情演化多主体仿真研究》，《情报杂志》2015 年第 2 期。

何大昌：《西方经济学关于公平与效率关系理论研究》，《现代管理科学》2002 年第 6 期。

胡德华等：《基于遗传投影寻踪算法的学术虚拟社区知识交流效率研究》，《图书馆论坛》2019 年第 4 期。

胡海波等：《基于复杂网络理论的在线社会网络分析》，《复杂系统与复杂性科学》2008 年第 2 期。

贾新露、王曰芬：《学术社交网络的概念、特点及研究热点》，《图书馆学研究》2016 年第 5 期。

姜霁：《知识交流及其在认识活动中的作用》，《学术交流》1993 年第 4 期。

晋琳琳、李德煌：《科研团队学科背景特征对创新绩效的影响——以知识交流共享与知识整合为中介变量》，《科学学研究》2012年第1期。

靳玮钰：《社会网络分析法在虚拟社区隐性知识共享的应用》，《科技资讯》2017年第11期。

李白杨、杨瑞仙：《基于Web2.0环境的知识交流模式研究》，《图书馆学研究》2015年第17期。

李国红：《科学交流的基本规律》，《情报杂志》2003年第4期。

李国红：《科学交流的障碍与对策》，《情报资料工作》2004年第2期。

李国红：《论科学交流的基本形式及其发展》，《情报探索》2006年第9期。

李贺等：《内外生视角下虚拟社区用户知识创新行为激励因素研究》，《图书情报工作》2019年第8期。

李金华：《网络研究三部曲：图论、社会网络分析与复杂网络理论》，《华南师范大学学报》（社会科学版）2009年第2期。

李杉：《网络环境下"知识交流说"再论》，《图书与情报》2003年第6期。

李晓瑛：《复杂网络理论及其在图书情报领域的应用研究》，《情报科学》2016年第10期。

李宇佳等：《移动学术虚拟社区知识流转的影响因素研究》，《情报杂志》2017年第1期。

梁灿兴：《新知识交流论（上）：基于客观知识的交流类型辨识》，《图书馆》2013年第4期。

梁星、卓得波：《中国区域生态效率评价及影响因素分析》，《统计与决策》2017年第19期。

梁颖琳、向家宇：《现代社会交换理论思想渊源述评》，《今日南国》（理论创新版）2009年第5期。

梁战平：《情报学若干问题辨析》，《情报理论与实践》2003 年第 3 期。

林筠等：《隐性知识交流和转移与企业技术创新关系的实证研究》，《科研管理》2008 年第 5 期。

林敏等：《研发团队知识交流网络结构的实证研究》，《科研管理》2012 年第 9 期。

刘宝瑞、张双双：《虚拟学习社区知识构件的交流机理研究》，《情报科学》2012 年第 11 期。

刘虹等：《基于 DEA 方法的政务微博信息交流效率研究》，《情报科学》2017 年第 6 期。

刘洪波：《论"知识交流论"》，《图书情报工作》1991 年第 5 期。

刘军：《企业员工隐性知识交流能力评价模型》，《图书情报工作》2010 年第 4 期。

刘丽群、宋咏梅：《虚拟社区中知识交流的行为动机及影响因素研究》，《新闻与传播研究》2007 年第 1 期。

刘三（女牙）等：《网络环境下群体互动学习分析的应用研究——基于社会网络分析的视角》，《中国电化教育》2017 年第 2 期。

刘伟：《考虑环境因素的高新技术产业技术创新效率分析——基于 2000—2007 年和 2008—2014 年两个时段的比较》，《科研管理》2016 年第 11 期。

刘旭、杜小滨：《论学术思想的交流对科学进步的影响》，《合肥工业大学学报》（社会科学版）2004 年第 2 期。

陆铭、陈钊：《城市化、城市倾向的经济政策与城乡收入差距》，《经济研究》2004 年第 6 期。

罗颖等：《基于三阶段 DEA 的长江经济带创新效率测算及其时空分异特征》，《管理学报》2019 年第 9 期。

马凤、邱均平：《网络环境下的链接与知识交流探讨》，《图书情报知识》2011 年第 6 期。

马秀峰等：《我国图书情报学与新闻传播学间的学科知识交流与融合分析》，《情报杂志》2017 年第 2 期。

宓浩：《知识、知识材料和知识交流——图书馆情报学引论（纲要）之一》，《图书馆学研究》1983 年第 6 期。

欧阳博、刘坤锋：《移动虚拟社区用户持续信息搜寻意愿研究》，《情报科学》2017 年第 10 期。

潘峰华等：《社会网络分析方法在地缘政治领域的应用》，《经济地理》2013 年第 7 期。

庞建刚、吴佳玲：《基于 SFA 方法的虚拟学术社区知识交流效率研究》，《情报科学》2018 年第 5 期。

彭红彬、王军：《虚拟社区中知识交流的特点分析——基于 CSDN 技术论坛的实证研究》，《现代图书情报技术》2009 年第 4 期。

秦鸿霞：《科学交流的基本原理》，《情报资料工作》2004 年第 S1 期。

秦铁辉：《科学交流及其障碍》，《情报学刊》1986 年第 2 期。

秦宜等：《基于主成分分析的虚拟学术社区科研人员合作影响因素研究——以"小木虫"论坛为例》，《情报探索》2020 年第 5 期。

邱均平：《专题·基于作者合作、引证、链接关系的知识交流研究》，《图书情报知识》2011 年第 6 期。

饶旭鹏：《论布劳的社会交换理论——兼与霍曼斯比较》，《甘肃政法成人教育学院学报》2004 年第 1 期。

邵巍、宓浩：《关于图书馆学对象问题的新争论》，《图书馆杂志》1985 年第 1 期。

宋乐平：《知识交流视角的图书馆服务研究》，《图书情报工作》2016 年第 2 期。

宋晓亮：《知识交流论的特点》，《图书与情报》1985 年第 1 期。

孙思阳：《基于模糊层次分析法的虚拟学术社区用户知识交流效果评价研究》，《情报科学》2020 年第 2 期。

孙思阳等：《虚拟学术社区用户知识交流行为研究综述》，《情报科学》2019年第1期。

谭春辉等：《虚拟学术社区中科研人员合作行为影响因素研究——基于质性分析法与实证研究法相结合的视角》，《情报科学》2020年第2期。

汤汇道：《社会网络分析法述评》，《学术界》2009年第3期。

万莉：《学术期刊知识交流效率评价及影响因素研究》，《中国科技期刊研究》2017年第12期。

万莉：《学术虚拟社区知识交流效率测度研究》，《情报杂志》2015年第9期。

王东、刘国亮：《虚拟学术社区知识共享的实现路径与策略研究》，《情报理论与实践》2013年第6期。

王飞绒等：《虚拟社区知识共享影响因素的实证研究》，《浙江工业大学学报》（社会科学版）2008年第3期。

王慧、王树乔：《图书情报类期刊知识交流效率评价及影响因素研究》，《情报科学》2017年第3期。

王俭等：《基于知识特征的在线评论知识转移效率测度研究》，《情报科学》2019年第7期。

王俭等：《虚拟学术社区科研人员信息行为协同机制研究——基于ResearchGate平台的案例研究》，《情报科学》2019年第1期。

王旻霞、赵丙军：《中国图书情报学跨学科知识交流特征研究——基于CCD数据库的分析》，《情报理论与实践》2015年第5期。

王小清：《论多学科综合性学术交流活动的效益》，《学会》1992年第4期。

王艳：《以计算机为中介的知识交流》，《图书馆学研究》2000年第1期。

王忠玉：《社会网络数据与通常数据的比较研究》，《统计与决策》2016年第5期。

吴才唤：《从"社会认识论"、"知识交流论"到隐性知识交流——图书馆活动本质的新思考》,《图书馆杂志》2014 年第 9 期。

吴佳玲、庞建刚:《基于 SBM 模型的虚拟学术社区知识交流效率评价》,《情报科学》2017 年第 9 期。

吴建中:《开放交流合作——国际图书馆发展大趋势》,《中国图书馆学报》2013 年第 3 期。

吴金闪、狄增如:《从统计物理学看复杂网络研究》,《物理学进展》2004 年第 1 期。

吴晓红等:《非交易类虚拟品牌社区互动、归属感与知识共享的关系》,《蚌埠学院学报》2015 年第 4 期。

夏立新、张玉涛:《基于主题图构建知识专家学术社区研究》,《图书情报工作》2009 年第 22 期。

谢佳琳、覃鹤:《基于学术博客的知识交流研究》,《情报杂志》2011 年第 8 期。

徐媛媛、朱庆华:《社会网络分析法在引文分析中的实证研究》,《情报理论与实践》2008 年第 2 期。

邢晓昭、望俊成:《国内多智能体系统应用研究归纳——共词分析视角》,《数字图书馆论坛》2013 年第 4 期。

徐美凤、孔亚明:《基于多主体建模的学术社区知识共享行为仿真分析》,《情报杂志》2013 年第 4 期。

徐美凤、叶继元:《学术虚拟社区知识共享行为影响因素研究》,《情报理论与实践》2011 年第 11 期。

徐美凤、叶继元:《学术虚拟社区知识共享研究综述》,《图书情报工作》2011 年第 13 期。

徐美凤、叶继元:《学术虚拟社区知识共享主体特征分析》,《图书情报工作》2010 年第 22 期。

许林玉、杨建林:《基于社会化媒体数据的学术社区知识共享行为影响因素研究——以经管之家平台为例》,《现代情报》2019 年第 7 期。

阳东升等：《计算数学组织理论》，《计算机工程与应用》2005年第1期。

杨瑞仙、姜小函：《从学科和期刊的引证视角看交叉学科的知识结构和演化问题——以图书情报学科为例的实证研究》，《图书情报工作》2018年第5期。

杨瑞仙：《知识交流内涵和类型探讨》，《情报理论与实践》2014年第3期。

杨瑞仙等：《学术虚拟社区科研人员知识交流效率感知调查研究》，《图书与情报》2018年第6期。

于海：《斯金纳鸽：交换论视野中人的形象——读霍曼斯〈社会行为：它的基本形式〉》，《社会》1998年第4期。

于欣荣：《决策服务与学术交流相互结合的机制与效应》，《学会》1993年第1期。

余菲菲、林凤：《基于层次分析法的隐性知识交流与共享效果评估》，《科技进步与对策》2007年第10期。

员巧云、程刚：《隐性知识交流中的透视变换》，《中国图书馆学报》2007年第5期。

曾志强：《供应商选择决策的熵权模型研究》，《中国集体经济》2009年第6期。

张海涛等：《虚拟学术社区用户知识交流行为机理及网络拓扑结构研究》，《情报科学》2018年第10期。

张红兵、张乐：《学术虚拟社区知识贡献意愿影响因素的实证研究——KCM和TAM视角》，《软科学》2017年第8期。

张垒：《档案学期刊知识交流效率评析》，《档案管理》2014年第6期。

张垒：《科技期刊知识交流效率评价及影响因素研究》，《中国科技期刊研究》2014年第11期。

张梦星：《我的信息谁维护？——由CSDN"泄密门"看网站信息安

全建设》，《中国新时代》2012 年第 4 期。

张敏等：《基于 S-O-R 范式的虚拟社区用户知识共享行为影响因素分析》，《情报科学》2017 年第 11 期。

张明新：《国内网络舆情建模与仿真研究综述》，《系统仿真学报》2019 年第 10 期。

张文宏、阮丹青：《天津农村居民的社会网》，《社会学研究》1999 年第 2 期。

张熠等：《用户体验视角下国内学术虚拟社区评价指标体系构建——基于 D–S 证据理论》，《现代情报》2019 年第 8 期。

张雨婷、胡昌平：《数字图书馆社区知识交流与交互服务用户满意评价》，《图书馆论坛》2014 年第 12 期。

赵磊等：《基于熵权法土地资源可持续利用综合评价研究——以辽宁省葫芦岛市为例》，《资源与产业》2012 年第 4 期。

赵丽娟：《社会网络分析的基本理论方法及其在情报学中的应用》，《图书馆学研究》2011 年第 10 期。

赵敏：《南京市科技投入产出的 DEA 评价模型》，《南京社会科学》2003 年第 S2 期。

赵蓉英、温芳芳：《科研合作与知识交流》，《图书情报工作》2011 年第 20 期。

郑宏：《对虚拟图书馆的思考——关于图书馆本质的再认识》，《大学图书馆学报》1999 年第 1 期。

周志娟、金国婷：《社会交换理论综述》，《中国商界》2009 年第 1 期。

朱记伟等：《基于可计算组织理论的组织仿真建模方法综述》，《系统仿真学报》2018 年第 10 期。

宗乾进等：《学术博客的知识交流效果评价研究》，《情报科学》2014 年第 12 期。

邹儒楠、于建荣：《数字时代非正式学术交流特点的社会网络分析——

以小木虫生命科学论坛为例》,《情报科学》2015 年第 7 期。

四 学位论文

杜晓曦:《微博知识交流机理研究》,博士学位论文,华中师范大学,2013 年。

贯君:《虚拟社区信息运动互动机理与规律研究》,博士学位论文,吉林大学,2015 年。

黄梦梅:《基于演化博弈论的学术社区中用户知识共享行为研究》,硕士学位论文,华中师范大学,2014 年。

黄宇:《基于隐性语义挖掘的社区划分方法》,硕士学位论文,电子科技大学,2013 年。

晋升:《基于 DEA 方法的学术虚拟社区知识交流效率研究》,硕士学位论文,郑州大学,2019 年。

李博:《基于计算组织视角的恐怖组织网络演化研究》,博士学位论文,国防科学技术大学,2016 年。

廖守亿:《复杂系统基于 Agent 的建模与仿真方法研究及应用》,博士学位论文,国防科学技术大学,2005 年。

陆天珺:《基于复杂网络理论的学术虚拟社区小团体研究——以丁香园医药学术网站为例》,硕士学位论文,南京农业大学,2012 年。

孟慧:《关系型虚拟社区个体知识共享行为影响因素研究》,硕士学位论文,华侨大学,2017 年。

牛飞:《组织结构设计的集成模拟研究》,硕士学位论文,华中科技大学,2009 年。

孙思阳:《虚拟学术社区用户知识交流行为研究》,博士学位论文,吉林大学,2018 年。

唐承秀:《图书馆内部管理沟通实证研究》,博士学位论文,北京大学,2008 年。

王辰星:《社会化问答网站知识共享影响因素研究——基于计划行为

理论》，硕士学位论文，中国科学技术大学，2017年。

王东：《虚拟学术社区知识共享实现机制研究》，博士学位论文，吉林大学，2010年。

吴佳玲：《虚拟学术社区知识交流效率研究》，硕士学位论文，西南科技大学，2019年。

徐美凤：《基于CAS的学术虚拟社区知识共享研究》，博士学位论文，南京大学，2011年。

闫倩：《网络社区用户信息搜寻效率影响因素研究》，硕士学位论文，黑龙江大学，2019年。

阳春萍：《虚拟社区知识共享影响因素实证研究》，硕士学位论文，太原科技大学，2009年。

杨楠：《虚拟学术社区用户知识交流模式及效果评价研究》，硕士学位论文，吉林大学，2018年。

张晋朝：《信息需求调节下社会化媒体用户学术信息搜寻行为影响规律研究》，博士学位论文，武汉大学，2015年。

张昆：《我国省属医科院校科研投入产出效率分析研究》，硕士学位论文，山西医科大学，2019年。

张乐：《学术虚拟社区中个体知识贡献意愿影响因素的实证研究》，硕士学位论文，山西财经大学，2016年。

五 外文专著

B. Wellman and S. D. Berkowitz, *Social Structures*: *A Network Approach*, New York: Cambridge University Press, 1988.

H. Fayol, *General and Industrial Management*, London: Kegan Paul International, 1949.

H. Rheingold, *The Virtual Community*: *Homesteading on the Electronic Frontier*, MA: MIT Press, 2000.

J. Hagel and A. Armstrong, *Net Gains*: *Expanding Markets Through Virtual*

Communities, Boston: Harvard Business School Press, 1997.

P. A. Lange and E. T. Kruglanski, *Hand Book of the Ories of Social Psychology*, London: Sage, 2012.

六 外文期刊

A. Charnes, W. W. Cooper and E. Rhodes, "Measuring the Efficiency of Decision Making Units", *European Journal of Operational Research*, Vol. 2, No. 6, 1978.

A. L. Barabasi and R. Albert, "Emergence of Scaling in Random Networks", *Science*, Vol. 286, No. 5439, 1999.

B. Szajna, "Empirical Evaluation of the Revised Technology Acceptance Model", *Management Science*, Vol. 42, 1996.

C. Chang, M. Hsu, C. Hsu, et al., "Examining the Role of Perceived Value in Virtual Communities Continuance: Its Antecedents and the Influence of Experience", *Behaviour & Information Technology*, Vol. 33, No. 5, 2014.

Chen and Y. L. Irene, "The Factors Influencing Members' Continuance Intentions in Professional Virtual Communities—A Longitudinal Study", *Journal of Information Science*, Vol. 33, No. 4, 2007.

C. M. Chang, S. Hsumh and Y. J. Lee, "Factors Influencing Knowledge—Sharing Behavior in Virtual Communities: A Longitudinal Investigation", *Information Systems Management*, Vol. 32, No. 4, 2015.

D. Gefen, E. Karahanna and D. W. Straub, "Trust and TAM in Online Shopping: An Integrated Model", *Mis Quarterly*, Vol. 27, No. 1, 2003.

E. Basak and F. Calisir, "An Empirical Study on Factors Affecting Continuance Intention of Using Facebook", *Computers in Human Behavior*, Vol. 48, No. 1, 2015.

E. Huang and J. C. Yang, "User Engagement by Using a Knowledge-creation Based Model in the Virtual Community", *International Journal of Organizational Innovation*, Vol. 3, No. 3, 2011.

E. Kowch and R. Schwier, "Considerations in the Construction of Technology-based Virtual Learning Communities", *Canadian Journal of Educational Communication*, Vol. 26, No. 1, 1997.

E. Zaretsky, "Developing Knowledge Generation, Communication and Management in Teacher Education: A Successful Attempt at Teaching Novice Computer Users", *Journal of Systemics Cybernetics & Informatics*, Vol. 7, No. 1, 2009.

G. W. Bock, R. W. Zmud, Y. G. Kim, et al., "Behavioral Intention Formation in Knowledge Sharing: Examining the Roles of Extrinsic Motivators, Social-psychological Forces, and Organizational Climate", *Mis Quarterly*, Vol. 29, No. 1, 2005.

H. H. chang and S. S. chuang, "Social Capital and Individual Motivations on Knowledge Sharing: Participant Involvement As a Moderator", *Information & Management*, Vol. 48, No. 1, 2010.

H. L. Chen, H. L. Fan and C. C. Tsal, "The Role of Community Trust and Altruism in Knowledge Sharing: An Investigation of a Virtual Community of Teacher Professionals", *Educational Technology & Society*, Vol. 17, No. 3, 2013.

H. Leibenstein, "Allocative Efficiency vs. 'X-Efficiency'", *The American Economic Review*, Vol. 56, No. 3, 1966.

H. O. Fried, C. A. K. lovell and S. S. Schmidt, "Accounting for Environmental Effects and Statistical Noise in Data Envelopment Analysis", *Journal of Productivity Analysis*, Vol. 17, 2002.

H. O. Fried, S. S. Schmidt and S. Yaisawarng, "Incorporating the Operating Environment into a Nonparametric Measure of Technical Efficiency",

Journal of Productivity Analysis, Vol. 12, No. 3, 1999.

H. Teo, H. Chana, K. Weib, et al., "Evaluating Information Accessibility and Community Adaptivity Features for Sustaining Virtual Learning Communities", *International Journal of Human-Computer Studies*, Vol. 59, No. 5, 2003.

I. Ajzen, "The Theory of Planned Behavior", *Organizational Behavior and Human Decision Processes*, Vol. 51, No. 2, 1991.

J. Buder, "Net-based Knowledge Communication in Groups-Searching for Added Value", *Zeitschrift Fur Psychologie-Journal of Psychology*, Vol. 215, No. 4, 2007.

J. Jondrow, C. A. Knox Lovell, Ivan S. Materov, et al., "On the Estimation of Technical Inefficiency in the Stochastic Frontier Production Function Model", *Journal of Econometrics*, Vol. 23, No. 19, 1982.

J. Koh and Y. G. Kim, "Knowledge Sharing in Virtual Communities: An E-business Perspective", *Expert Systems With Applications*, Vol. 26, No. 2, 2004.

J. Li and A. Hale, "Identification of, and Knowledge Communication Among Core Safety Science Journals", *Safety Science*, Vol. 74, 2015.

J. Park, S. H. Han, H. K. Kim, et al., "Modeling User Experience: A Case Study on a Mobile Device", *International Journal of Industrial Ergonomics*, Vol. 43, No. 2, 2013.

J. S. H. Kwok and S. Gao, "Knowledge Sharing Community in P2P Network: A Study of Motivational Perspective", *Journal of Knowledge Management*, Vol. 8, No. 1, 2004.

K. A. Papanikolaou, M. Grigoriadou, G. D. Magoulas, et al., "Towards New forms of Knowledge Communication: The Adaptive Dimension of a Web-based Learning Environment", *Computers & Education*, Vol. 39, No. 4, 2002.

参考文献

Kathleen M. Carley, "Computational and Mathematical Organization Theory: Perspective and Directions", *Computational and Mathematical Organization Theory*, Vol. 1, No. 1, 1995.

K. D. Rolls, M. Hansen, D. Jackson, et al., "Analysis of the Social Network Development of a Virtual Community for Australian Intensive Care Professionals", *Computers Informatics Nursing*, Vol. 32, No. 11, 2014.

K. Nima and W. John, "Communicating Personal Health Information in Virtual Health Communities: An Integration of Privacy Calculus Model and Affective commitment", *Dissertations & Theses Gradworks*, No. 1, 2017.

K. Tone, "A Slacks-based Measure of Efficiency in Data Envelopment Analysis", *European Journal of Operational Research*, Vol. 130, No. 3, 2001.

K. Wodzicki, E. SchwäMmlein and J. Moskaliuk, "Actually, I Wanted to Learn: Study-related Knowledge Exchange on Social Networking Sites", *Internet & Higher Education*, Vol. 15, No. 1, 2012.

L. Yuan, D. N. Davis and K. Liu, "Information and Knowledge Exchange in a Multi-agent System For Stock Trading", *IEEE Xplore*, 2001.

M. B. Holbrook and E. C. Hirschman, "The Experiential Aspects of Consumption, Consumer Fantasies, Feelings, and Fun", *Journal of Consumer Research*, Vol. 9, No. 2, 1982.

M. J. Eppler, "Facilitating Knowledge Communication Through Joint Interactive Visualization", *Journal of Universal Computer Science*, Vol. 10, No. 6, 2004.

M. J. Farrell, "The Measurement of Production Efficiency", *Journal of Royal Statistical Society*, No. 3, 1957.

M. J. Wooldridge and N. R. Jennings, "Intelligent Agents: Theory and Practice", *Knowledge Engineering Reviews*, Vol. 10, No. 2, 1995.

M. Ma and R. Agarwal, "Through a Glass Darkly: Information Technology Design, Identity Verification, and Knowledge Contribution in Online Communities", *Information Systems Research*, Vol. 18, No. 1, 2007.

N. Bischof and M. J. Eppler, "Caring for Clarity in Knowledge Communication", *Journal of Universal Computer Science*, Vol. 17, No. 10, 2011.

N. Choi and J. A. Pruett, "The Characteristics and Motivations of Library Open Source Software Developers: An Empirical Study", *Library & Information Science Research*, Vol. 37, No. 2, 2015.

N. Nistor, B. Balters, M. Dascalu, et al., "Participation in Virtual Academic Communities of Practice Under the Influence of Technology Acceptance and Community Factors: A Learning Analytics Application", *Computers in Human Behavior*, Vol. 34, No. 5, 2014.

N. Nistor, B. Baltes and M. Schustek, "Knowledge Sharing and Educational Technology Acceptance in Online Academic Communities of Practice", *Campus-Wide Information Systems*, Vol. 29, No. 2, 2012.

N. Obeid and A. Moubaiddin, "Dialogue and Argumentation in Knowledge Communication", World Multi-Conference on Systemics, Cybernetics and Informatics, Orlando, Florida, USA, June 19—July 2, 2008.

Paul J. DiMaggio, "Structural Analysis of Organizational Fields: A Blockmodel Approach", *Research in Organizational Behavior*, No. 8, 1986.

P. Erdos and A. Renyi, "On the Evolution of Random Graphs", *Reviews of Modern Physics*, No. 74, 2002.

R. Borges, A. M. Peralta, M. N. Rojas, et al., "Las Redes Sociales Académicas: Espacios de Intercambio Científico en Las Ciencias de la Salud", *Edumecentro*, 2018.

R. Reinhardt and B. Stattkus, "Fostering Knowledge Communication: Concept and Implementation", *Journal of Universal Computer Science*, Vol. 8, No. 5, 2002.

R. T. Stephens, "Utilizing Metadata as a Knowledge Communication tool", IEEE International Professional Communication Conference, Minneapolis, 2004.

S. L. Toral, M. R. Martinez-Torres and F. A. Barrero, "Analysis of Virtual Communities Supporting OSS Projects Using Social Network Analysis", *Information & Software Technology*, Vol. 52, No. 3, 2010.

S. Watson and K. Hewett, "A Multi-theoretical Model of Knowledge Transfer in Organizations: Determinants of Knowledge Contribution and Knowledge Reuse", *Journal of Management Studies*, Vol. 43, No. 2, 2006.

Yonggang Pan, Yunjie Xu, Xiaolun Wang, et al., "Integrating Social Networking Support for Dyadic Knowledge Exchange: A Study in a Virtual Community of Practice", *Information & Management*, Vol. 52, No. 1, 2015.

Y. Shang and J. Liu, "Health Literacy: Exploring Health Knowledge Transfer in Online Healthcare Communities", 49th Hawaii International Conference on System Sciences (HICSS), 2016.